特進

最高水準問題集

中1数学

JN014988

文英堂

本書のねらい

いろいろなタイプの問題集が存在する中で，トップ層に特化した問題集は意外に少ないといわれます。本書はこの要望に応えて，難関高校をめざす皆さんの実力練成のための良問・難問をそろえました。

本書を大いに活用して，どんな問題にぶつかっても対応できる最高レベルの実力を身につけてください。

本書の特色と使用法

1 国立・私立難関高校をめざす皆さんのための問題集です。実力強化にふさわしい，質の高い良問・難問を集めました。

▸ 本書は，最高水準の問題を解いていくことによって，各章の内容を確実に理解するとともに最高レベルの実力が身につくようにしてあります。

▸ 二度と出題されないような奇問は除いたので，日常学習と並行して，学習できます。もちろん，入試直前期に，ある章を深く掘り下げて学習するために本書を用いることも可能です。

▸ 各問題には[タイトル]をつけて，どんな内容の問題であるかがひと目でわかるようにしてあります。

▸ 中学での履修内容の応用として出題されることもある，難問・超難問も掲載しました。私立難関高校では頻出の項目ばかりを網羅してありますので，挑戦してください。

2 各章末にある「実力テスト」で実力診断ができます。巻末の「総合問題」で多角的に考える力が身につきます。

▸ 各章末にある実力テストで，実力がついたか点検できます。各回ごとに定められた時間内に合格点をとることを目標としましょう。

▸ 巻末の総合問題では，複数の章にまたがった内容の問題を掲載しました。学校ではこのレベルまでは学習できないことが多いので，本書でよく学習してください。

3 時間やレベルに応じて，学習しやすいようにさまざまな工夫をしています。

▸ 重要な問題には <頻出 マークをつけました。時間のないときには，この問題だけ学習すれば短期間での学習も可能です。

▸ 各問題には1～3個の★をつけてレベルを表示しました。★の数が多いほどレベルは高くなります。学習初期の段階では★1個の問題だけを，学習後期では★3個の問題だけを選んで学習するということも可能です。

▸ 特に難しい問題については 難▸ マークをつけました。果敢(かかん)にチャレンジしてください。

▸ 欄外にヒントとして 着眼 を設けました。どうしても解き方がわからないとき，これらを頼りに方針を練ってください。

4 くわしい 解説 つきの別冊「解答と解説」。どんな難しい問題でも解き方が必ずわかります。

▸ 別冊の**解答と解説**には，各問題の考え方や解き方がわかりやすく解説されています。わからない問題は，一度解答を見て方針をつかんでから，もう一度自分1人で解いてみるといった学習をお勧めします。

▸ 必要に応じて ***トップコーチ*** を設け，他の問題にも応用できる力を養えるようなくわしい解説を載せました。

もくじ

1 正負の数

解答 別冊 p. 1

★1 [正負の数の計算①] 頻出

次の計算をしなさい。

(1) $1+2\div8-(-1.5)\times2$ (埼玉・城西大付川越高)

(2) $\frac{5}{6}-1\frac{3}{4}-\frac{7}{8}+3\frac{1}{3}$ (三重・高田高)

(3) $\frac{7}{6}+\frac{1}{2}\times(-5)-\frac{3}{5}\times\frac{10}{9}$ (神奈川・日本大藤沢高)

(4) $\left\{\left(2+\frac{3}{4}\right)\times\frac{2}{3}+\frac{1}{2}\right\}\div\frac{7}{12}$ (東京・桜美林高)

(5) $(-4)\times\{6\div(3-7)\}-(-4-2)\div3$ (獨協埼玉高)

★2 [正負の数の計算②] 頻出

次の計算をしなさい。

(1) $117\div\{-2^2-(-3)^2\}-(-7)$ (東京・京華高)

(2) $(-3)^3\times(-2)\div(-9^2)-(-2)^2\div3$ (奈良・帝塚山高)

(3) $(-2)^3\times5-\{-3+(5-11)\}\div3$ (大阪・摂陵高)

(4) $5^2-(10-3^2)\times\{2^3-(-2)^3\}-(-4)$ (東京・中央大附高)

(5) $-2^3-(-2)^3-3^2-(-3)^2$ (埼玉・栄東高)

(6) $(-5)^2\times(-2^2)+(-8)\div(-2)^2$ (大阪・開明高)

(7) $8-(-3)^2\div(-2^2)\div\frac{9}{28}$ (東京・日本大一高)

(8) $-3^2\div(-3)-(-2)^3\times\left(-\frac{1}{4}\right)$ (神奈川・鎌倉学園高)

(9) $\{(-3)^2+(6-4)\times9-1\}\times2$ (長崎・純心女子高)

(10) $\{(-2)^2-3\}\times(-6)\div(-2^2)\times4$ (東京・日本大三高)

(11) $-2^2-(-1)^3\times3+(-3)^2\times(-2^2)$ (大阪・東海大付仰星高)

(12) $-3^2\times(-2)^2+2\times\{1+8\times(3-1)\}$ (兵庫・神戸弘陵学園高)

★★3 [正負の数の計算③] 頻出

次の計算をしなさい。

(1) $(-0.25)^2\times(-2)^3\div(-1.5)^2$ (熊本・九州学院高)

(2) $-9^2\times(-0.4)^2-\left(-\dfrac{2}{5}\right)^2\times19$ (北海道・函館ラ・サール高)

(3) $\dfrac{11}{3}\div\left(\dfrac{6}{7}-\dfrac{7}{3}\right)-\dfrac{3}{2}\div\left(\dfrac{7}{5}-\dfrac{9}{2}\right)$ (東京・海城高)

(4) $\{(-2)^3+(-3)^2\}\div\left\{\left(-\dfrac{1}{2}\right)^3+\left(-\dfrac{1}{3}\right)^2\right\}$ (東京・江戸川女子高)

(5) $\dfrac{1}{3}-\dfrac{1}{2}\times\left\{\dfrac{1}{8}\div\dfrac{1}{4}-\dfrac{2}{3}\times\left(-\dfrac{3}{2}\right)^2\right\}$ (東京・新宿高)

(6) $-3^3-\left\{\dfrac{8}{3}\times\left(-\dfrac{5}{4}\right)-\left(-\dfrac{2}{3}\right)\div\dfrac{2}{5}+\dfrac{2}{3}\right\}\times(-2)^2$ (東京・中央大附高)

(7) $\left(\dfrac{3}{7}-\dfrac{4}{9}\right)\times14\div\left(-\dfrac{2}{3}\right)^3+\left(-\dfrac{1}{2}\right)\times\left(-\dfrac{3}{2}\right)$ (大阪女学院高)

(8) $\left(\dfrac{1}{4}\right)^2\times\left(-\dfrac{2}{3}\right)^2-\{(-2)\times(-3)^2-(-4^2)\}\div(-2)^3$ (東京・日本大豊山女子高)

★★4 [正負の数の計算④]

次の計算をしなさい。

(1) $1-\left(-\dfrac{3}{5}\right)\times\left(\dfrac{1}{3}-\dfrac{3}{5}\right)\div\dfrac{4}{-5^2}$ (東京・日本大櫻丘高)

(2) $\left(\dfrac{3}{4}-0.5^2\right)\div(4.5-6)+(-2)^2$ (獨協埼玉高)

(3) $\dfrac{-3^2}{8}\div\dfrac{3}{4}\times\left(-\dfrac{4}{3}\right)^2+4^2\div2.4$ (東京・明星高)

(4) $\{18\div(-3^2)+5\}\times4^2\div(-2)^2-(6-18)\div(-6)$ (兵庫・報徳学園高)

(5) $\{(-1)^2-0.85\}\div0.3+1.5\times0.2$ (大阪・金光八尾高)

(6) $-2^3-(-2)^2\times\{-2^4-(-2)^3\div0.375\}\times\left(-\dfrac{3}{4}\right)^2$ (和歌山・初芝橋本高)

(7) $\left(0.125-1.4\times\dfrac{7}{8}\right)\div\left\{0.15\div\dfrac{3}{8}+(-0.2)^2\right\}$ (東京・明治大付中野高)

(8) $7+(-2^2-1)\times\dfrac{1}{5}-\left(0.75+\dfrac{5}{4}\right)\div\dfrac{2}{7}$ (神奈川・法政大二高)

★★5 [正負の数の計算⑤] <頻出

次の $\square$ に入る数を求めなさい。

(1) $3-\{2-(5-\square)\}=-3$

(2) $-\dfrac{5}{2}-\left\{\dfrac{1}{2}-(\square-9)\right\}=-5$

(3) $\left\{\dfrac{1}{3}+\left(\dfrac{2}{3}-\dfrac{1}{4}\right)\times\square\right\}\div\left(-\dfrac{4}{3}\right)=-\dfrac{2}{3}$

(4) $(-2^2)\times8\div(-18)\times(-\square^2)=-16$

(5) $(-0.5)^2\times\left(-\dfrac{2}{3}\right)\div(-2^2)\times\square=\dfrac{1}{15}$

(6) $-4^2-\square\div(4-7)=-11$

(7) $-0.4^2\div\left(\dfrac{3}{10}-\square\right)=-\dfrac{8}{5}$

(8) $-\dfrac{3}{7}\div\left(\dfrac{1}{2}\right)^2\times\left(-\dfrac{3}{4}\right)^2\div\square=-\dfrac{81}{32}$

(9) $\left(2\dfrac{1}{5}\times0.5+\dfrac{5}{7}\div\dfrac{2}{3}\right)\times\square-\left\{2\dfrac{1}{3}-(-5)\right\}\div\dfrac{2}{3}=3\dfrac{2}{5}$ (東京学芸大附高)

★★6 [繁分数の計算] <頻出

次の問いに答えなさい。

(1) $\dfrac{1}{1-\dfrac{2}{1-\dfrac{3}{1-\dfrac{4}{5}}}}$ を計算せよ。 (広島・崇徳高)

難 (2) 次の式を満たす自然数 a, b を求めよ。 (東京都市大付高)

$$\frac{3}{5}=\frac{1}{1+\dfrac{1}{a+\dfrac{1}{b}}}$$

着眼

6 (1) 分数の分母と分子に 0 でない同じ数をかけても，分数の値は変わらない性質を利用する。まず，$\dfrac{3}{1-\dfrac{4}{5}}$ の分母・分子を 5 倍してみる。

(2) 両辺の逆数をとる。

★★7 [規則性①] <頻出

次の問いに答えなさい。

(1) 2^{2018} の一の位の数を求めよ。 (茨城・江戸川学園取手高)

(2) 23^{2019} の一の位の数を求めよ。 (高知・土佐塾高改)

(3) $\frac{9}{37}$ を小数で表したとき，小数第 2020 位の数を求めよ。

(東京・明治大付中野高改)

(4) $\frac{2}{7}$ を小数に直すとき，小数第 2021 位の数を求めよ。 (愛知高改)

★★8 [規則性②] <頻出

奇数のうち，5 の倍数でない正の整数について，次の問いに答えなさい。

(岩手県)

(1) 10 以下の数は，全部で何個あるか。

(2) 小さい方から順に並べたとき，99 番目の数を求めよ。

★9 [大小比較①] <頻出

次の問いに答えなさい。

(1) $a>0$，$b<0$，$a+b<0$ のとき，a，b，$-a$，$-b$ を小さい順に並べよ。

(和歌山信愛女子短大附高)

(2) a が正の数で b が負の数である。a の絶対値より，b の絶対値の方が大きいとき，次のア～カの中で，式の値が正になるものをすべて選び記号で答えよ。 (奈良育英高)

ア $a\times b$　イ $a+b$　ウ $a-b$　エ $-a+b$　オ a^2-b^2　カ $-a-b$

(3) a，b は実数で，$a>0$，$b<0$ であるとき，次の計算結果が，正の数にも負の数にもなる場合はどれか。 (大阪・福島女子高)

ア $a+b$　イ $a-b$　ウ $a\times b$

着眼

7 (1)，(2) 一の位の数のみに着目して計算していく。

(3)，(4) 分子 ÷ 分母を計算し，小数点以下の数の並びの規則性に着目する。

8 (2) 一の位の数に着目する。

9 (1) a，b の絶対値の大小関係を求める。

★★ 10 [大小比較②]

次の問いに答えなさい。

(1) a, b はともに1より小さい正の数で，b の方が a より大きいものとする。このとき，次の数を小さい順に並べ，記号で答えよ。 (奈良・西大和学園高 改)

ア a^2　イ b^2　ウ $a\times b$　エ $\frac{1}{a}$　オ $\frac{1}{b}$

(2) $a\times b\times c\times d\times e<0$, $a\times c\times e<0$, $d\times e>0$, $a<b<c<d$
が成り立つとき，5つの数 a, b, c, d, e の符号を求めよ。 (兵庫・甲陽学院高)

(3) 2数 A, B がある。いま，$A+B>0$ かつ $AB>0$ ならば，$A>0$, $B>0$ となり，記号 a となる。次の場合はどの記号になるか答えよ。

$A>0$, $B>0$…a	$A<0$, $B<0$…e
$A>0$, $B<0$…b	$A=0$, $B=0$…f
$A=0$, $B<0$…c	判定できない
$A<0$, $B>0$…d	…g

① $A<B$ かつ $A+B>0$ のとき
② $A\times B>0$ かつ $A+B<0$ のとき
③ $A\times B<0$ かつ $A-B<0$ のとき
④ $A\times B\leqq 0$ かつ $A-B=0$ のとき (北海道・函館ラ・サール高)

★ 11 [魔方陣①]

次の問いに答えなさい。

(1) 右の図のようなマス目の中に1から9までの数字が1つずつ入っており，縦，横，斜めの3つの数の合計はすべて等しいとする。 (大阪・桃山学院高)

a	1	8
b	c	e
2	d	f

① $a+b$ の値を求めよ。
② f の数字を求めよ。

(2) 右の表で，連続する16個の整数を入れ，どの縦，横，斜めの数を加えても和が等しくなるようにする。表のア～クにあてはまる数を求めよ。

−8	3	2	ア
キ	カ	−9	4
ク	ウ	オ	エ
6	−7	イ	−1

着眼

11 (1) 縦，横，斜め，それぞれ1列に並んでいる数の和は，1～9の数の和の $\frac{1}{3}$ である。
(2) 表の中の最大の数と最小の数から，1列分の整数の和を求める。

★★12 [計算の工夫] <頻出

(1) 次の計算をしなさい。

① $\dfrac{1}{1\times2}+\dfrac{1}{2\times3}+\dfrac{1}{3\times4}+\dfrac{1}{4\times5}$

② $\dfrac{1}{5\times6\times7}+\dfrac{1}{6\times7\times8}+\dfrac{1}{7\times8\times9}+\dfrac{1}{8\times9\times10}$ (徳島文理高)

(2) $a=\dfrac{1}{3}+\dfrac{1}{15}+\dfrac{1}{35}+\dfrac{1}{63}+\dfrac{1}{99}+\dfrac{1}{143}+\dfrac{1}{195}+\dfrac{1}{255}$とする。次の問いに答えよ。

(熊本マリスト学園高)

① $x=\dfrac{1}{2}\left(\dfrac{1}{3}-\dfrac{1}{5}\right)$, $y=\dfrac{1}{2}\left(\dfrac{1}{5}-\dfrac{1}{7}\right)$とするとき，$x$と$y$の値をそれぞれ求めよ。

② aの値を求めよ。

★★13 [規則性③]

自然数について，次の計算を何回かして，最後に1になったら終わりとする。

① 偶数は2で割る。　② 奇数は1加える。

例えば，12→6→3→4→2→1となり，12は5回の計算で終わる。

この計算回数が5回で終わる自然数(12を除く)をすべて求めなさい。

(東京・巣鴨高)

★★14 [大小比較③] <頻出

A～Fの6人の年齢について以下のことがわかっている。

○AはFより4つ上　○AとEとは1つ違い　○AとBとは5つ違い
○BとFとは1つ違い　○BとCとは3つ違い　○CとDとは6つ違い
○EはDより3つ上

以上から6人の年齢を高い方から順に並べなさい。 (熊本マリスト学園高)

着眼

12 $\dfrac{1}{2\times3}=\dfrac{1}{2}-\dfrac{1}{3}$, $\dfrac{1}{3\times4}=\dfrac{1}{3}-\dfrac{1}{4}$というように，一般的に，$\dfrac{1}{n\times(n+1)}=\dfrac{1}{n}-\dfrac{1}{n+1}$と変形することができる。

13 最後の1から逆に5回さかのぼりながら考えていく。

★15 [規則性④]

下の図のように，同じ大きさの白と黒の正方形のタイルを1番目，2番目，3番目，4番目，…と規則的に並べていく。

次の問いに答えなさい。 (新潟明訓高)

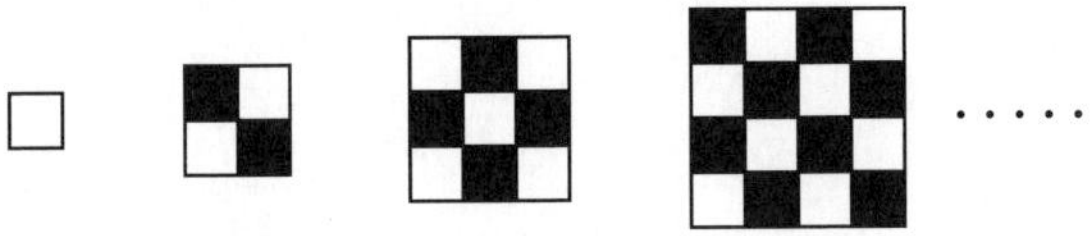

1番目　2番目　3番目　4番目　……

(1) 6番目に現れる図における白のタイルの枚数を求めよ。

(2) 31番目に現れる図の黒のタイルの枚数を求めよ。

★★★16 [規則性⑤]

下のように，自然数をグループ分けしていくとき，次の問いに答えなさい。

1グループ…1

2グループ…2，3

3グループ…4，5，6

4グループ…7，8，9，10

⋮　　　　⋮

(福岡・東海大付五高)

(1) 6グループにある最後の数を求めよ。

(2) 45は a グループにある。このときの a はいくつになるか。

難▶(3) b グループにある数の和を求めると175になった。このときの b はいくつになるか。

着眼

15 偶数番目は，白と黒のタイルは同数。奇数番目は白のタイルの方が黒のタイルより1枚多くなる。

★17 [虫食い算]

A, B, C は1けたの整数で，右の式が成り立つとき，次の問いに答えなさい。　(奈良文化女子短大付高)

$$\begin{array}{rrr} & A & B \\ +) & B & A \\ \hline C & A & C \end{array}$$

(1) C の値を求めよ。
(2) $A+B$ の値を求めよ。

★18 [平均] 頻出

下の表は，生徒 A〜E のそれぞれの身長から，身長 158.6cm の生徒 C の身長をひいた値と，全員の平均身長である。

生　徒	A	B	C	D	E	平均
C の身長をひいた値(cm)	+6.8	−5.9	0	□	−2.8	161.3

(1) □にあてはまる数を答えよ。
(2) 最も身長の高い生徒と最も身長の低い生徒の身長の差は何 cm か。

★19 [勝ち負けの問題] 頻出

太郎君と花子さんがじゃんけんをして，勝った方には +3 点，負けた方には −2 点の得点を与える。はじめの 2 人の得点は 0 点であるとして，次の問いに答えなさい。ただし，あいこは回数に数えないものとする。

(1) 3 回じゃんけんをして，太郎君の得点が −1 点になった。太郎君は 3 回のうち何回勝ったか。
(2) 15 回じゃんけんをして，太郎君の得点が 0 点になった。このとき，花子さんの得点は何点か。

着眼

17 $A+B$ は，十の位の数が 1 となる。
18 生徒 C の身長を仮平均とし，生徒 C との差をもとに，平均値を計算する。
19 (2) 1 回のじゃんけんでの 2 人の得点の和を考える。

★★★20 [規則性⑥]

下のA～Hは，1～4までの整数をそれぞれ1～4までの整数に対応させる規則とする。

A…{1→1, 2→2, 3→3, 4→4}　B…{1→2, 2→1, 3→4, 4→3}　C…{1→3, 2→4, 3→1, 4→2}　D…{1→4, 2→3, 3→2, 4→1}

E…{1→2, 2→3, 3→4, 4→1}　F…{1→3, 2→2, 3→1, 4→4}　G…{1→4, 2→1, 3→2, 4→3}　H…{1→1, 2→4, 3→3, 4→2}

このとき，例えば，規則Hで先に対応させ，次に規則Bで続けて対応させることをH＊Bと表す。H＊Bは，規則Eと一致することがわかるので，H＊B＝Eと書く。次の問いに答えなさい。（埼玉・城西大付川越高）

(1) F＊Gと一致する規則を上のA～Hの中から選べ。

(2) E＊X＝AとなるXが上のA～Hの中にあれば，その規則を求めよ。なければ，「なし」と書け。

(3) X，Yは，上のE～Hの中の異なる2つの規則とする。X＊Y＝Y＊Xを満たすX，Yがあるか。あれば，そのX，Yの組をすべて求めよ。なければ，「なし」と書け。

難▶(4) X，Yは，上のA，B，C，Dのどれかの規則とする。X＊YがA，B，C，Dのどれとも一致しないことがあるか。あれば，そのX，Yの組をすべて求めよ。なければ，「なし」と書け。

着眼

20 (3) まず，E～Hのうちの2つを組み合わせた対応で，1がどの整数と対応するか調べる。

(4) A～Dのうちの2つを組み合わせた対応を調べる。

★★21 ［魔方陣②］

右の図のような 3×3 のマス目の中にすべて異なる整数を 1 つずつ入れ，縦，横，斜めそれぞれの 3 つの数の和がすべて同じ数になるようにしたものを魔方陣という。次の問いに答えなさい。　（北海道・函館ラ・サール高）

Ⓐ	Ⓑ	Ⓒ
Ⓓ	Ⓔ	Ⓕ
Ⓖ	Ⓗ	Ⓘ

(1) サトシ君は魔方陣についてあることに気づき，先生に正しいかどうかを聞いてみることにした。下の文章はそのときの会話である。会話文中の空欄 [ア] から [ウ] に適当な数を入れよ。ただし，同じ記号の空欄には同じ数が入るが，異なる記号の空欄でも同じ数が入る可能性がある。

サトシ君：先生，Ⓔに入る数って，縦，横，斜めそれぞれの 3 つの数の和の [ア] 倍だと思うのですが…。

先　　生：よし，一緒に調べてみよう。
まず，縦，横，斜めそれぞれの 3 つの数の和を N としよう。
すると，魔方陣のルールからⒺを含む次の 4 つの式が成り立ちますね。

Ⓐ＋Ⓔ＋Ⓘ ＝N
Ⓒ＋Ⓔ＋Ⓖ ＝N
Ⓓ＋Ⓔ＋Ⓕ ＝N
Ⓑ＋Ⓔ＋Ⓗ ＝N

何か気づきませんか？

サトシ君：わかりました。この 4 つの式から
N×[イ]＋Ⓔ×[ウ]＝N×4
が成り立ちます。

先　　生：そうですね。すなわち，Ⓔ×[ウ]＝N が成り立ちますから，
Ⓔ＝N×[ア] が成り立ちますね。

(2) 26〜34 の整数を 1 つずつ使って右の魔法陣を完成せよ。
（26，30，32 はすでに入っている。）

32	30	
	26	

(3) 縦，横，斜めそれぞれの 3 つの数の和が 2018 になるような魔法陣は存在するか。「存在する・存在しない」のどちらかで答え，その理由を説明せよ。

★22 [規則性⑦]

次の問いに答えなさい。 (新潟明訓高)

(1) 横5マス，縦5マスの(表1)に記入されている数の合計を求めるのに，次のように考えた。[ア]～[カ]にあてはまる数を書き入れよ。

「考え方」 左上と右下を結ぶ対角線上にある5個の9を合計すると，$9\times5=$[ア]である。また，この対角線に平行に並ぶ数に注目すると，4個の10と1個の5の合計は[イ]であり，3個の11と2個の6の合計は[ウ]である。さらに，2個の12と3個の7の合計は[エ]で，1個の13と4個の8の合計は[オ]であるから，全部の合計は[カ]である。

(表1)

9	10	11	12	13
8	9	10	11	12
7	8	9	10	11
6	7	8	9	10
5	6	7	8	9

(2) (1)の「考え方」を参考に，次の(表2)にある数の合計を求めよ。

(表2)

16	17	18	19	20	21	22	23	24	25
15	16	17	18	19	20	21	22	23	24
14	15	16	17	18	19	20	21	22	23
13	14	15	16	17	18	19	20	21	22
12	13	14	15	16	17	18	19	20	21
11	12	13	14	15	16	17	18	19	20
10	11	12	13	14	15	16	17	18	19
9	10	11	12	13	14	15	16	17	18
8	9	10	11	12	13	14	15	16	17
7	8	9	10	11	12	13	14	15	16

(3) 横24マス，縦24マスの表があり，左上と右下を結ぶ対角線上に25が24個並んでいる。表にあるすべての数の合計を求めよ。ただし，(表1)や(表2)と同じ規則で数が並んでいるものとする。

着眼

22 (2) 左上と右下を結ぶ対角線上にある10個の16の合計は160であり，この対角線に平行に並ぶ数に着目すると，9個の17と1個の7の合計は160である。

(3) $25\times24=600$が何個できるかを考える。

第1回 実力テスト

時間 40 分
合格点 60 点

得点 ／100

解答 別冊 p. 11

1 次の計算をしなさい。

（各 5 点×10）

(1) $(-2)^2+\left(-\frac{3}{2}\right)\div\frac{9}{8}$ （千葉県）

(2) $-3^2\times\left(\frac{2}{3}\right)^3\div\left(-\frac{1}{6}\right)\times(-2)^2$ （埼玉・西武学園文理高）

(3) $(-2)^3\times3+\{7-(3-4)\}\div2$ （京都府）

(4) $\{2-(-3)\}\times4-(-3)^4\div\frac{9}{2}+1$ （広島大附高）

(5) $\left(-\frac{3}{2}\right)^2\div(-4.5)\times\left(\frac{5}{12}-\frac{5}{8}-\frac{1}{6}\right)$ （京都・立命館高）

(6) $2\frac{1}{3}-0.75\div\frac{3}{5}+\left(-\frac{2}{3}\right)^3\times\left(-\frac{3}{2}\right)^2$ （東京・明治学院高）

(7) $-\frac{2^2}{5}\times1\frac{2}{3}+\left\{0.75-3^2\div\left(-1\frac{1}{5}\right)^2\right\}$ （東京・明治学院高）

(8) $\frac{1}{3}\times1.2-\left(1.75-2\frac{3}{4}\right)\div\frac{3}{2}$ （東京・駒澤大高）

(9) $\frac{9}{25}-(-2)^4\div5^2\times\frac{3}{25}$ （東京・日本大豊山女子高）

(10) $\left\{-12-(-2)^2\div\left(-\frac{2}{3}\right)^3\right\}-\left\{\frac{17}{8}\div1.25-5\times(-0.6^2)\right\}$ （東京・成城高）

2 次の問いに答えなさい。

（各 4 点× 2 ）

(1) A，B，C の 3 人の身長の平均は 155.1cm で，D，E の 2 人の身長の平均は 161.1cm であった。A，B，C，D，E の 5 人の身長の平均を，155.1cm を基準として求めよ。また，求め方も書け。 （埼玉・大妻嵐山高）

(2) 右の表の 9 個のマスのうち，ア～オのマスに数を入れて，縦，横，斜めに並ぶ 3 つの数の和がどれも等しくなるようにしたい。エのマスにあてはまる数を書け。 （岐阜県）

5	ア	イ
ウ	2	エ
オ	6	−1

3 次の問いに答えなさい。（各７点×２）

(1) 6^2，6^3，6^4，6^5，6^6，6^7 の下２けたの数はそれぞれ 36，16，96，76，56，36 である。このことを参考にして，2006^{2006} の下２けたの数を求めよ。

（東京・穎明館高）

(2) 各位の数が１か２である整数を並べ，次のような数の列をつくる。

2，21，22，211，212，221，222，2111，2112，…

このとき，７けたの 2222222 は，この数の列の何番目か求めよ。

（東京・巣鴨高）

4 次の各式において，a が負の数のとき，その式を計算した結果の符号がいつも変わらない式はどれとどれか。ア～カの中から２つ選んで，記号で答えなさい。（７点）

ア　$(a+5)(a+2)$　　イ　$(a+5)(a-2)$　　ウ　$(a-5)(a-2)$

エ　$(a-5)(a+2)$　　オ　$(a-5)^2+2$　　カ　$(a+5)^2-2$

5 点Ｐが数直線の原点の位置にある。さいころを投げ，偶数の目が出ると正の方向へ，奇数の目が出ると負の方向へ，それぞれ出た目の数だけＰが数直線上を動く。このとき，次の問いに答えなさい。ただし，Ｐはさいころを１回投げて移動した位置から引き続いて移動するものとする。

（各７点×３）

(1) さいころを５回投げたとき，偶数の目が３回，奇数の目が２回出た。このとき，考えられる点Ｐの位置のうち，最も離れた２点間の距離を求めよ。

(2) さいころを４回投げたとき，偶数，奇数とも２回ずつ出た。点Ｐが原点の位置にくるさいころの目の組み合わせは何通りあるか求めよ。ただし，目の出る順序は考えないものとする。

(3) さいころを６回投げたとき，1～6 の目が各１回ずつ出た。このとき，１回目に５の目が出たとすると，２回目からの点Ｐの位置が常に負の範囲とならないような目の出方は何通りあるか求めよ。

2 文字と式

解答 別冊 p. 13

★23 [1次式の計算] <頻出

次の計算をしなさい。

(1) $2x+8y-2\{3x-(2x-3y)\}$ (東京・専修大附高)

(2) $\frac{1}{3}(2x+5)-\frac{1}{6}(4x+3)$ (神奈川県)

(3) $4x-\frac{2}{3}y-3\left(x-\frac{1}{4}y\right)$ (長野県)

(4) $\frac{5x-y}{3}-\frac{x-7y}{2}-x-3y$ (大阪・四天王寺高)

(5) $\frac{2x+3}{3}-\frac{3x-1}{2}-\frac{12-5x}{6}$ (茨城・常総学院高)

(6) $\frac{a+3b}{2}-\frac{4a-b}{3}-\frac{b-3a}{6}$ (京都女子高)

(7) $\frac{1}{3}(3x-5y)-\frac{2}{5}(x-2y)$ (広島・修道高)

(8) $-3\{7b-9a-6(3a-2b)\}-(8b-5a)$ (埼玉・城西大付川越高)

★★24 [式の値] <頻出

次の問いに答えなさい。

(1) $a=-2$, $b=3$ のとき，$2(5a-2b)-3(3a-b)$ の値を求めよ。 (長野県)

(2) $a=2$, $b=6$ のとき，$\frac{5}{6}a-\frac{1}{3}b-\left(\frac{1}{3}a-\frac{1}{2}b\right)$ の値を求めよ。 (三重・鈴鹿高)

(3) $A=3x+1$, $B=-2x+3$, $C=4x-5$ のとき，
$\frac{2}{3}A-\frac{1}{2}B+\frac{3}{4}C$ を計算せよ。

(4) $A=2x+2y+1$, $B=-x+y-\frac{1}{2}$, $C=3x-2y+\frac{3}{2}$ のとき，
$3(A-2B)-2(A+C)$ を計算せよ。 (東京・東海大付高輪台高)

(5) $A=2x-3y-1$, $B=x+2y-3$, $C=-x+y+2$ のとき，
$4A+C-\{A-2(B+3C)+B\}$ を計算せよ。 (京都成章高)

★★25 [1次式の計算の応用] <頻出

2つの式 A, B が $A=2x-5y-z$, $B=-x-7y+2z$ であるとき，3つの式 A, B, C について，$A-3B-C$ を計算したら，$-2x+5z$ となった。C の式を求めなさい。 (東京・筑波大附駒場高)

★26 [数量を式に表す①] <頻出

次の問いに答えなさい。

(1) 長さ30cmのテープを何本かつないで1本の長いテープをつくる。6本つなぐと長さが165cmになった。このテープを n 本つないだときの長さを n を用いて表せ。ただし，テープをつなぐときの“のりしろ”の長さは一定とする。

(2) ある数 x を12で割ると商が a で余りが5になる。また，a を4で割ると商が b で余りが1となった。x を b で表せ。

(3) ある会の会合に x 人が出席した。4人がけの長いすを y 脚用意し，その他の長いすは全部3人がけにすると，全員がちょうど着席することができた。長いすは全部で何脚あるか，x, y を用いて表せ。

★27 [数量の間の関係を等式や不等式に表す] <頻出

次の数量の関係を，等式か不等式に表しなさい。

(1) x ページの本を読むのに，1日目に全体の $\frac{1}{3}$ を読み，次の日に残りの $\frac{3}{5}$ を読んだとき，残りは y ページであった。

(2) ある町の有権者の数は18000人で，そのうち p 割は男性である。ある選挙で，女性の投票率が65%であるとき，投票した女性の人数は x 人であった。

(3) ある商品を a 円で仕入れ，4割の利益を見込んで定価をつけた。しかし，売れないので定価の x 割引きで売ったら，売値は3000円より安くなった。

着眼

26 (2) a で割ると商が b で余りが c となる数は，$ab+c$ と表せる。

★28 [数量を式に表す②]

長さ 180m の列車が 2 つの鉄橋 A，B を渡る。
列車がそれぞれの鉄橋を渡る時間について次のようなことがわかった。

(ア)列車が一定の速さで鉄橋 A を渡り始めてから渡り終えるまでに 30 秒かかる。

(イ)列車が(ア)の 2 倍の速さで鉄橋 B を渡り始めてから渡り終えるまでに 24 秒かかる。

(ア)における列車の速さを毎秒 x m として，次の問いに答えなさい。

(1) (ア)から鉄橋 A の長さを x を用いて表せ。

(2) (イ)から鉄橋 B の長さを x を用いて表せ。

★★29 [数量を式に表す③]

A 君と B 君はまっすぐな線路に沿って向かい合って歩いている。いま，列車が A 君のわきを 22 秒で通過し，A 君を追い越した。その瞬間から 48 秒後に列車は B 君に会い，18 秒かかって B 君とすれ違った。列車，A 君，B 君の速さをそれぞれ r，a，b とするとき，次の問いに答えなさい。ただし，列車，A 君，B 君のいずれの速さも一定とする。　(東京・中央大附高)

(1) 列車の長さ ℓ を r と a で表せ。

(2) 列車の長さ ℓ を r と b で表せ。

★30 [数量を式に表す④]

(1) a% の食塩水 200g に食塩を b g 加えた後，水を 100g 蒸発させた。できた食塩水の濃度を求めよ。

(2) 3 種類の金属 X，Y，Z がある。これらを適当に組み合わせて合金 A，B，C をつくる。いま，合金 A は金属 X，Y からなり，その重量比は 7：3 である。合金 B は金属 X，Z からなり，その重量比は 3：2 である。合金 C は金属 X，Y，Z からなり，その重量比は 4：5：1 である。合金 A を ag，合金 B を bg，合金 C を cg まぜ合わせて合金 D をつくった。合金 D に含まれる金属 X，Y，Z の重さを a，b，c を用いて表せ。

着眼

30 (1) 濃度(%)$=\dfrac{\text{食塩の重さ}}{\text{食塩水の重さ}}\times 100$，食塩の重さ$=$食塩水の重さ$\times\dfrac{\text{濃度(\%)}}{100}$

★31 [規則性①] 頻出

右の図のように，直方体のブロックが一番上の段には1個，上から2段目には2個，上から3段目には3個，…，というように，上から n 段目には n 個使って，左右対称に積み上げられている。一番下の段には，左から順に同じ量ずつ増加する数が，あらかじめ各ブロックに1つずつ書かれているものとする。次の規則にしたがって計算し，一番上の段まで数を書いていく。

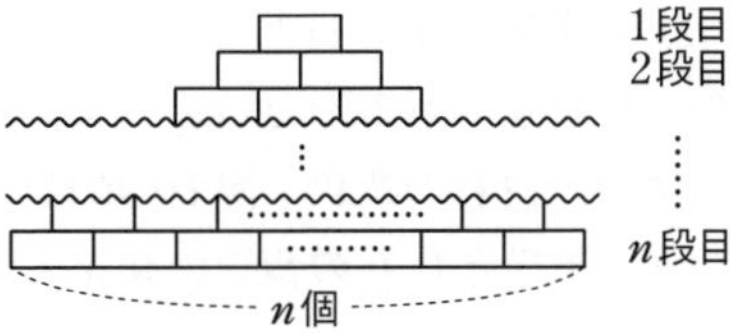

規則

隣り合ったブロックに書かれている数の和を，両方が接している1つ上のブロックに書く。

〈例〉一番下の段のブロックが3個で，各ブロックに1から始まり1つずつ増える数が書かれているとき

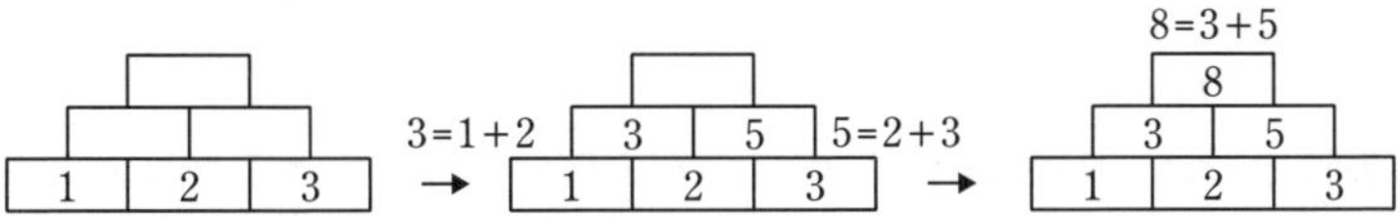

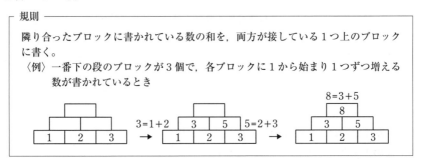

このとき，次の問いに答えなさい。（京都府）

(1) 右の図のように，一番下の段のブロックが5個で，各ブロックに $x-2y$ から始まり y ずつ増える数が書かれているとき，図中のブロック □ にあてはまる数を文字式で書け。

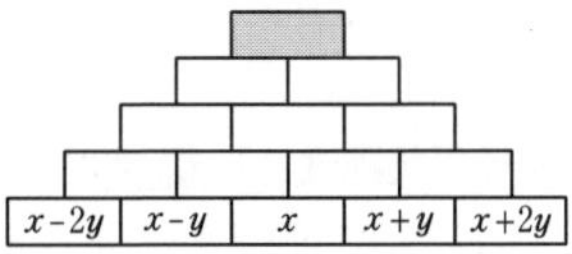

(2) 右の図のように，一番下の段のブロックが9個で，各ブロックに1から始まり6ずつ増える数が書かれているとき，図中のブロック a ・ b にあてはまる数をそれぞれ書け。

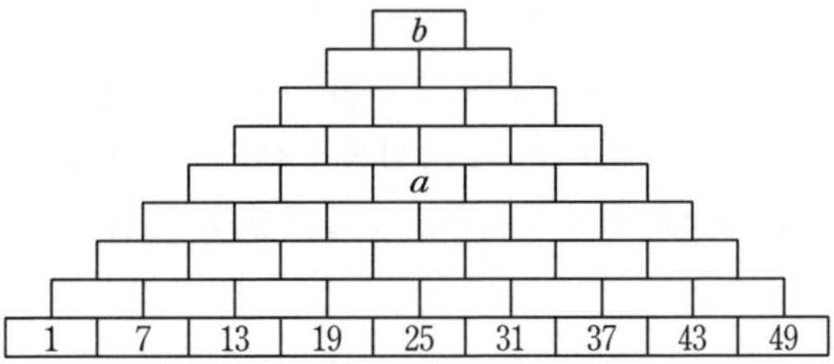

着眼

31 (2)は(1)の図形を使って考える。

★★★32 ［規則性②］ ＜頻出

黒石１個を１番目とし，２番目からは，白石，黒石を交互に加えて，下の図のような正方形の形をつくっていく。このとき，それぞれの形について，黒石の個数，白石の個数，黒石の個数から白石の個数を引いたときの差，および，黒石の個数と白石の個数の和を表のようにまとめた。次の問いに答えなさい。

（島根県）

図

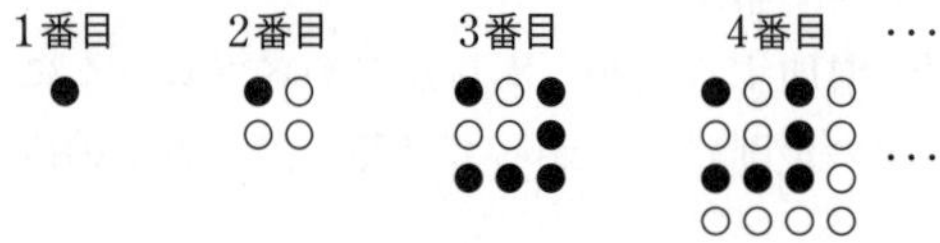

表

図の番号	1番目	2番目	3番目	4番目	5番目	6番目	7番目	…	エ番目	…
黒石の個数	1	1	6	6	ア			…	オ	…
白石の個数	0	3	3	10	イ			…	カ	…
差	1	−2	3	−4		ウ		…		…
和	1	4	9	16				…	100	…

⑴　表のア～ウにあてはまる数を求めよ。

⑵　７番目の形は，６番目の形に何色の石を何個加えてできるか答えよ。

⑶　表のエ～カにあてはまる数を求めよ。

⑷　黒石，白石がそれぞれ 200 個ずつ合計 400 個あるとき，最も大きな正方形をつくりたい。何番目の形をつくることができるか，求めよ。

★33 ［規則性③］ ＜頻出

同じ長さのマッチ棒を下の図のように組み立てていく。上から１段目，２段目，３段目，…とする。次の問いに答えなさい。

（宮城・東北学院高）

⑴　１段目から４段目まで組み立てるとき，マッチ棒は何本必要か。

⑵　１段目から $n+1$ 段目まで組み立てるときに使うマッチ棒の数は，１段目から n 段目まで組み立てるときよりも何本多くなるか。

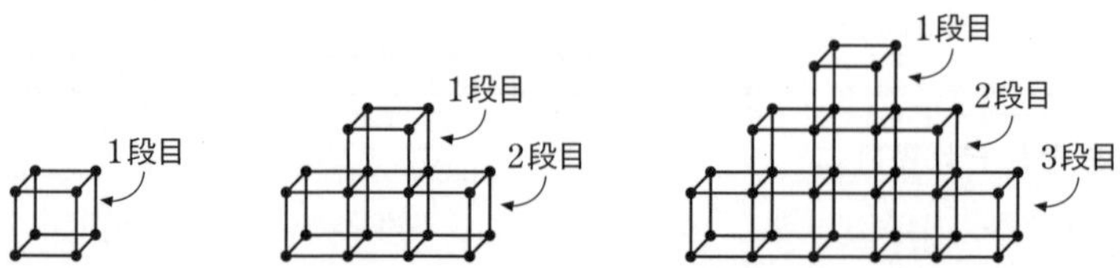

☆☆34 [規則性④]

図1

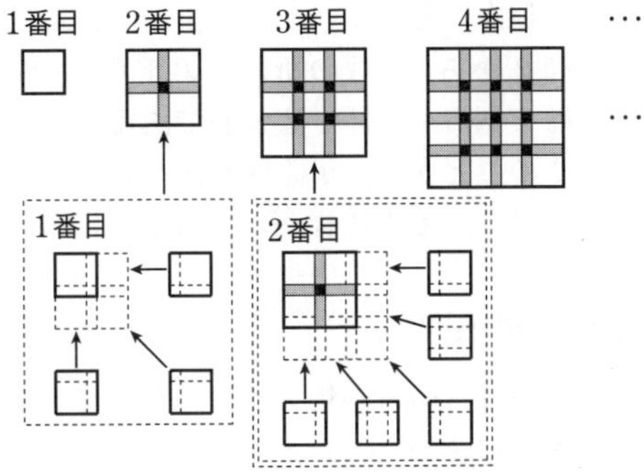

1辺5cmの正方形の折り紙を，規則的に貼り合わせて，大きさの違う正方形をつくっていく。

正方形のつくり方は，図1のように，まず1番目として，折り紙を1枚置く。

2番目として，▭内のように，1番目の正方形に，3枚の折り紙を1cmずつ重ねて貼り合わせ，正方形をつくる。

次に，3番目として▭内のように，2番目の正方形に，5枚の折り紙を1cmずつ重ねて貼り合わせ，正方形をつくる。

このように，折り紙を貼り合わせ，正方形を規則的につくっていく。

ただし，図1中の▯と■は，2枚の折り紙の重なりと4枚の折り紙の重なりをそれぞれ表している。

次の表は，この規則に従って正方形をつくったときの順番と，折り紙の枚数，正方形の1辺の長さ，4枚の折り紙の重なり■の個数についてまとめたものである。

このとき，下の問いに答えなさい。 （和歌山県）

順番（番目）	1	2	3	4	5	6	…
折り紙の枚数（枚）	1	4	9	16	25	36	…
正方形の1辺の長さ（cm）	5	9	13	17	ア	25	…
4枚の折り紙の重なり■の個数（個）	0	1	4	9	16	イ	…

(1) 上の表中の ア，イ にあてはまる数を書け。

(2) 9番目の正方形をつくるとき，8番目の正方形に何枚の折り紙を貼り合わせればよいか，求めよ。

(3) 4番目の正方形で，折り紙が2枚以上重なっている部分の面積の和を求めよ。

(4) 図2は，貼り合わせてつくった正方形の1辺の長さを求めるために，図1の各順番における1番上に貼り合わせた折り紙の一部を，それぞれ切り取って表したものである。

図２

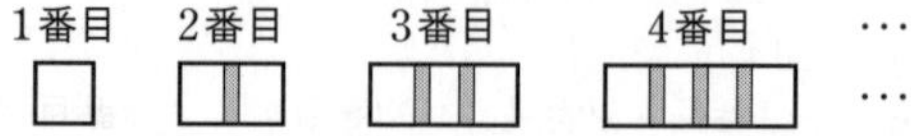

図２から，２枚の折り紙の重なりの▒の個数は，２番目では１個，３番目では２個，４番目では３個であることがわかる。

このことから，n番目の正方形の１辺の長さをnの式で表せ。

ただし，その過程がわかるように書け。

★★35 ［規則性⑤］

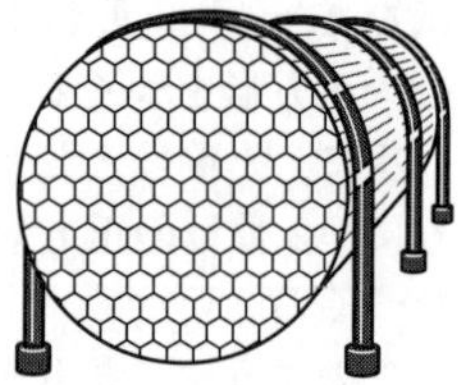

右の図は，明石海峡大橋で使われているケーブルの断面を模式的に表したものである。

美紀さんと紀男さんは，この断面の模様の並び方に興味をもち，碁石を使って考えてみた。

図１の１番目の図形は，中心となる碁石を１個おき，そのまわりに碁石を並べたもので，２番目の図形は，さらにその外側に碁石を並べたものである。

このようにして，３番目，４番目，…と同じ規則で碁石を並べて，図形を順につくっていく。

次の問いに答えなさい。 （和歌山県）

図１

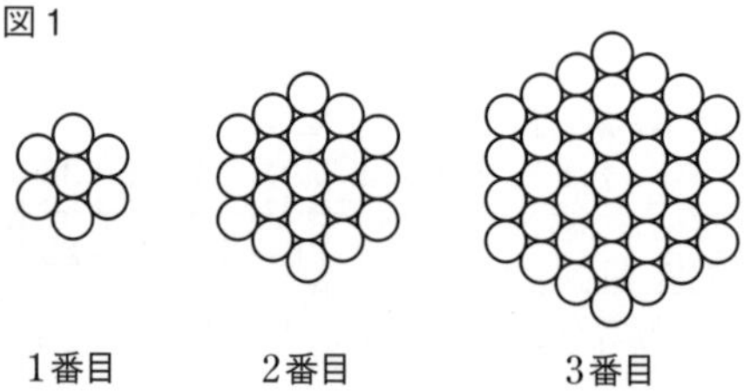

(1) 次の表は，図１のように，碁石を規則正しく並べて，１番目，２番目，３番目，…と図形をつくっていったときの順番と，一番外側の碁石の個数についてまとめたものである。

順　番（番目）	1	2	3	4	イ	☆	★
一番外側の碁石の個数(個)	6	12	18	ア	54	a	b

☆，★は，連続する２つの順番を表す。

① 表中のア，イにあてはまる数を書け。

② 表中の a，b の関係を等式に表せ。

③ n 番目の図形をつくるとき，一番外側の碁石は何個必要か，n の式で表せ。

(2) 美紀さんは，図１の３番目の図形をつくるとき，全部で何個の碁石が必要かを求めるために，下のような方法を考えた。

美紀さんの考え方を参考にして，10 番目の図形をつくるためには，全部で何個の碁石が必要か，求めよ。

〈美紀さん〉

図２のように，３番目の図形を，中央の碁石と，三角形状に並んだ６個の碁石に分ける。

三角形状に並んだ１組の碁石の個数は，

1＋2＋3(個)だから，３番目の図形をつくるのに必要な碁石全部の個数は，

1＋(1＋2＋3)×6＝37(個)となる。

図２

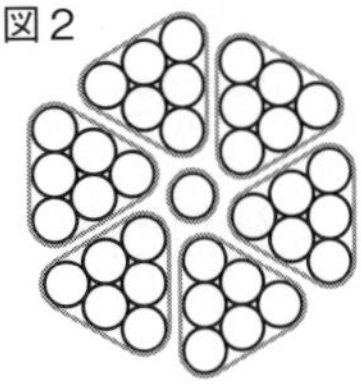

(3) 紀男さんは，美紀さんとは別の方法で，碁石の個数を求めた。下の方法は，紀男さんの考え方をまとめたものである。

紀男さんの考え方を用いて，n 番目の図形をつくるためには，全部で何個の碁石が必要か，n の式で表せ。

〈紀男さん〉

図３のように，３番目の図形を，ひし形状に並んだ３組の碁石，直線状に並んだ３組の碁石，中央の碁石に分ける。

ひし形状に並んだ１組の碁石の個数は，3×3(個)，直線状に並んだ１組の碁石の個数は３個だから，３番目の図形をつくるのに必要な碁石全部の個数は，

3×3×3＋3×3＋1＝37(個)となる。

図３

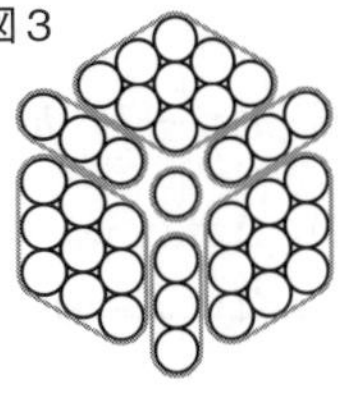

第2回 実力テスト

時間45分
合格点70点

得点 ／100

解答 別冊 p. 18

1 次の計算をしなさい。

（各4点×8）

(1) $3(3x+y)-7y$ （奈良県）

(2) $2(x-3)-4(2y-x-1)$ （兵庫・神戸学院大附高）

(3) $5b-3(-4a+8b)-4b$ （兵庫・神戸一高）

(4) $\dfrac{x+3y}{2}-\dfrac{x-y}{3}$ （福岡・東海大付五高）

(5) $\dfrac{3a-4b}{5}-a+2b-\dfrac{a-8b}{15}$ （京都・同志社国際高）

(6) $\dfrac{2x+y}{3}-\dfrac{3(x-y)}{2}+x-\dfrac{8}{3}y$ （東京・明星高）

(7) $x-2y-\left\{\dfrac{1}{2}x-\dfrac{1}{3}(x+5y)\right\}$ （京都・立命館宇治高）

(8) $5x-\dfrac{1}{3}\{-2x+5y-2(2x+y)\}$ （大阪・樟蔭高）

2 次の問いに答えなさい。

（各4点×6）

(1) $a=3$，$b=-2$ のとき，$3a-4b-5a+9b$ の値を求めよ。 （兵庫・神戸一高）

(2) $a=3$，$b=-\dfrac{2}{5}$ のとき，$3(2a-b)-4(a-2b)$ の値を求めよ。 （大阪・樟蔭高）

(3) $a=-\dfrac{3}{5}$，$b=1$ のとき，$2a+b+\dfrac{a-b+3}{2}-\dfrac{5a+2b-2}{3}$ の値を求めよ。

(4) $A=2x+y-1$，$B=x-y-2$ のとき，次の計算をせよ。

① $A-B$　② $3A-2(A+B)$　③ $5(A-B)-2(A+B)$

3

一の位の数が0でない2けたの自然数をA，Aの一の位の数と十の位の数を入れかえてできる自然数をBとする。Aの一の位の数をa，十の位の数をbとするとき，次の問いに答えなさい。 （滋賀・近江高）（各3点×3）

(1) 自然数Aをaとbを用いて表せ。

(2) $A+B$はある数の倍数となる。ある数を求めよ。

(3) $A-B$はある数の倍数となる。ある数を求めよ。

4 下の図は，同じ大きさの黒と白の正方形のタイルを並べる手順を示したものである。まず１回目に黒タイルを置く。２回目は，１回目の黒タイルの外側に白タイルをすき間なく並べ，３回目には，さらに白タイルの外側に黒タイルをすき間なく並べる。このようにしてタイルを並べていくとき，次の問いに答えなさい。

（鹿児島県）（各５点×４）

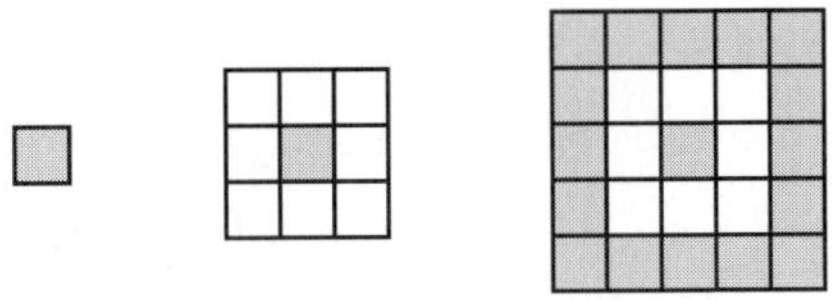

⑴　５回目が終わったとき，並べたタイルは黒と白合わせて全部で何枚か。

⑵　ある回までタイルを並べ終わってできた正方形は，１辺に a 枚のタイルが並んでいた。次の回に新たに並べるタイルは何枚か，a を用いて表せ。

⑶　タイル１枚の１辺の長さは 10cm で，ある回までタイルを並べ終わってできた正方形の面積が 2.25m^2 となった。このとき，次の問いに答えよ。

①　この正方形の１辺の長さは何 cm か。

②　白タイルの部分の面積は何 cm^2 か。

5 合同な形の長方形を，上から１段目１個，２段目２個，３段目３個，…と１段ごとに１個ずつ増やした形に並べる。

右の図は３段目まで並べた場合の例である。太線はこのときの周囲を表している。

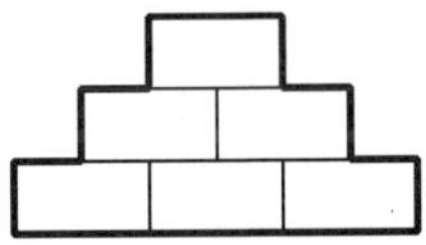

（獨協埼玉高）（各５点×３）

⑴　縦 1cm，横 2cm の長方形を５段目まで並べたとき，その図形の周囲の長さを求めよ。

⑵　縦 1cm，横 2cm の長方形を n 段目まで並べたとき，その図形の周囲の長さを求めよ。

⑶　縦と横の長さの和が 3cm の合同な長方形であれば，どんな形の長方形でも同じように n 段目まで並べたときの周囲の長さは，⑵と同じになることを説明せよ。

3 方程式

解答 別冊 p. 20

★36 [1 次方程式を解く①] 頻出

次の 1 次方程式を解きなさい。

(1) $5x-1=3x-11$

(2) $3x-1=-2x+14$

(3) $3(x+4)=-x$

(4) $2(x-3)=3(x+1)+2$

(5) $4(3x-1)-(x+2)=14$

(6) $2(x+1)-5(x-1)=6$

(7) $5x-(-x+3)=2(x+4)-3x+2$

★37 [1 次方程式を解く②] 頻出

次の 1 次方程式を解きなさい。

(1) $5(x-3)=3x-10$ (青森県)

(2) $\frac{2}{3}x-1=\frac{1}{6}x+2$ (千葉県)

(3) $\frac{2}{3}x-\frac{3}{4}=2$ (神奈川・桐蔭学園高)

(4) $1.8x-\frac{7}{3}=\frac{5}{2}x+4$ (神奈川・日本女子大附高)

(5) $\frac{x}{5}-\frac{2-x}{3}=2$ (大阪・相愛高)

(6) $1-\frac{3-x}{2}=x$ (大阪・金光八尾高)

★★38 [複雑な 1 次方程式を解く①] 頻出

次の 1 次方程式を解きなさい。

(1) $\frac{3x-5}{3}-\frac{x+2}{2}=0$ (奈良育英高)

(2) $\frac{4(3x+1)}{5}-\frac{5x-1}{3}=7$ (大阪・開明高)

(3) $\frac{1}{2}x-0.5=0.2x+\frac{2}{5}$ (大阪・城星学園高)

(4) $0.5x+\frac{2}{5}(2-3x)=\frac{-7x+5}{2}-0.3$ (金光大阪高)

(5) $\frac{1}{2}-\frac{3x-1}{4}=\frac{x+3}{6}-x$ (兵庫・須磨ノ浦女子高)

★★39 [複雑な1次方程式を解く②] ＜頻出

次の1次方程式を解きなさい。

(1) $0.3x=\frac{2}{5}(x-3)+0.5$ (金光大阪高)

(2) $4x-2\left(2x-\frac{1-3x}{4}\right)=\frac{3x-1}{3}$ (大阪女学院高)

(3) $3x-2\left(x-\frac{1-2x}{3}\right)=\frac{2x-1}{2}$ (東京・明治学院高)

(4) $\left(5-\frac{x}{2}\right):\frac{3x+2}{7}=35:6$

★40 [解に関する問題①]

次の方程式のうち，解が -3 より大きくなるものはどれか，記号ですべて答えなさい。

ア $3-x=5$　イ $\frac{x}{7}-2=\frac{1}{3}x$　ウ $\frac{5x+2}{3}=\frac{x+1}{2}$　エ $12+3x=-2x-4$

★★41 [解に関する問題②] ＜頻出

次の問いに答えなさい。

(1) x についての1次方程式 $x+a=3ax-1$ の解が $x=3$ のとき，a の値を求めよ。

(2) x についての1次方程式 $\frac{x-2}{3}+\frac{x-a}{4}=1$ の解が $x=2$ のとき，a の値を求めよ。 (茨城・江戸川学園取手高)

(3) x についての1次方程式 $5x+2a=-x+16$ の解が $x=3a+1$ のとき，a の値を求めよ。

(4) x についての1次方程式 $5(x+3)-2(x+2a)=48$ の解が，1次方程式 $\frac{4}{5}x-\frac{3}{10}=\frac{1}{2}x-\frac{21}{5}$ の解と等しいとき，a の値を求めよ。

着眼

41 (4) $\frac{4}{5}x-\frac{3}{10}=\frac{1}{2}x-\frac{21}{5}$ の解を，$5(x+3)-2(x+2a)=48$ に代入する。

★★42 [代金に関する問題①]

大阪桐蔭高等学校のあるクラスは，文化祭の模擬店でフランクフルトとわた菓子を販売した。フランクフルトは 1 本 120 円，わた菓子は 1 個 100 円だったが，両方を同時に買うとどちらも 1 割引きとした。全部で 120 人の人が，どちらか一方または両方を買い，売り上げは 15904 円であった。フランクフルトを買った人は 86 人で，また 1 人で同じ品物を 2 つ以上買った人はいなかった。このとき，わた菓子を買った人は何人ですか。 (大阪桐蔭高)

★★43 [代金に関する問題②]

自動販売機で 1 個 120 円のジュースを買うために，100 円硬貨と 50 円硬貨を合わせて 20 枚用意した。100 円硬貨 2 枚を使って，ジュース 1 個を買い，おつりを取り出した。このようにして，100 円硬貨をすべて使い，出てきたおつりと最初から用意した 50 円硬貨を全部合わせたら，さらに 7 個のジュースを買うことができ，20 円残った。最初に 100 円硬貨は何枚あったか答えなさい。 (大阪・常翔学園高)

★★★44 [代金に関する問題③] 頻出

ある美術館ではおとな 1 人の入場料が x 円で，子どもはその半額である。また，おとなと子どもに関係なく 20 人以上であれば団体扱いとなり，その場合の料金はおとなと子どもの料金のそれぞれ 8 割となる。 (京都・立命館宇治高)

(1) おとな 9 人，子ども 12 人の料金は団体扱いで 9600 円であった。x の値を求めよ。

(2) おとなと子どもを合わせて 40 人の団体の入場料が一般料金で計算した場合と比べて 4000 円安くなったという。このとき，おとなと子どもの人数はそれぞれ何人か。

(3) おとなより子どもの人数が多いグループがこの美術館に入ったとき，入場料の合計金額はちょうど 10000 円であった。おとなと子どもの人数の考えられる組み合わせをすべて求めよ。

着眼

42 フランクフルトを買った人 ＋ わた菓子を買った人 ＝120 人 ＋ 両方買った人

43 100 円硬貨の枚数を x 枚とすると，買ったジュースは $\left(\frac{x}{2}+7\right)$ 本である。

44 (3) 団体扱いとなる場合とならない場合を考える。

★★45 [代金に関する問題④] ＜頻出

1 個 2750 円の棚を 10 個，板を 5 枚購入する。これらを家まで送ってもらうのに送料が品物の合計金額の 4% かかり，また 100 円未満の金額を引いてもらったので支払った金額は 33200 円であった。引いてもらった金額は板 1 枚の値段の 1 割より 10 円安かったという。

ただし，商品の価格や送料に対する消費税は考えないものとする。

（奈良・帝塚山高）

(1) 板 1 枚の値段を x 円としたとき，引いてもらった金額を x を用いて表せ。

(2) 板 1 枚の値段を求めよ。

★★46 [割合に関する問題①]

ある高校の 1 年生は，音楽と美術のどちらか 1 科目を選択することになっている。1 年生全員の男女比が 7：5，音楽を選択した生徒の男女比が 6：5，美術を選択した生徒の男女比が 5：3 であった。

美術を選択した生徒が 200 名であったとき，次の問いに答えなさい。

（東京・専修大附高）

(1) 美術を選択した生徒は男女それぞれ何名ずつか。

(2) 1 年生全員の生徒数を求めよ。

★★★47 [割合に関する問題②]

昨年の囲碁クラブ員は 30 人であった。今年の 1 年生は昨年の 1 年生の 2 倍入部し，今年の 3 年生は昨年の 3 年生の $\frac{3}{2}$ の人数となった。その結果，今年の部員数は昨年の部員数と変わらなかった。昨年の 1，2 年生で退部した人はいなかった。今年の 2 年生の部員数を求めなさい。（東京・日本大豊山高）

着眼

46 (2) 1 年生全員の人数を x 人として，男子（または女子）の人数に着目して方程式をつくる。

47

	1 年生	2 年生	3 年生	計
今年	$2x$	x	$30-(2x+x)$	30
昨年	x	$30-3x$	$30-(x+30-3x)$	30

昨年と今年の 3 年生の人数で立式する。

★★48 [数に関する問題①]

百の位の数と一の位の数の和が 10 である 4 けたの自然数について，次の問いに答えなさい。 (東京・成城学園高)

(1) 千の位の数と十の位の数の積が 7 である偶数は何個あるか答えよ。

(2) 千の位の数と百の位の数の和が 7 で，十の位の数が千の位の数の 2 倍である自然数がある。百の位の数を a として，その数を a を用いて表せ。また，そのような自然数は何個あるか答えよ。

(3) 自然数 A と，A の千の位の数と十の位の数を入れかえた自然数 B がある。$B-A=1980$ であるような自然数 A の千の位の数と十の位の数の和を考えるとき，その和の中で最も小さい値を求めよ。

★★49 [数に関する問題②]

次の問いに答えなさい。 (大阪教育大附高平野)

(1) 2004 を連続する 3 つの整数の和として表せ。
(例えば 15 は $15=4+5+6$ のように表すことができる)

(2) 2004 は連続する 4 つの整数の和として表すことができないことを示せ。

★50 [仕事に関する問題①] 頻出

ある仕事をするのに，兄 1 人ではちょうど 18 日かかり，弟 1 人ではちょうど 30 日かかる。また 2 人が力を合わせて働くときは，兄は弟の世話をしながら作業をするため，兄の仕事の速さは 10% 遅くなるが，弟は 50% 速くなる。弟が 1 人で x 日間働いた後，兄が加わって全部でちょうど 14 日間で仕事を完成させた。x の値を求めよ。 (東京・慶應女子高)

着眼

50 全仕事量を 1 とすると，兄 1 人で 1 日にできる仕事量は $\frac{1}{18}$，弟 1 人で 1 日にできる仕事量は $\frac{1}{30}$ である。

★★51 [仕事に関する問題②]

直方体の水そうA，B，Cがあり，Aの底面積は2cm^2である。A，B，Cのそれぞれに同じ量の水を入れると水深が10cm，12cm，30cmになった。このとき，次の問いに答えなさい。 (東京工業大附科学技術高)

(1) B，Cの底面積をそれぞれ求めよ。

(2) 28cm^3の水を空(から)の水そうA，B，Cに分けて入れ，3つの水そうの水深を同じにしようとしたところ，A，Bは同じになったが，Cだけ水深が3cm深くなってしまった。このとき，Cの水深を求めよ。

(3) バケツにある量の水が入っている。この水をまず空の水そうAに水深2cmまで入れ，残りを空の水そうB，Cに同じ深さになるように入れた。次に，Bの半分をAに入れ，CからAに適当に入れたところ，Cの水深が3cm減り，Aの水深は7cmになっていた。このとき，最初にバケツに入っていた水の量を求めよ。

★52 [仕事に関する問題③]

空の水そうに給水管Aから毎分20Lの割合で水を入れる。水が水そう全体の$\frac{7}{12}$までたまった時に排水管Bを開き，毎分12Lの割合で水を抜きはじめた。水そうが満水になったら給水管Aを閉じて給水を止め，排水管Bだけでx分間水を抜いていったところ，給水管Aで水を入れはじめてから79分後に水そうが空になった。次の問いに答えなさい。 (東京・青山学院高)

(1) 最初に排水管Bを閉じた状態で水を入れていた時間は何分か，xを用いて表せ。

(2) xの値を求めよ。

着眼

51 (1) Aの水の体積を求め，底面積 = 体積 ÷ 高さ を利用する。

(2) Cの水深をx cmとして考える。

(3) はじめに同じにしたB，Cの深さをy cmとして考える。

★★53 [仕事に関する問題④]

a 枚の紙を印刷するのに，1時間に y 枚印刷できる印刷機を x 台使うと4時間かかり，$(x+2)$ 台使うと2時間40分かかった。

印刷の速さを1.2倍にした印刷機を $(x-2)$ 台使うとき，a 枚の紙を印刷するのに何時間何分かかるかを求めなさい。（千葉・市川高）

★54 [速さに関する問題①] 頻出

A駅からB駅まで行くのに普通電車に乗るよりも，10分後にでる急行電車に乗る方が3分早く着くという。普通電車は平均時速50km，急行電車は平均時速63kmの速さで走っているとして，A，B両駅間の距離を求めなさい。

（東京農大一高）

★55 [速さに関する問題②]

太郎君は毎朝，家から駅まで行くのに，いつもの毎分250mの速さで自転車をこぐと25分かかる。ある日，家を出発したところ，途中でパンクしたので，500m先の安全なところまで，毎分100mの速さで自転車を押して歩き，5分でパンクを直してから，いつもの2割増しの速さで自転車をこいだが，駅に着いたのは予定より5分遅かった。パンクしたのは家から何mの地点か求めなさい。（城北埼玉高）

★56 [速さに関する問題③] 頻出

とも君は，朝7時10分に家を出て2.7km離れた学校へ向かった。分速60mで歩き始めたが，300m歩いたところで，忘れ物に気づき，家まで走って帰った。家で忘れ物を見つけるために3分間かかり，その後，家から学校まで走っていった。このとき学校に到着する時刻を求めなさい。ただし，走る速さは歩く速さの2倍とする。（群馬・前橋育英高）

着眼

53 a を x と y を用いて，2通りに表す。

54 A駅を同時に出発する場合，普通電車に乗るよりも，急行電車に乗る方が，13分早く着く。

★57 [速さに関する問題④] 頻出

一郎さんは，家から2000m離れた図書館に行くために12時に家を出発し，毎分60mの速さで歩いていた。歩き始めてから15分後に忘れ物をしたことに気づき，毎分90mの速さで家に戻った。忘れ物を取った後，再び家を出発し，12時45分に図書館に着いた。

一方，一郎さんの妹の花子さんは，その図書館を12時に出発して家に向かった。

このとき，次の問いに答えなさい。ただし，一郎さんと花子さんは同じ道を歩いたものとし，また，一郎さんが忘れ物を取りに戻ったときに家にいた時間は考えないものとする。 (岩手県)

(1) 右の図は，一郎さんが家を出発してから忘れ物に気づくまでの時間と道のりの関係をグラフに表したものである。一郎さんが忘れ物に気づいてから図書館に着くまでのグラフを図にかき入れよ。

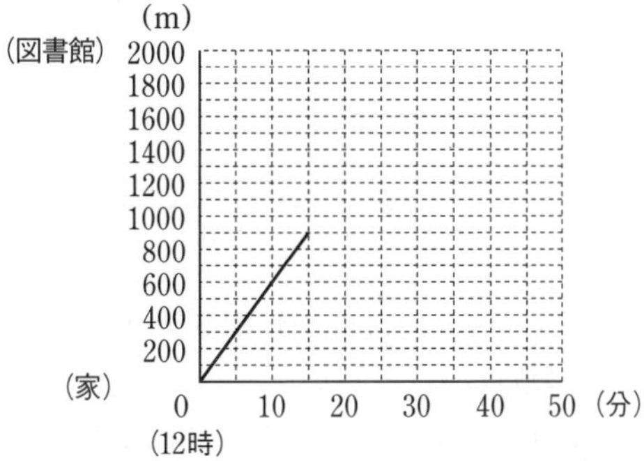

(2) 花子さんは，12時に図書館を出発し，毎分50mの速さで家まで歩いた。その途中で花子さんは一郎さんと出会った。2人が出会った時刻を求めよ。

★★58 [速さに関する問題⑤]

A地点からB地点まで，一本道で，5kmの道のりである。

J君はA地点からB地点へ向かって，3分間は毎時6kmの速さで歩き，次の10分間は毎時12kmの速さで走ることをくり返す。 (城北埼玉高)

(1) J君がA地点から出発してから，B地点に着くまで何分何秒かかるか答えよ。

(2) J君が出発すると同時に，S君はB地点を出発して，毎時9kmの速さで休まずに走り続ける。2人が出会うのは出発してから，何分何秒後か。また出会った地点はA地点から何mのところか答えよ。

着眼

58 (2) まず，3分後，13分後，16分後について調べる。

★★★ 59 ［速さに関する問題⑥］

A駅と40km離れたB駅との間を結ぶ電車の路線があり，A駅から16km離れた地点にP駅がある。この路線の電車は，A駅，B駅とも始発が6時で，その後10分ごとに発車し，途中P駅での2分間の停車時間を含めてA駅とB駅との間を32分で結ぶダイヤで運行されている。

次の問いに答えなさい。ただし，電車の速さは一定で，電車の長さは考えないものとする。　（兵庫県）

(1)　A駅6時発の電車の運行のようすを表すグラフを，下の図にかけ。また，電車の速さは毎時何kmか，答えよ。

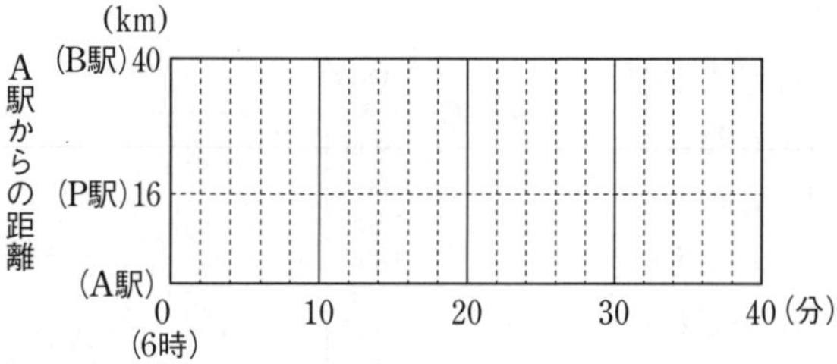

(2)　A駅6時発の電車とB駅6時20分発の電車がすれ違うのは，A駅から何kmの地点か，答えよ。

難 (3)　このダイヤで電車を運行するとき，A駅発の電車とB駅発の電車がすれ違う地点は，何か所かに限られており，(2)の地点はそのうちの1か所である。電車がすれ違う地点は，全部で何か所あるか，答えよ。

★★ 60 ［速さに関する問題⑦］

A町からB町まで1台のバスが毎分800mの速さで往復している。バスは途中では止まらず，A町，B町でそれぞれ5分間停車する。ある人がバスと同時にA町を出発して毎分80mの速さでB町へ向かった。この人がB町に着くまでに，バスに出会うことと追い抜かれることが合計5回あった。A町からB町までの道のりはamより長くbmより短いとして，次の問いに答えなさい。ただし，スタート時とゴール時は回数に含まないものとする。　（兵庫・甲南高）

(1)　方程式をつくってaの最小の値を求めよ。

(2)　方程式をつくってbの最大の値を求めよ。

着眼

60　バスと人の移動のようすをグラフに表してみる。

★61 [速さに関する問題⑧]

1 辺が 10cm の正方形 ABCD の頂点 A 上に点 P，頂点 B 上に点 Q がある。点 P は毎秒 1cm の速さ，点 Q は毎秒 2cm の速さでそれぞれ右の図の矢印の向きに辺に沿って動き，点 Q が点 P に追いついたらそこで止まるとする。今，点 P と点 Q が同時に出発したとして，次の問いに答えなさい。　（大阪・桃山学院高）

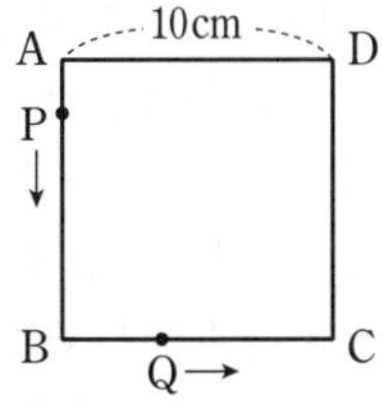

(1) 点 Q が点 P に追いつくのは出発してから何秒後か。
(2) 点 Q が CD 上にあるとき，BP＝CQ になるのは出発してから何秒後か。
(3) △BPQ が直角二等辺三角形になるのは出発してから何秒後と何秒後か。

★62 [速さに関する問題⑨] 頻出

A さんと B さんは 1 周 1000m の円形ウォーキングコースを地点 P から同時に出発した。ただし，A さんは時計回りに，B さんは反時計回りに進むものとする。A さんは毎分 100m の速さで進み，B さんは毎分 150m の速さで進むとき，次の問いに答えなさい。　（新潟明訓高）

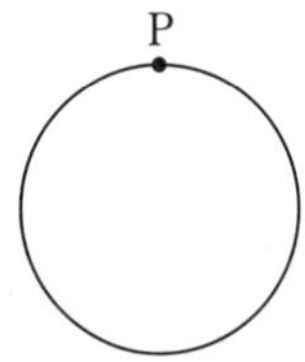

(1) A さんが最初に地点 P に戻るのは何分後か，答えよ。
(2) 2 人が 3 回目にすれ違うのは出発してから何分後か，答えよ。
(3) 2 人がすれ違う場所がちょうど地点 P になるのは何回目にすれ違うときか，答えよ。

着眼

61 (3) 1 回目は，点 P が AB 上，点 Q が BC 上にあるとき，2 回目は，点 P が BC 上，点 Q が AB 上にあるときである。

62 (3) A が 1 周する時間(分)と，2 人が 1 度すれ違ってから次にすれ違うまでの時間(分)との最小公倍数を考える。

★★★ 63 [速さに関する問題⑩]

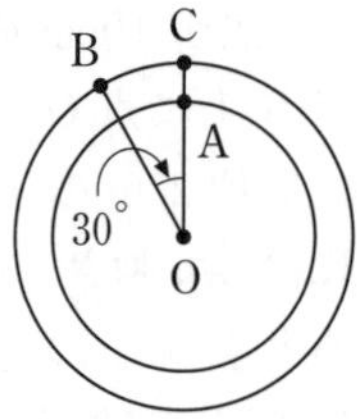

図のように中心をOとする半径5の円周上に点A，半径6の円周上に点B，Cがある。O，A，Cは一直線上に並んでおり，∠BOC＝30°とする。点Pは点Aを出発点として毎秒 2π の速さで半径5の円周上を，点Qは点Bを出発点として毎秒 4π の速さで半径6の円周上を動く。点PとQが同時に出発したとして，次の問いに答えなさい。 （大阪・城南学園高）

(1) 点Pが1周して点Aに戻るまでに何秒かかるか答えよ。

(2) 出発したときから，点Pが左回転，点Qが右回転し続けたとき，O，P，Qの順で3点が初めて同一直線上に並ぶのは何秒後か。

(3) 出発したときから，点Qが左回転し続けたとき，点Cに初めてたどり着くのは何秒後か。

難 (4) 出発したときから，点P，Qがともに左回転し続けたとき，O，P，Qの順で3点が初めて同一直線上に並ぶのは何秒後か。

★★★ 64 [速さに関する問題⑪]

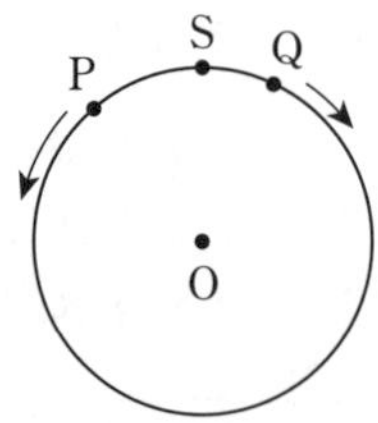

点Oを中心とする1周900cmの円がある。点P，Qは円周上の地点Sを同時に出発し，この円周上を，Pは反時計回りに秒速50cmで，Qは時計回りに秒速30cmで進む。このとき，次の問いに答えなさい。 （大阪教育大附高池田）

(1) 次の□の中にあてはまる数を入れよ。

① 出発後に，P，O，Qが初めて一直線上に並ぶのは□秒後である。

② 出発後に，P，Qが再び地点Sで出会うのは□秒後であり，この間に，S以外の地点で□回出会う。

難 (2) 3点S，P，Qを結んだ三角形が，出発後初めて二等辺三角形になるのは，何秒後か。

着眼

63 (2) 点P，Qがそれぞれ1秒間に何度回転するかを考える。

64 (2) $\overset{\frown}{SP}=\overset{\frown}{SQ}$，$\overset{\frown}{PS}=\overset{\frown}{PQ}$，$\overset{\frown}{PQ}=\overset{\frown}{QS}$ となるときを考える。

（注）円周のSからPまでの部分を弧SPといい，$\overset{\frown}{SP}$ と書く。

★★★ 65 [速さに関する問題⑫]

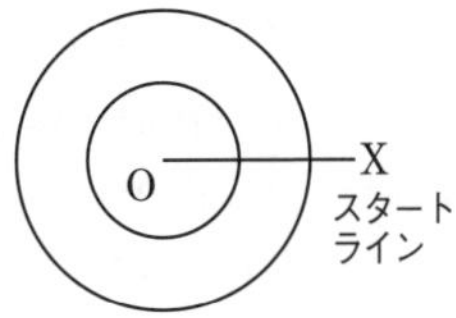

J高校科学部は2台のソーラーカーをつくった。

A車は半径5mの円周上を9秒で1周し，B車は半径10mの円周上を12秒で1周する。

右の図のように，2台をスタートラインから同じ方向に走らせる。A車，B車の t 秒後の位置をA，Bとし，2つの円の中心をOとする。ただし，2台とも速さは一定であるものとする。 （城北埼玉高）

(1) スタートラインをOXとして，最初に∠XOAが140°となるのは何秒後か答えよ。

(2) A，O，Bが最初に一直線上に並ぶのは何秒後か答えよ。

難▶(3) ∠OABが2度目に90°となるのは何秒後か答えよ。

★★★ 66 [速さに関する問題⑬]

1周 x kmの円形コースのP地点を，A，Bの2人が同時に同じ方向に向かってスタートし，ともに2周走って同時にP地点にゴールした。Aは1周目を時速12kmで，2周目を時速10kmで走った。Bは，はじめの20分間を時速12kmで走り，次の20分間を時速11kmで走った。このように，Bは20分間走るごとに時速1kmずつ減速していき，2周走ってP地点にゴールしたときの速さは時速9kmであった。次の問いに答えなさい。 （奈良・智辯学園高）

(1) Bが時速9kmで走った道のりを x の式で表せ。

(2) A，Bが同時にスタートしてから同時にゴールするまでにかかった時間は，x の式で2通りに表すことができる。それらの式を求めよ。

(3) x の値を求めよ。

難▶(4) BがAを追い越したのは，スタートしてから何時間後か。

着眼

66 (1) Bの速さが時速9kmになるまでに走った距離は $(12+11+10)\times\frac{1}{3}=11$(km)

★67 [食塩水に関する問題①] <頻出

Aの容器に濃度2%の食塩水が200g，Bの容器には濃度3%の食塩水が300g，Cの容器には濃度4%の食塩水が400g入っている。いま，A，B，Cそれぞれの容器から，同量の食塩水をxgずつ同時に取り出し，Aから取り出した食塩水をBに，Bから取り出した食塩水をCに，Cから取り出した食塩水をAに入れた。このとき，次の問いに答えなさい。 (神奈川・日本女子大附高)

(1) Aの容器から取り出した食塩水に含まれていた食塩の量をxを用いて表せ。
(2) Aの容器内の食塩水の濃度をxを用いて表せ。
(3) Aの容器内の食塩水の濃度とCの容器内の食塩水の濃度が等しくなった。このとき，取り出した食塩水の量と，Aの容器内の食塩水の濃度を求めよ。

★68 [食塩水に関する問題②]

A，B2つのビーカーがある。Aには濃度9.5%の食塩水が400g，Bには濃度6%の食塩水が450g入っている。Aから食塩水を100gだけ取り出し，Bから取り出した食塩水とまぜ合わせると，濃度8%の食塩水ができた。次に，A，Bそれぞれに残った食塩水をすべてまぜ合わせ，100gだけ水を蒸発させて新たに食塩水をつくった。このとき，次の問いに答えなさい。

(神奈川・法政大二高)

(1) ビーカーBから取り出した食塩水の重さを求めよ。
(2) 最後につくられた食塩水の濃度を求めよ。ただし，答えは小数第2位を四捨五入して答えること。

★★69 [食塩水に関する問題③] <頻出

12%の食塩水200gの入った容器がある。まず，この容器からxgの食塩水をくみ出して捨て，これに9%の食塩水$\frac{x}{2}$gと水$\frac{x}{2}$gを入れてかきまぜると，10.5%の食塩水ができるという。次の問いに答えなさい。 (東京・成蹊高)

(1) xについての方程式をつくれ。
(2) xの値を求めよ。

★★70 [食塩水に関する問題④]

容器Aには濃度 a% の食塩水が 400g，容器Bには濃度 b% の食塩水が 200g 入っている。容器Aから容器Bに 200g の食塩水を移してよくかきまぜた後，容器Bから容器Aに 200g の食塩水を戻すと，容器A，Bの食塩水の濃度の比は 3：4 となった。次の問いに答えなさい。 (近畿大附和歌山高)

(1) a，b の間に成り立つ関係式を求めよ。

(2) さらに，容器Aから容器Bに 150g の食塩水を移してよくかきまぜた後，容器Bから容器Aに x g の食塩水を戻し，両方の容器の水を蒸発させたところ，それぞれの容器には同量の食塩が残った。x の値を求めよ。

★★★71 [食塩水に関する問題⑤]

排出量が調節できる2つの蛇口A，蛇口Bがある。Aからは常に 5% の食塩水が，Bからは常に 10% の食塩水がそれぞれ排出できる。ある容器に食塩水を満たすのに，Aを全開にし，Bを使わなければ 30 分かかる。また，Aの排出量が全開のときの半分になるように絞り，Bを全開にして同時に排出すると 40 分かかる。 (兵庫・白陵高)

(1) 全開でのA，Bの排出量をそれぞれ毎分 x kg，y kg とするとき，y を x の式で表せ。

(2) AとB両方を全開にして容器を満たしたとき，何 % の食塩水ができるか。

難▶(3) 容器内の食塩水の濃度が常に 7% になるようにしながら，できるだけ早く食塩水で容器を満たしたい。AとBのどちらの蛇口を，排出量が全開時の何 % になるように絞ればよいか答えよ。

着眼

70 食塩の量に着目して解く。

71 (3)は(2)よりどちらの蛇口を絞るかが判断できる。
AとBの排出量の比は 4：1 である。絞る方を全開時の a% として考える。

★72 [いろいろな問題] < 頻出

Aさんと B さんは，じゃんけんをして数直線上を移動するゲームをした。ルールは次の通りである。

[ルール1] じゃんけん10回を1セットとする。

[ルール2] 各セットの開始時には，Aさんは原点0，Bさんは6の位置にいる。

[ルール3] じゃんけん1回につき，勝てば正の方向に2だけ進み，負ければ負の方向に1だけ進む。また，あいこなら移動しない。

(近畿大附和歌山高)

(1) 第1セットの結果，Aさんが勝ったのは5回，あいこは3回であった。Aさんの位置を求めよ。また，Bさんの位置を求めよ。

(2) 第2セットの結果，あいこの回数はAさんが勝った回数の2倍であったので，AさんとBさんは同じ位置にきた。このとき，次の問いに答えよ。

① Aさんが勝った回数を x として，方程式をつくれ。

② あいこの回数を求めよ。

★★73 [食塩水に関する問題⑥]

A，B，Cの3つのビーカーがある。Aには5%の食塩水が56g，Bには10%の食塩水が100g，Cには15%の食塩水が70g入っている。A，B，Cから，それぞれ同量の食塩水を同時に取り出して，Aから取り出した食塩水をBに，Bから取り出した食塩水をCに，Cから取り出した食塩水をAに入れてまぜ合わせる。このとき，次の問いに答えなさい。 (兵庫・白陵高)

(1) BとCの食塩水の濃度は等しくなることがない。その理由を簡単に答えよ。

(2) AとCの食塩水の濃度は等しくなることがある。そのときのBの濃度を求めよ。

☆74 [仕事に関する問題⑤]

A，B，C の 3 つの容器にそれぞれ何 L か水が入っていて，合わせると 9L になる。以下のⅠ，Ⅱ，Ⅲの操作をこの順に 1 回行ったところ，A，B，C の 3 つの容器に入っている水の量が等しくなった。このとき，次の問いに答えなさい。

（和歌山信愛女子短大附高）

操作Ⅰ：A の容器に入っている水の 3 分の 1 の量を A の容器から B の容器に移す。

操作Ⅱ：B の容器に入っている水の 3 分の 1 の量を B の容器から C の容器に移す。

操作Ⅲ：C の容器に入っている水の 3 分の 1 の量を C の容器から A の容器に移す。

(1) 操作Ⅱの直後で C の容器に入っている水の量を求めよ。

(2) 操作Ⅲで C の容器から A の容器に移した水の量を求めよ。

(3) 初めに A の容器に入っていた水の量を求めよ。

☆75 [食塩水に関する問題⑦]

容器 A には濃度 x% の食塩水が 100g 入っている。容器 A から別の空の容器に 50g を移し，それに濃度 10% の食塩水 50g を加えてよくかきまぜ，そこから 50g を容器 A に戻して，よくかきまぜる，という操作をくり返し行う。

（城北埼玉高）

(1) 1 回の操作後の容器 A の食塩水の濃度を x で表せ。

難▶(2) 2 回の操作後の容器 A の食塩水の濃度を x で表せ。

難▶(3) 3 回の操作後，A の濃度は 8.5% となった。x の値を分数で求めよ。

着眼

74 (1) (容器から移した直後の量) $\times\frac{2}{3}=3$ となる。

(2) (容器から移した直後の量) $\times\frac{1}{3}$ を，次の容器へ移すこととなる。

75 各回の操作の後，容器 A の食塩水は 100g になるから，この食塩水に含まれる食塩の量と濃度(%)は等しくなる。食塩の量に着目して考える。

第3回 実力テスト

時間 45分
合格点 70点

得点 ／100

解答 別冊 p. 37

1 次の方程式を解きなさい。

（各5点×4）

(1) $3x-4-(5x-6)=2(2-3x)$ （大阪・箕面自由学園高）

(2) $1.2(2x-3)=2.7x+0.3$ （滋賀・比叡山高）

(3) $0.1x=0.3(x-2)+\frac{1}{2}$ （兵庫・神戸龍谷高）

(4) $\frac{2x+1}{5}-0.2(6x-5)=\frac{x-2}{2}-0.7(x-2)$ （大阪・関西大倉高）

2 1本30円の鉛筆と1本40円のサインペンと1本50円のボールペンが売られており，A君，B君は，それぞれいずれか1種類の商品を何本か買った。B君はA君の2倍の本数を買い，2人が支払った金額の差は350円であった。A君の買った商品とB君の買った商品の種類は同じであっても違っていてもかまわないとして，次の問いに答えなさい。

（京都・立命館高）（(1)10点 (2)完答10点）

(1) A君が鉛筆を買い，B君がボールペンを買ったとするとき，2人の買った本数はそれぞれ何本か求めよ。

(2) A君，B君が買った商品の種類と本数は，(1)以外にどのような場合が考えられるか。A君，B君の商品の本数の組み合わせを(1)の場合を除いてすべて答えよ。

3 ある時刻に家を出て駅に向かう人がいる。午前7時15分に駅に着きたい。いつも歩く一定の速さでは，5分遅れることになるので，歩く速さを$\frac{1}{4}$だけ増したら予定の時刻より3分早く着いた。家を出た時刻を求めなさい。

（東京電機大高）（10点）

4 1辺の長さが40mである正方形ABCDの辺の上を3点P，Q，Rがそれぞれ毎分10m，8m，6mの速さで移動している。

P，Qは，A→B→C→D→A→…の順に，RはA→D→C→B→A→…の順に移動をくり返す。

(大阪教育大附高平野)（各10点×2）

(1) Pが点Aを，Qが点Cを同時に出発する。その後はじめてPとQが点Cを同時に通過するのは何分後か。

(2) PとRが点Aを同時に出発してから，次にPとRが他の頂点で再び出会うのは何分後か。またどの点で出会うか。

5 水温によって溶ける量が変わる物質Aがある。この物質Aは水温が$(20+x)$℃のとき，$\frac{x}{2}$%の濃度まで溶けるが，それより高い濃度にはならずに溶けないまま残るという。いま，30℃の水475gに物質Aを45g加えてよくかきまぜた容器Ⅰと，60℃の水600gに物質Aを150g加えてよくかきまぜた容器Ⅱとがある。xの値は$0<x<80$の範囲で考え，物質Aや容器などには熱はうばわれないものとするとき，次の問いに答えなさい。

(東京工業大附科学技術高)（各10点×3）

(1) 水温が30℃のとき，物質Aは何%の濃度まで溶けるかを求めよ。

(2) 容器Ⅰに溶けないまま残っている物質Aは何gあるかを求めよ。

(3) 容器Ⅰ，Ⅱから溶液の部分だけを，それぞれ200g，325g取り，別の容器Ⅲに移し，温度を40℃にしてよくかきまぜた。このとき，容器Ⅲの中に溶けずに残っている物質Aは何gあるかを求めよ。

4 比例と反比例

解答 別冊 p. 39

★76 [比例・反比例の式] <頻出

(1) y は $x-2$ に比例し，$x=3$ のとき $y=4$ であった。$x=5$ のとき，y の値を求めよ。 (奈良・帝塚山高)

(2) $y+1$ が $3-x$ に反比例し，$x=1$ のとき $y=3$ である。$x=\frac{5}{3}$ のとき，y の値を求めよ。 (京都・洛南高)

(3) z は $x+1$ に比例し，y は x に反比例する。$y=1$ のとき $x=3$，$y=3$ のとき $z=4$ となる。$y=5$ のとき，z の値を求めよ。 (大阪・近畿大附高)

(4) z は x と y の積に比例し，$x=2$，$y=3$ のとき $z=2$ である。$x=3$，$y=6$ のとき，z の値を求めよ。 (大阪・近畿大附高)

(5) $x+1$ は $y-2$ に比例し，$z-3$ に反比例する。また，$x=6$ のとき $y=1$，$z=5$ である。$y=3$ のときの z の値を求めよ。 (大阪商大堺高)

★77 [変数と変域] <頻出

(1) 関数 $y=\frac{6}{x}$ の x の変域が $a \leqq x \leqq 3$ のとき，y の変域は $b \leqq y \leqq 18$ である。a，b の値を求めよ。 (大阪産大附高)

(2) 関数 $y=\frac{a}{x}$ について，x の変域が $2 \leqq x \leqq 8$ のとき，y の変域は $p \leqq y \leqq 5$ である。p の値を求めよ。 (大阪・相愛高)

(3) 関数 $y=\frac{a}{x}$ (a は定数) について，x の変域が $1 \leqq x \leqq 8$ のとき，y の変域は $\frac{1}{2} \leqq y \leqq b$ である。a，b の値を求めよ。 (京都・平安女学院高)

★★78 [反比例の関係] <頻出

関数 $y=\frac{3}{x}$ のとき，x が 25% 増加すると，y は a % だけ減少するという。a の値を求めなさい。 (大阪・近畿大附高)

★★79 [対称な点の座標] <頻出

2 点 A(a+1, b−1), B($3a$, $-3b$) があるとき，次の問いに答えなさい。

(1) 2 点 A, B が原点について対称になるとき，a, b の値を求めよ。

(2) 点 A を右に 3，下に 4 だけ移動すると点 B に重なるとき，a, b の値を求めよ。また，2 点 A, B の座標を求めよ。

★80 [比例・反比例のグラフ①] <頻出

右の図のように，2 つの関数 $y=\frac{a}{x}$ ($a>0$)，$y=-\frac{5}{4}x$ のグラフ上で，x 座標が 2 である点をそれぞれ A, B とする。AB=6 となるときの a の値を求めなさい。 (栃木県)

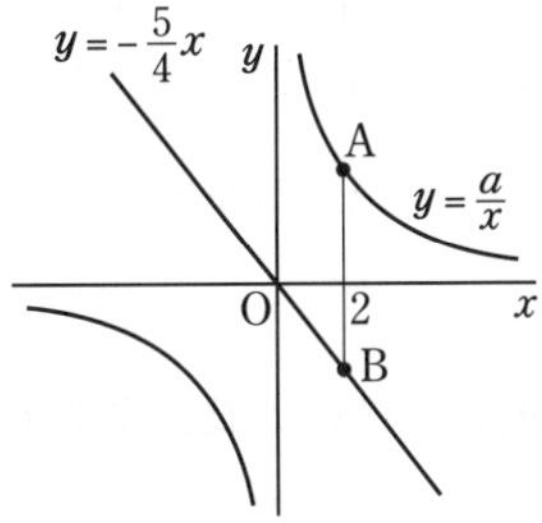

★★81 [比例・反比例のグラフ②] <頻出

右の図は，直線 $y=\frac{2}{3}x$ と双曲線 $y=\frac{a}{x}$ ($x>0$) のグラフである。直線と双曲線の交点 A の y 座標は 2，双曲線上の点 B の x 座標は 6 である。次の問いに答えなさい。 (大阪・関西大一高)

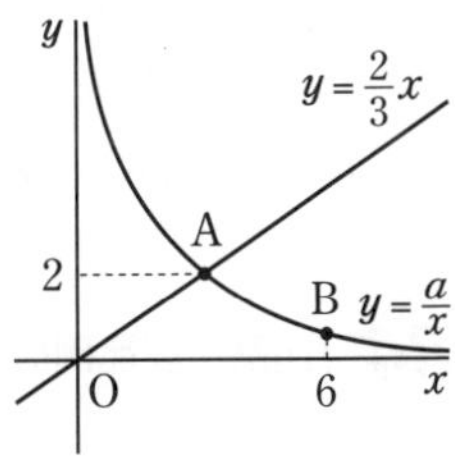

(1) a の値を求めよ。

難▶(2) 点 P を x 軸上の正の部分にとる。△OAB の面積と △OAP の面積が等しくなるとき，点 P の x 座標を求めよ。

着眼

78 $x=t$ のとき $y=\frac{3}{t}$，$x=1.25t$ のときの y の値を考える。

81 (2) △OAB の面積を長方形をつくって求める。

★★82 [比例・反比例のグラフ③] ＜頻出

右の図のように，反比例のグラフと比例のグラフが2点P(6, 2)，Qで交わっている。また，x軸上の点A(a, 0)(ただし，$a>0$)を通りx軸に垂直な直線が，比例のグラフと交わる点をB，反比例のグラフと交わる点をCとする。（大阪・近畿大泉州高）

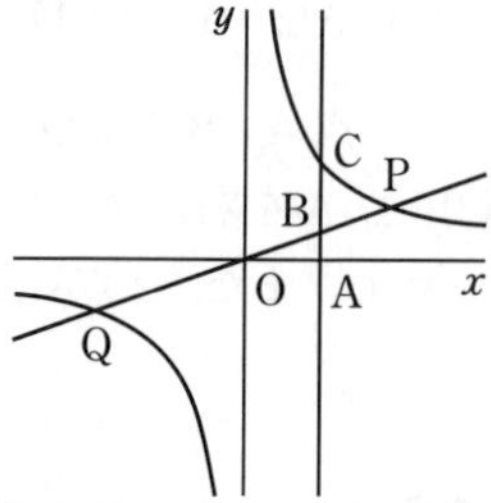

(1) Qの座標を求めよ。

(2) 比例のグラフの式を求めよ。

(3) 反比例のグラフの式を求めよ。

(4) △OABの面積Sをaの式で表せ。

(5) △OABの面積が△OACの面積の$\frac{1}{4}$のとき，△OABの面積を求めよ。

★★83 [比例・反比例のグラフ④]

$xy=12$のグラフ上に2点A，Bをとる。四角形OBCAはひし形であり，点Aのx座標は2である。（東京・明治学院高）

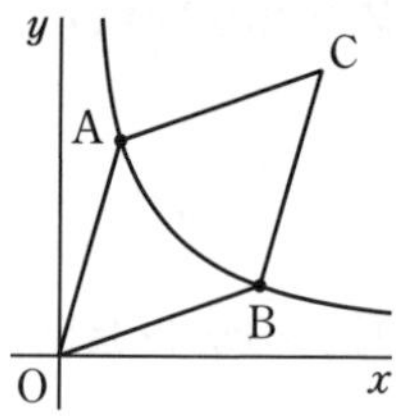

(1) 点Bの座標を求めよ。

(2) 点Cの座標を求めよ。

難▶(3) 四角形OBCAの面積を求めよ。

★★84 [比例・反比例のグラフ⑤] ＜頻出

右の図のように，$y=-\frac{4}{3}x$と$y=\frac{a}{x}$のグラフがあり，これらの交点をAとBとする。

また，$y=\frac{a}{x}$のグラフ上に点Cがあり，点Aと点Cを結んだ直線とy軸との交点をDとする。

点Aのx座標が-3，点Cのy座標が-6であるとき，次の問いに答えなさい。（東京・法政大高）

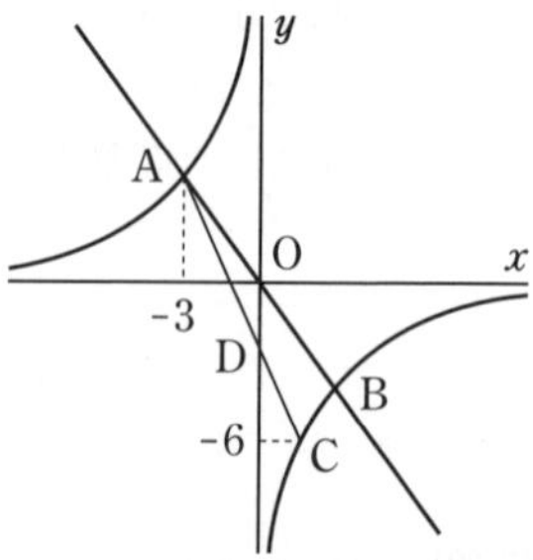

(1) 点Cのx座標を求めよ。

(2) △AODの面積は，△ABCの面積の何倍か求めよ。

★★85 [比例・反比例のグラフ⑥] <頻出

右の図のように，比例 $y=\frac{1}{2}x$ …①と，反比例 $y=\frac{4}{x}$ …②のグラフがある。また，ℓ は点 $(a,\ 0)$ を通り，y 軸に平行な直線であり，ℓ と①との交点を P，ℓ と②との交点を Q とし，y 軸上に点 S，R をとり，長方形 PQRS をつくる。ただし，ℓ は①，②の交点より左側にあるとする。このとき，次の問いに答えなさい。

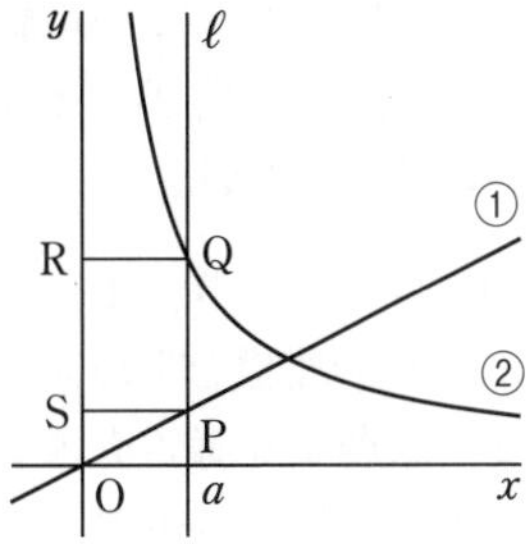

(1) 点 P，Q の座標を a を用いて表せ。
(2) 長方形 PQRS の面積を a を用いて表せ。
(3) 長方形 PQRS が正方形のとき，その正方形の面積を求めよ。

★★86 [比例・反比例のグラフ⑦]

図のように，関数 $y=\frac{1}{2}x$ と，$y=\frac{12}{x}\ (x>0)$ のグラフがある。2 つのグラフの交点より左側で，$y=\frac{1}{2}x$ 上にある点 A から x 軸に垂線 AB を下ろす。また，A から x 軸に平行な直線を引き，$y=\frac{12}{x}$ のグラフとの交点を D，D から x 軸に垂線 DC を下ろすとき，次の問いに答えなさい。

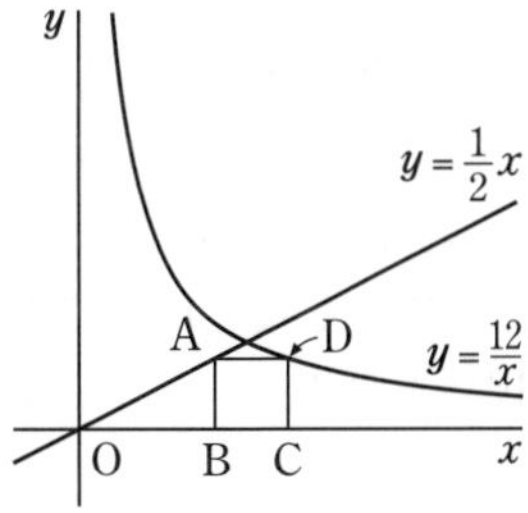

(1) A の x 座標を $a\ (a>0)$ とするとき，D の座標を a を用いて表せ。
難▶(2) 四角形 ABCD が正方形であるとき，その正方形の面積を求めよ。

着眼

82 (4) B の x 座標も a であることから，OA，AB の長さを a で表す。
84 (2) 点 C を通り，y 軸に平行な直線で切って，△ABC の面積を求める。
85 (3) 長方形 PQRS が正方形であることから，PQ＝PS となることを利用する。
86 (2) 四角形 ABCD が正方形であることから，AB＝AD となることを利用する。

★★87 [座標平面上の図形①] <頻出

右の図のように，座標平面上に3点A(4，6)，B(2，2)，C(8，2)がある。これについて，次の問いに答えなさい。

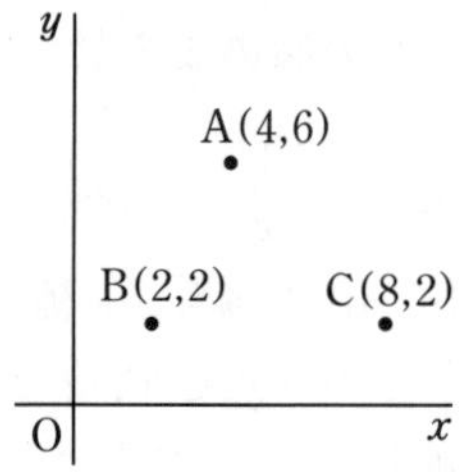

(1) 点Dをとり，平行四辺形ABCDをつくるとき，点Dの座標を求めよ。

(2) 原点Oを通る直線$y=ax$($a\neq 0$，aは定数)が，平行四辺形ABCDと共有点をもつようなaの値の範囲を求めよ。

(3) 原点Oを通る直線$y=ax$($a\neq 0$，aは定数)が，平行四辺形ABCDの面積を2等分するようなaの値を求めよ。

★★88 [座標平面上の図形②]

右の図のように，xの変域を$x>0$とする関数$y=\frac{1}{x}$のグラフ上に点Aがある。点Aからx軸に垂線AB，y軸に垂線ACを引く。このとき，長方形ACOBを，y軸を軸として1回転させてできる立体の側面積は2πとなる。このわけを，点Aのx座標をaとして，aを使った式を用いて説明しなさい。ただし，πは円周率とする。 (広島県)

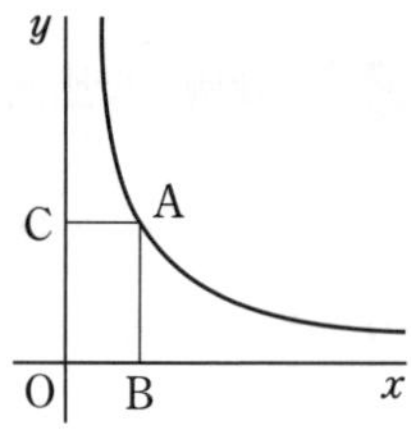

★★89 [格子点①] <頻出

x座標，y座標がともに整数である点を格子点という。

曲線$y=\frac{6}{x}$と2直線$y=6x$，$y=\frac{1}{6}x$とで囲まれた図形の周上および内部の格子点について，次の問いに答えなさい。 (大阪女学院高)

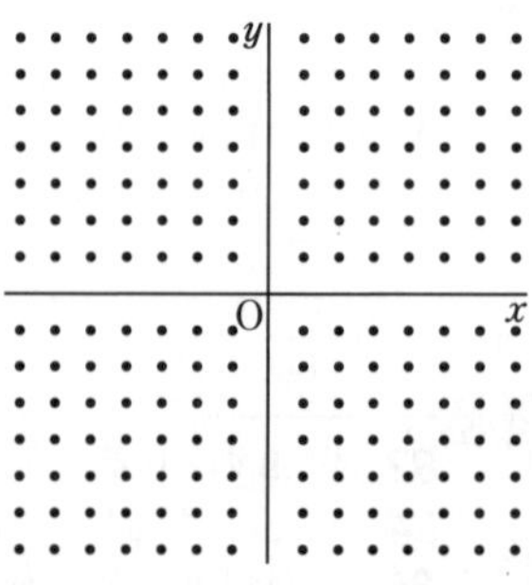

(1) y座標が-2である格子点は何個あるか答えよ。

(2) 格子点は全部で何個あるか答えよ。

★★★ 90 ［格子点②］

用紙を図のように，マス目に区切り座標軸を定める。自然数 m，n について，2点 O(0，0)，P(m，n) を結ぶ線分が通過するマス目の数を N とするとき，次の各場合の N の値を求めなさい。ただし，頂点だけを通過するマス目は数えないものとする。

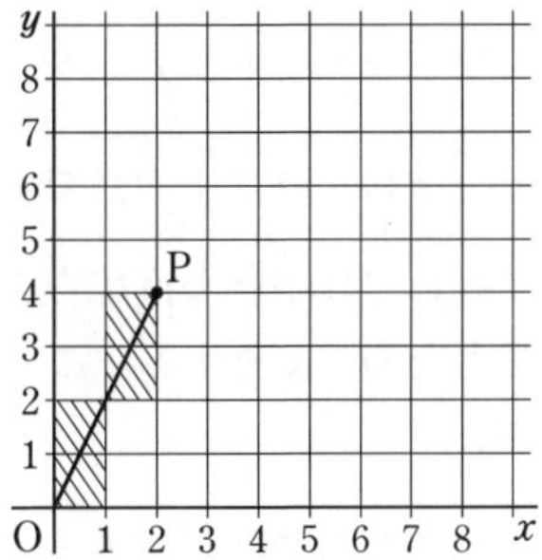

〈例〉 $m=2$，$n=4$ のとき，$N=4$

(1) $m=4$，$n=7$ のとき，$N=$□

(2) $m=6$，$n=14$ のとき，$N=$□

難▶(3) $m=80$，$n=112$ のとき，$N=$□

（大阪教育大附高池田）

★ 91 ［格子点③］

右の図は，$y=\frac{12}{x}\ (x>0)$ のグラフである。このグラフ上に2点 A(2，6)，B(6，2) をとる。このグラフと直線 OA，OB で囲まれたかげの部分にある点のうち，x 座標と y 座標がともに整数となる点はいくつあるか答えなさい。ただし，このグラフや直線 OA，OB 上の点も数えるものとする。

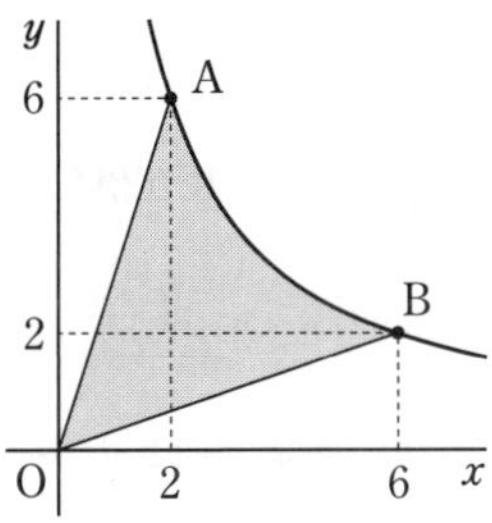

着眼

87 (3) 平行四辺形の面積を2等分する直線は**対角線の交点を通る**。

88 A$\left(a,\ \frac{1}{a}\right)$ より，回転させてできる立体の底面は，半径 a の円であり，立体の高さは $\frac{1}{a}$ である。

90 m と n の最大公約数を g とし，$m'=m\div g$，$n'=n\div g$ として，m'，n' に対する N の値を求める。

★92 [比例・反比例の応用①] 頻出

右の図は，$y=\frac{1}{2}x$，$y=2x$ のグラフで，点 P は $y=\frac{1}{2}x$ のグラフ上の点である。点 P から y 軸，x 軸にそれぞれ平行な直線を引き，$y=2x$ のグラフとの交点を Q，R とする。このとき，次の問いに答えなさい。

（大阪女子学院高）

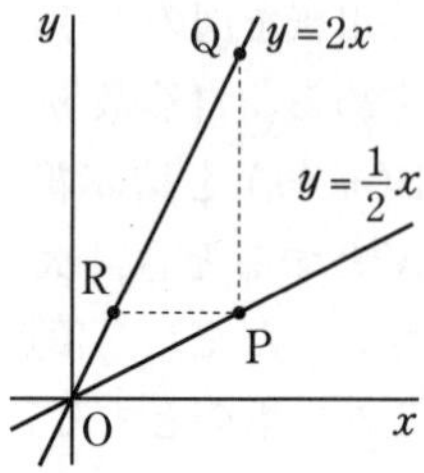

(1) 点 P の x 座標が 4 のとき，点 Q の y 座標を求めよ。

(2) 点 P の x 座標が 10 のとき，PQ の長さを求めよ。

(3) PQ の長さが 12 になるときの点 P の x 座標(ただし，x は正の数)を求めよ。

(4) 点 P の x 座標が 6 のとき，△QRP の面積を求めよ。

★★93 [比例・反比例の応用②]

右の図で，点 O は原点，曲線 ℓ は $y=\frac{18}{x}$ のグラフ，曲線 m は $y=-\frac{12}{x}$ のグラフを表している。

曲線 ℓ 上にあり，x 座標が正の数である点を P とする。

曲線 m 上にあり，x 座標が負の数である点を Q とする。

2 点 P，Q の y 座標は等しい。

点 P の x 座標と y 座標，点 Q の x 座標と y 座標がすべて整数であるとき，点 P の座標をすべて求めなさい。

（東京・日比谷高）

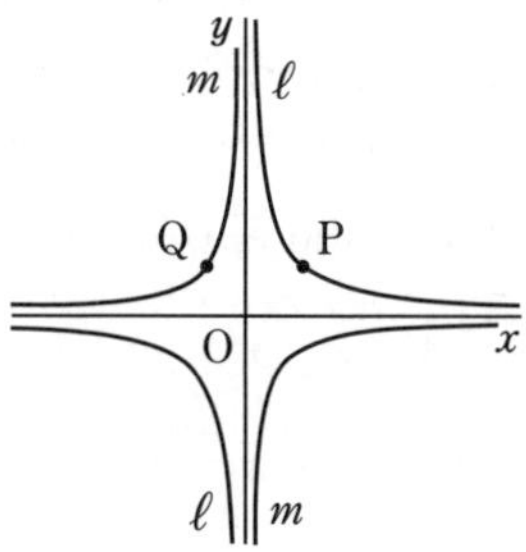

着眼

93 点 P と点 Q の y 座標が等しいことより，12 と 18 の公約数を考える。

★★★ 94 [比例・反比例の応用③]

図 1，図 2 において，①は $y=\frac{a}{x}$，②は $y=\frac{b}{x}$ で表される反比例のグラフである。ただし，$x>0$ とする。

図 1 において，A(6, 3) は①上の点であり，B は②の上にある。H と K はそれぞれ x 軸，y 軸上にあり，四角形 OHBK は面積が 7 の長方形となっている。次の □ をうめなさい。 (茨城・土浦日本大高)

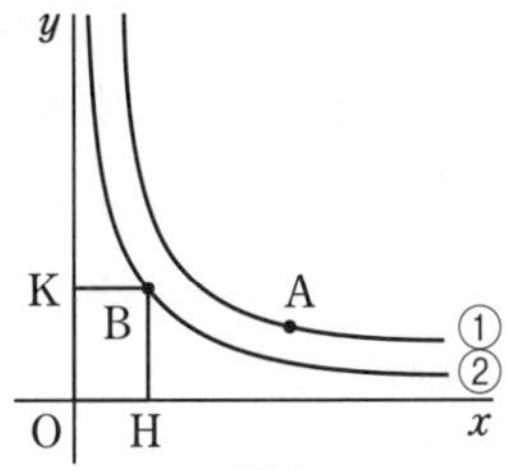

図 1

(1) $a=$ [ア]，$b=$ [イ] である。

(2) 図 2 において，y 軸に平行で点 (1, 0) を通る直線 ℓ は，①と C，②と D で交わっている。また D を通り x 軸と平行な直線 m が①と E で交わっている。このとき，DE＝[ウ] である。

難▶(3) (2)のとき，①上に点 P(p, q) をとり，△CDP の面積を S とするとき，p，q，S がすべて整数であるような点 P は [エ] 個である。

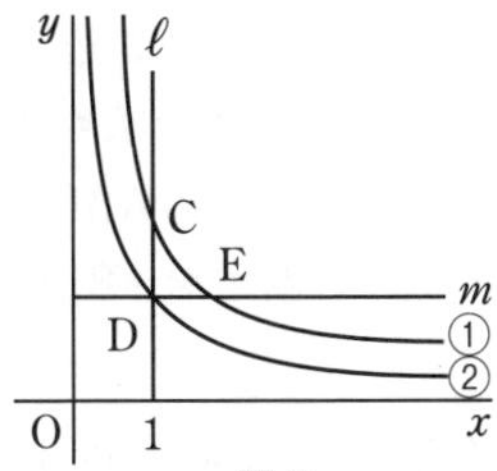

図 2

★★★ 95 [比例・反比例の応用④]

右の図で原点 O と点 B を通る直線の式は，$y=5x$ であり，点 A の座標は (12, 0)，点 B の x 座標は 2 である。

いま，線分 AB 上のある点 C(k, $-k+12$) と原点 O を通る直線が，三角形 OAB の面積を 2 等分するとする。

次の問いに答えなさい。

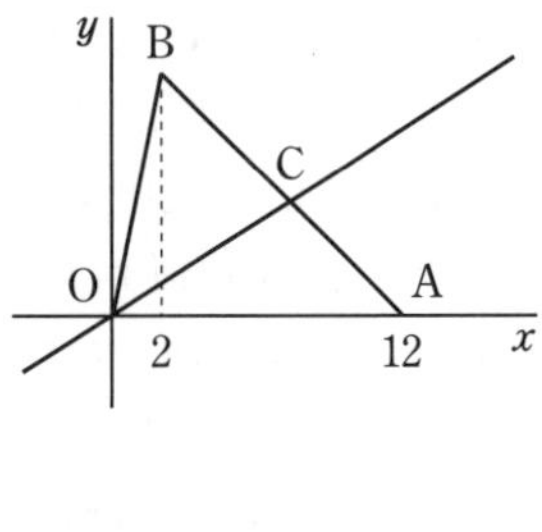

(1) 点 C の座標を求めよ。

(2) 原点 O と点 C を通る直線の式を求めよ。

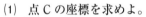

着眼

94 (3) $p-1$ が偶数となる。

★★96 ［比例・反比例の総合問題①］

右の図のように，3 点 A(−2, 7)，B(−4, −10)，C(5, 4) を頂点とする三角形がある。次の問いに答えなさい。

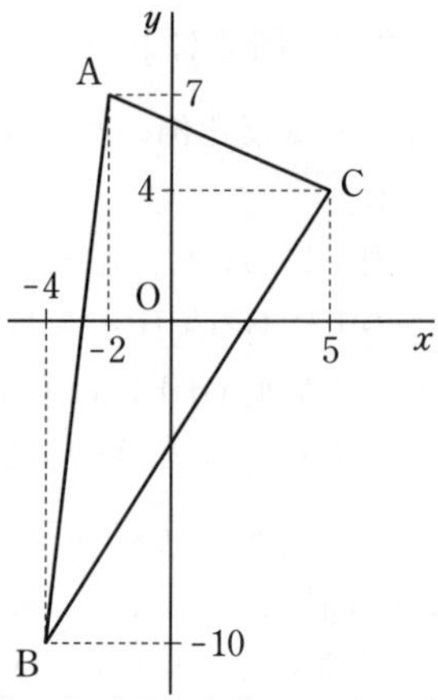

(1) 三角形 ABC を右へ 3 だけ移動した三角形を LMN とするとき，頂点 L，M，N の座標を求めよ。
(2) 三角形 ABC を下へ 5 だけ移動した三角形を PQR とするとき，頂点 P，Q，R の座標を求めよ。
(3) 三角形 ABC の面積を求めよ。
(4) AB，AC を 2 辺とする平行四辺形 ABDC の頂点 D の座標を求めよ。
(5) 平行四辺形 ABDC の面積を点 D の座標を使って求めよ。
(6) 平行四辺形 ABDC の面積を点 D の座標を使わずに求めよ。

★★97 ［比例・反比例の総合問題②］

愛子さんは，家から 2000m 離れた学校に，徒歩で通っている。ある日，家を出てから 6 分間歩いたところで忘れ物をしたことに気がついて，すぐに家に戻り，2 分間家にいて，再び学校に向かった。予定の時刻に学校に着くためには，分速何 m の速さで歩かなければならないか。ただし，はじめの速さは，右のグラフから読みとり，この速さで学校まで歩いて行く予定だったとする。(グラフの縦軸には，家からの距離，横軸には，はじめに家を出てからの時間がとってある。)

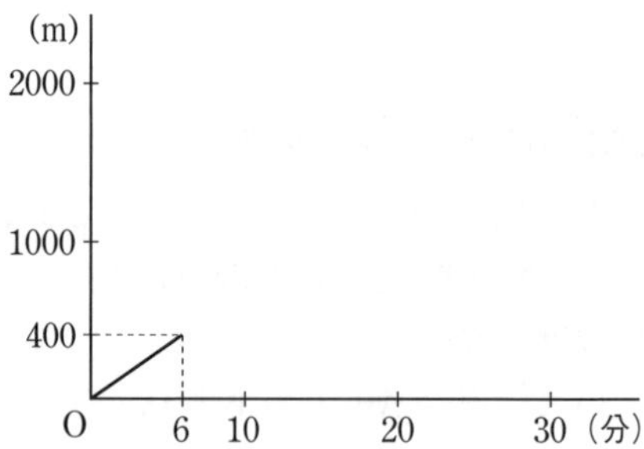

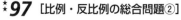

また，忘れ物に気づいてから学校に着くまでは，同じ速さで歩くものとする。このときのようすをグラフにかき込み，グラフを完成させなさい。

(東京・お茶の水女子大附高)

着眼
96 (3) 座標軸に平行な直線を引いて長方形をつくる。
97 はじめは，6 分で 400m 進む速さで歩いている。

★★★ 98 [比例・反比例の総合問題③]

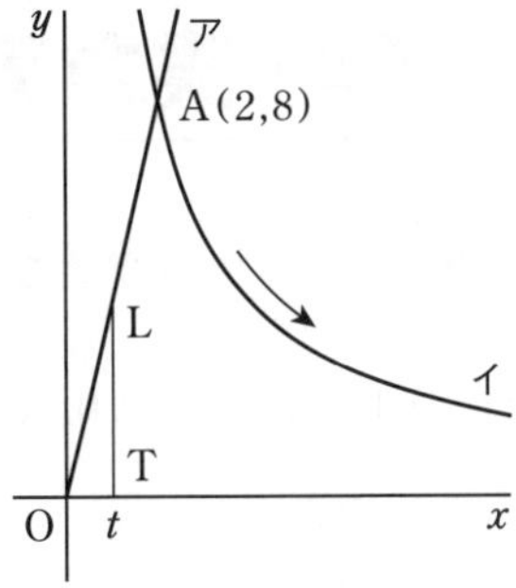

右の図で，直線アは，$y=4x(x \geqq 0)$ のグラフであり，曲線イは，$y=\dfrac{16}{x}(x>0)$ のグラフである。これについて，次の問いに答えなさい。

(1) 直線アは，点 $(a,\ 12)$ を通る。a の値を求めよ。

(2) $y=\dfrac{16}{x}$ において，x の変域が $1 \leqq x \leqq k$ のとき，y の変域は $2 \leqq y \leqq \ell$ になるという。k と ℓ の値を求めよ。

(3) 点 L は，はじめ直線ア上を O からア，イの交点 A(2, 8) まで進み，次に点 A から曲線イ上を矢印の方向に動くものとする。いま，点 L から x 軸に垂線 LT を引き，点 T の x 座標を t とし，三角形 LOT の面積を S とする。

① $0 \leqq t \leqq 2$ のとき，S を t の式で表せ。

② $t>2$ のとき，S の値を求めよ。

★★★ 99 [比例・反比例の総合問題④]

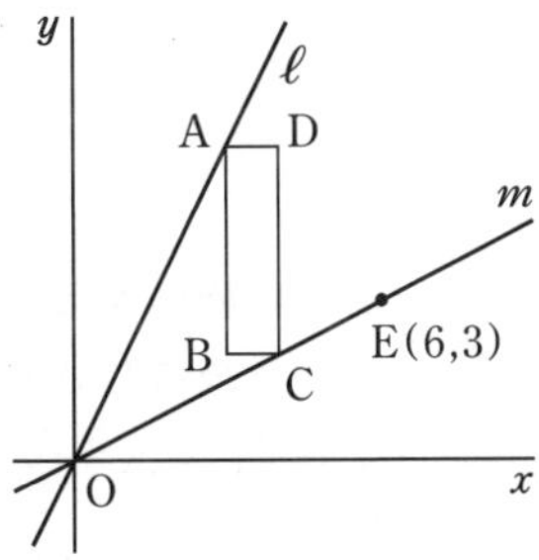

右の図で，直線 ℓ は $y=ax$，直線 m は $y=\dfrac{1}{a}x$ を表している。直線 ℓ 上の点 A から，x 軸の正の方向に 1 だけ平行移動した点を D とする。点 D を通り，y 軸に平行な直線が m と交わる点を C とし，AD，DC を 2 辺とする長方形 ABCD を図のようにつくる。いま，直線 m が点 E(6, 3) を通るとして，次の問いに答えなさい。 (福井県 改)

(1) a の値を求めよ。

(2) 頂点 A の y 座標が 6 であるとき，頂点 C の座標を求めよ。

(3) 頂点 D の y 座標が 10 であるとき，頂点 B の座標を求めよ。

(4) 長方形 ABCD が正方形になるとき，点 D の座標を求めよ。

(5) 長方形 ABCD について，2 辺 AB，AD の長さの比が 2:1 となるときの点 A の座標を求めよ。

着眼

98 (3) $S=\dfrac{1}{2}\times \mathrm{OT}\times \mathrm{TL}$

99 (5) AD=1 より，AB=2 である。A の x 座標を k とおいて，他の B，C，D の座標を k で表してみる。

第4回 実力テスト

時間40分
合格点70点

得点 / 100

解答 別冊 p. 50

1 次の問いに答えなさい。

（各9点×4）

⑴ $y+1$ は $x+3$ に比例し，$x=\frac{1}{2}$ のとき $y=10$ である。$y=7$ のとき，x の値を求めよ。

⑵ $y-1$ が $2x+1$ に比例し，$x=1$ のとき $y=3$ である。このとき，y を x の式で表せ。

⑶ $y-2$ が $x+1$ に反比例し，$x=3$ のとき $y=-2$ である。$x=-2$ のとき，y の値を求めよ。

⑷ $y-1$ は $x+1$ に比例し，z は $y-2$ に反比例している。$x=1$ のとき $y=5$，$y=-1$ のとき $z=-3$ であるという。$x=3$ のとき，z の値を求めよ。

2 ある学級の人数は36人で，1年間の授業日数は240日であるという。この学級において，年12回の全員の大掃除の日を除いて，毎日の掃除当番の数が等しく，かつ，各生徒の1年間における当番回数を等しくなるように定めたい。

このとき，次の問いに答えなさい。

（埼玉県）（各8点×2）

⑴ 毎日の当番を x 人とし，各生徒の1年間の当番回数を y 回とするとき，y を x の式で表せ。

⑵ 1日の当番人数を5人以上で，10人以下とするとき，毎日の当番人数を決めよ。

3 図において，曲線①は，$y=\dfrac{a}{x}$ で表される関数のグラフである。点 P および Q は曲線①上の点で，x 座標は，2 および 3 であり，y 座標の差は 1 であるという。このとき，次の問いに答えなさい。

（茨城・土浦日本大高）（各 8 点×３）

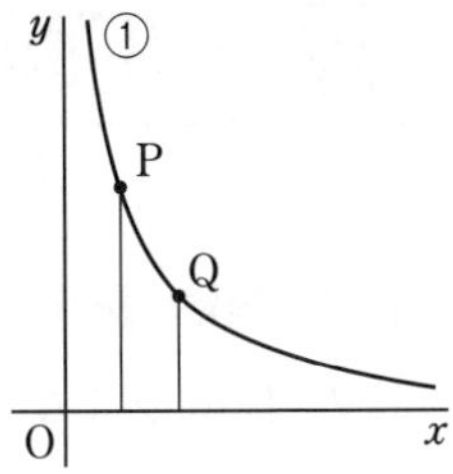

(1)　a の値を求めよ。

(2)　点 P の座標を求めよ。

(3)　$y=bx$（b は定数）が，線分 PQ と交わるときの b の値の範囲を求めよ。

4 右の図は，反比例 $y=\dfrac{a}{x}$ のグラフである。

このグラフが点 A$\left(24,\ \dfrac{1}{2}\right)$ を通るとき，次の問いに答えなさい。　（各 8 点×３）

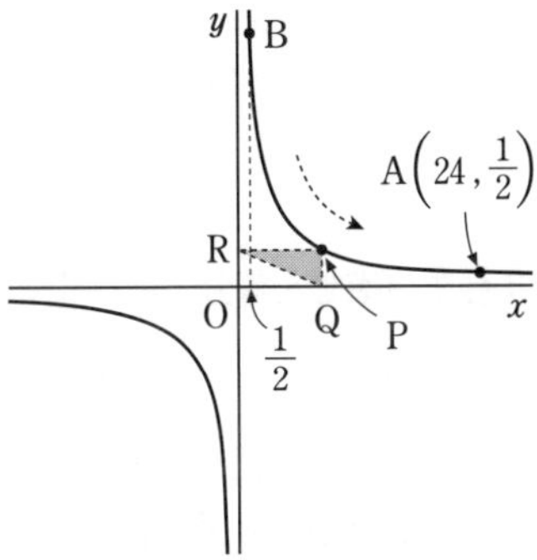

(1)　a の値を求めよ。

(2)　このグラフ上の点で，x 座標，y 座標の値がともに正の整数となる点はいくつあるか。

(3)　このグラフ上の点 P から x 軸に垂線 PQ，y 軸に垂線 PR を引き，点 Q の x 座標を t，△PRQ の面積を S とする。

点 P が，図の点 B からグラフ上を矢印（---→）の方向に点 A まで進むとき，t と S の関係を表すグラフの形を次のア～オの中から 1 つ選び，記号で答えよ。

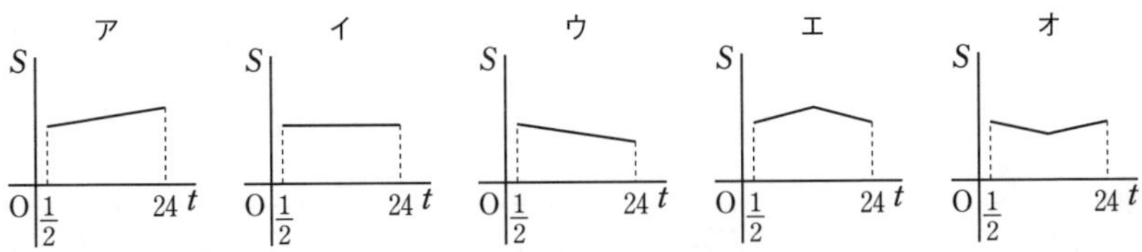

5 平面図形

解答 別冊 p. 51

*100 [直線・線分・半直線] 頻出

次の問いに答えなさい。

(1) 直線 ℓ を図のように 4 回切断した。線分，半直線はそれぞれいくつできたか答えよ。

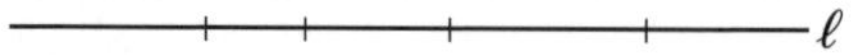

(2) 右の図のように，線分 AB の長さを 2 等分する点を M とする。このとき，次の □ に適する数やことばを入れよ。

(ア) 点 M を線分 AB の □ という。
(イ) AM＝BM＝ □ AB
(ウ) AB＝ □ AM

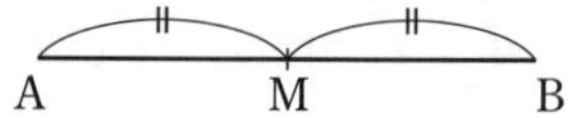

*101 [直線・線分・角] 頻出

次の各文の □ に適することばや記号を答えなさい。

(1) ① 2 点を通る □ は，ただ 1 本である。
② 2 点 A，B を結ぶ線のうち，最も短いのは，□ AB である。

(2) ① 2 つの直線が交わるときには □ ができる。
② 3 つの点 A，B，C をとり，A を端の点とする半直線 AB と半直線 AC をかく。このようにしてできる角を記号で □ と書く。

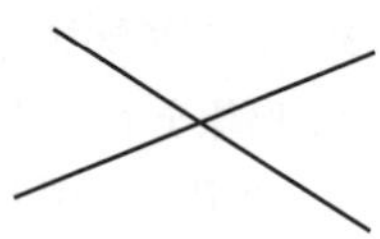

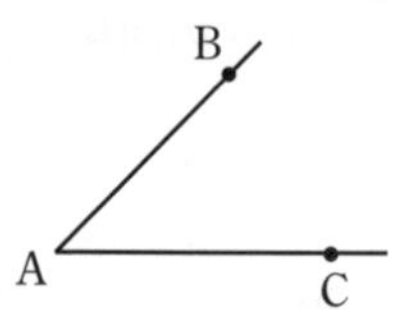

着眼

100 (1) 2 点 A，B を通る直線のうち，点 A から点 B までの部分を**線分 AB** という。また，1 点を端の点として他方に限りなくのびている直線の部分を**半直線**という。

★102 [2直線の位置関係] <頻出

次の問いに答えなさい。

(1) 右の図は，3つの直線が1つの点で交わったときのようすを示している。このとき，次のそれぞれの角の大きさを求めよ。

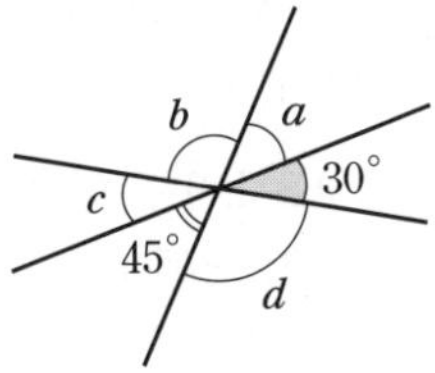

① ∠a　② ∠b　③ ∠c　④ ∠d

(2) 直線ℓと，その直線上にない1点Pがある。点Pを通る直線mの引き方について述べた次の各文の□に適することばや数，記号を書け。

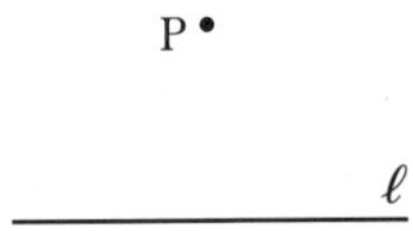

① ℓと交わらない直線mは，ただ□本引ける。
このとき，ℓとmは，□であるといい，
ℓ□mと書く。

② ℓとmが交わるとき，その交点をQとする。
∠Qが直角のとき，ℓとmは，□であるといい，ℓ□mと書く。
また，このような直線mをℓの□という。

③ ②で，線分PQの長さを，点Pと直線ℓとの□という。

★103 [三角形が決まる条件] <頻出

次の(1)〜(6)について，三角形ABCがただ1通りに決まるのはどの場合か。番号で答えなさい。

(1) AB=4cm，BC=3cm，CA=2cm
(2) AB=5cm，BC=6cm，∠B=45°
(3) AB=7cm，CA=9cm，∠C=30°
(4) BC=3cm，∠B=60°，∠C=20°
(5) CA=6cm，∠A=70°，∠B=30°
(6) 底辺BC=5cm，頂角A=30°の二等辺三角形

着眼

103 三角形が1通りに決まるのは，次の場合である。
(ア) 3辺の長さが決まっているとき。
(イ) 2辺の長さと，その間の角の大きさが決まっているとき。
(ウ) 1辺の長さと，その両端の角の大きさが決まっているとき。

★104 [平行移動] <頻出

右の図は，直角三角形 ABC を A′B′C′ の位置まで平行移動したものである。

次の問いに答えなさい。

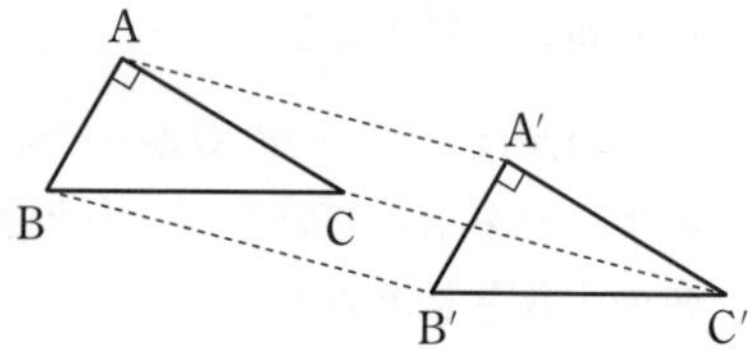

(1) AB と平行な線分を求めよ。

(2) A′B′ と垂直な線分を求めよ。

(3) ∠ABC と大きさの等しい角はどれか答えよ。

★105 [回転移動] <頻出

右の図で，曲線 AD，BF は O を中心とする円弧で，∠AOB，∠BOE，∠EOF は，どれも 20° である。

線分 AB を O を中心として回転移動して重なるのは，どの線分か答えなさい。また，それは何度回転したときか答えなさい。

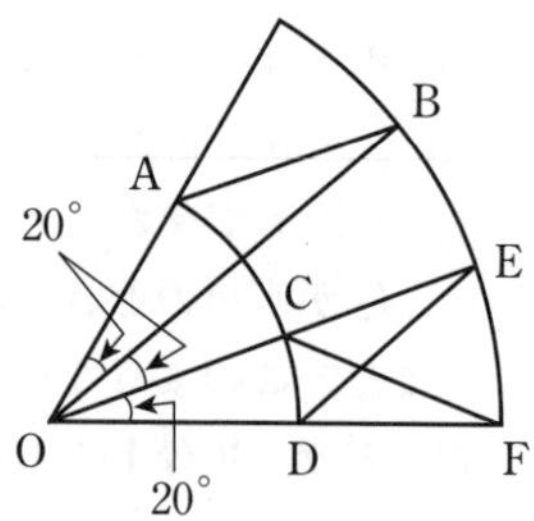

★106 [対称移動] <頻出

右の図で，三角形 A′B′C′ は，三角形 ABC を直線 ℓ について対称移動したものである。

次の問いに答えなさい。

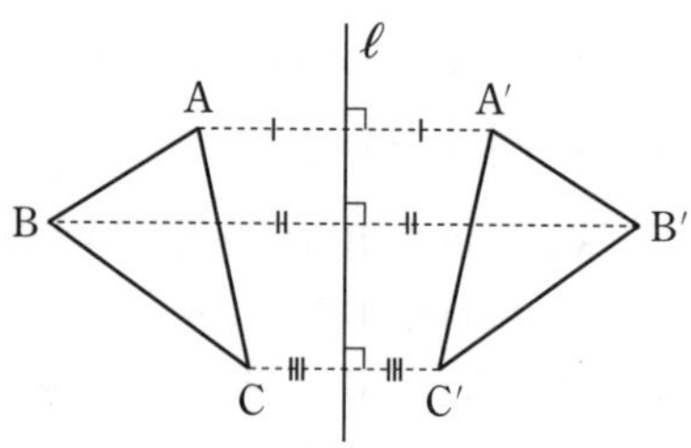

(1) 直線 ℓ 上の点を P とするとき，P の位置に関係なく，PA＝PA′ であることを説明せよ。

(2) 次の図形のうちで，線対称な図形を選べ。

㋐ 正三角形　㋑ 長方形　㋒ 平行四辺形　㋓ 円

着眼

104 平行移動では，対応する点を結ぶ線分は平行で，その長さは等しい。

105 回転移動では，対応する点は，回転の中心から等しい距離にある。また，対応する点と中心を結んでできる角の大きさはすべて等しい。

106 対称移動では，対称の軸は，対応する点を結ぶ線分の垂直二等分線である。

★107 [中心角と弧・弦の長さ] ＜頻出

次の□に適するものを入れなさい。

(1) 円Oの周上に，∠AOB＝∠CODとなるように，4点A，B，C，Dをとる。

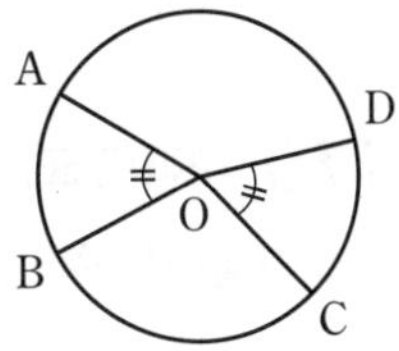

いま，おうぎ形OABを，Oを中心として回転し，半径OBを，おうぎ形OCDの半径ODと重ねると，∠AOB＝∠CODだから，半径OAも半径OCに重なる。したがって，$\overset{\frown}{\square}=\overset{\frown}{\square}$，弦□＝弦□となる。

この結果をまとめて，次のようにいうことができる。

「1つの円で，等しい□に対する弧の長さは等しく，弦の長さも□。」

(2) 右の図で，∠AOB＝∠BOC＝∠COD＝∠DOEである。

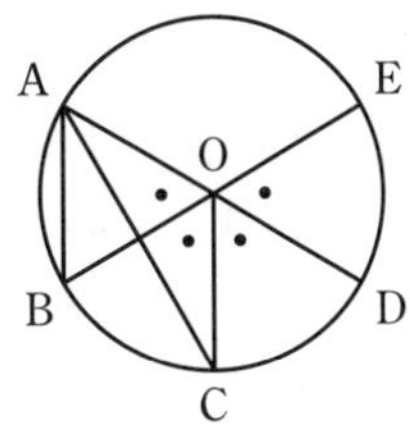

このとき，中心角が等しいから，

$\overset{\frown}{\square}=\overset{\frown}{\square}=\overset{\frown}{\square}=\overset{\frown}{\square}$

したがって，中心角の大きさを2倍，3倍，4倍に変えたとき，弧の長さも□倍，□倍，□倍になる。この結果を次のようにいうことができる。

「1つの円で，弧の長さは中心角の大きさに□する。」

(3) 1つの円で，弦の長さは中心角の大きさに比例するといえるか。上の図を用いて，その理由も説明せよ。

★108 [2点から等距離にある点] ＜頻出

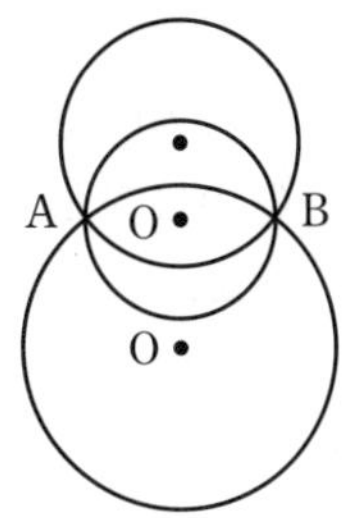

右の図のように2点A，Bが与えられている。A，Bを通る円の中心をOとするとき，中心Oは，どんな直線上に並ぶか答えなさい。

★109 [角の2辺から等距離にある点] ＜頻出

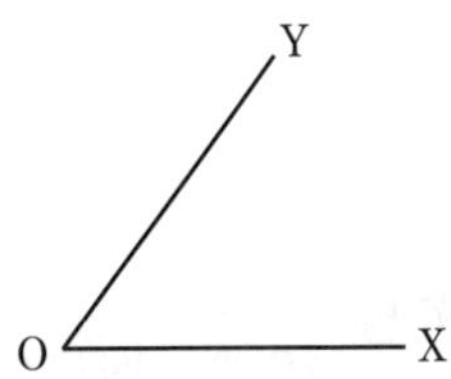

右の図で，点Pが∠XOY内にあって，PからOXまでの距離がPからOYまでの距離より小さくなるとき，点Pはどのような位置にあるか。

境界線を作図し，点Pのとりうる範囲を斜線で示しなさい。

※以下，作図の問題については，コンパス・定規を用いて作図しなさい。その際，作図に用いた線は消さないで残しておきなさい。
また，円周率を用いる問題については，円周率を π として答えなさい。

★110 [円の作図] ＜頻出

次の問いに答えなさい。

(1) 右の図のように，2 点 X，Y と直線 ℓ がある。中心 O が ℓ 上にあり，2 点 X，Y を通る円をかきたい。そのとき，中心 O を作図によって求め，O を記入せよ。

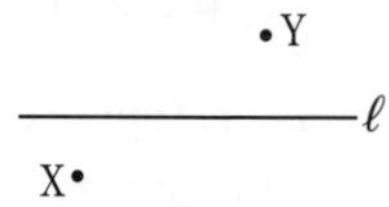

(大阪・精華高)

(2) 右の図のように，∠XOY と線分 OY 上の点 A があるとき，中心が ∠XOY の二等分線上にあり，線分 OY と点 A で接する円を作図せよ。 (三重県)

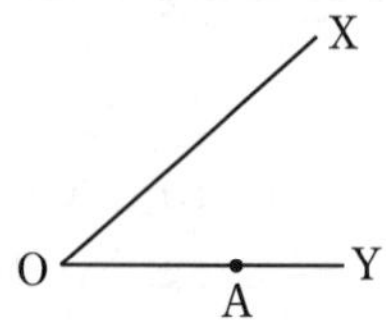

(3) 右の図で，2 点 A，B は，直線 ℓ 上の点であり，半円 O は，線分 AB を直径とする半円である。中心 O を通る直線を m とし，直線 m と半円 O との交点を P とする。
ただし，∠POB は鋭角とする。
右の図をもとにして，点 P における半円 O の接線と，線分 OP 上に中心があり半円 O と線分 OB に接する円を作図せよ。

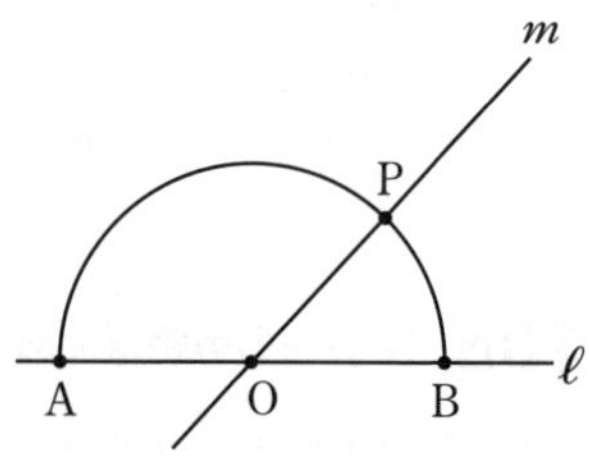

(東京・国立高)

着眼
110 (2) 中心と接点を結ぶ線分は，接線に垂直である。

★111 ［角度の作図］ 頻出

次の問いに答えなさい。

(1) 右の図は，中心角が 160° のおうぎ形 OAB である。$\overset{\frown}{AB}$ 上に，∠AOP＝35° となる点 P を作図せよ。

（東京・白鷗高）

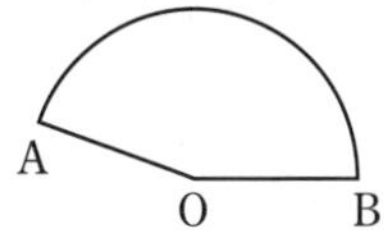

(2) 右の図は，線分 AB を直径とする半円 O を表している。∠AOP＝105° となる $\overset{\frown}{AB}$ 上の点を P とする。

図に示した半円 O をもとにして，点 P を作図によって求めよ。

（東京・立川高）

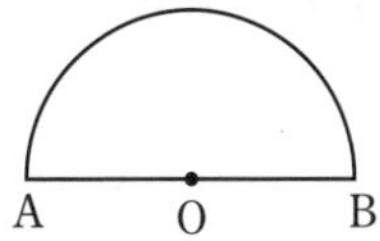

★★112 ［折り返しの作図］ 頻出

次の問いに答えなさい。

(1) 右の図は線対称な図形である。この図形の対称の軸を作図せよ。

（栃木県）

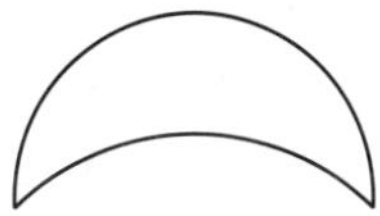

難 (2) 右の図は，$\overset{\frown}{AB}$ と 2 点 A，B を通る直線を ℓ とした場合を表している。

$\overset{\frown}{AB}$ を直線 ℓ で折り返してできる弧を作図せよ。

（東京・青山高）

(3) 図 1 のような平行四辺形 ABCD がある。この平行四辺形を図 2 のように，頂点 B が頂点 D に重なるように 2 つに折ったときにできる折り目 PQ を作図せよ。

（栃木県）

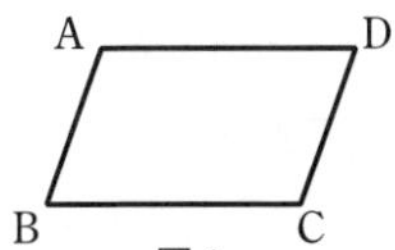

図 1

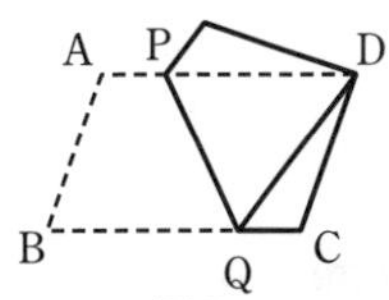

図 2

着眼

112 (2) まず，$\overset{\frown}{AB}$ を含む円の中心を作図する。

★113 [いろいろな作図①]

右の図の三角形を，直線 ℓ を対称の軸として対称移動させた図形をかきなさい。　（岩手県）

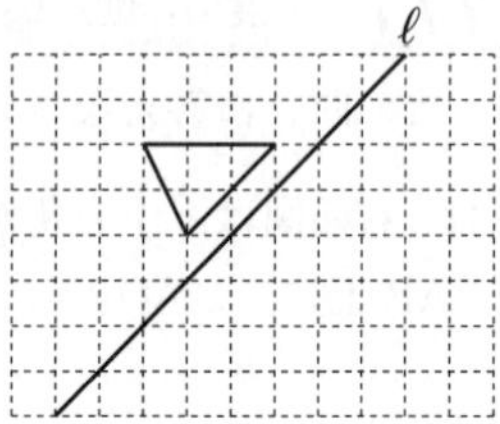

★★★114 [いろいろな作図②]

右の図の △ABC について，辺 BC 上の点 P を通り，△ABC の面積を 2 等分する直線を作図しなさい。

ただし，平行線の作図は，三角定規 2 枚を用いて作図してよい。　（千葉・渋谷教育学園幕張高）

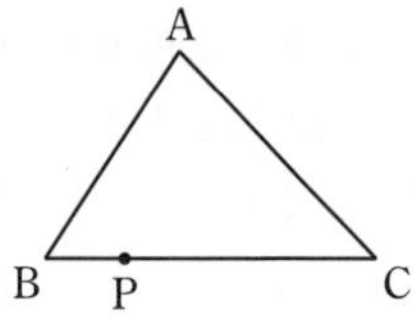

★★115 [いろいろな作図③]

図 1 の △ABC は，AB＝AC＝a cm，BC＝b cm の二等辺三角形である。図 2 のように，この三角形を折って，辺 BC が辺 BA と重なるようにしたい。このとき，折り目となる線分を BD とする。

次の問いに答えなさい。　（山口県）

(1) 折り目となる線分 BD を図 1 に作図せよ。

(2) 図 3 は，折り目 BD で △ABC を折ったものであり，点 C が辺 AB 上で重なる点を E とする。

このとき，△AED の 3 辺の長さの和を，a，b を使って表せ。

図1

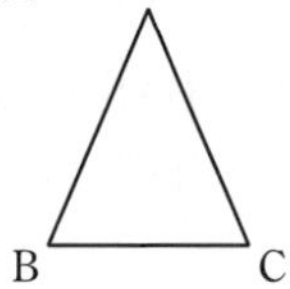

図2

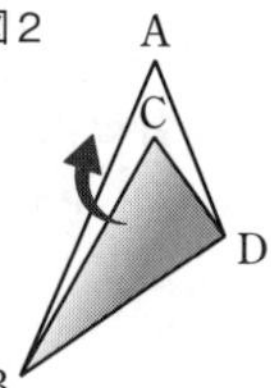

図3

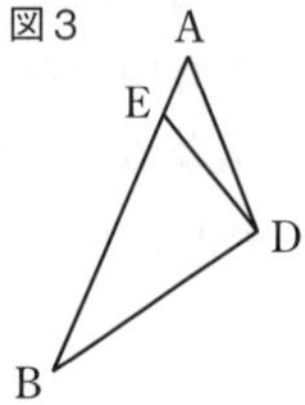

着眼

113 点 A から直線 ℓ に下ろした垂線上に，もう 1 つの対角線がある。

114 三角形の面積は，頂点とその頂点の対辺の中点を通る直線で 2 等分されることを利用する。

★★★ 116 ［いろいろな作図④］

右の図１のように，平面上に３辺 PQ，QR，RS からなる枠がある。辺 PQ，QR は固定されているが，線分 RP と長さの等しい辺 RS は，点 R を中心として動かすことができる。

いま，この枠の中で球を転がして枠に反射させ，球が転がっていくようすを観察することにする。

球は枠に衝突する前も衝突した後も，まっすぐに転がる。また，右の図２のように，点 A から辺 PQ 上の点 X をめがけて球を転がすと，球は，∠PXA＝∠QXA′ となるように，反射して転がっていく。

このとき，次の問いに答えなさい。　（広島大附高）

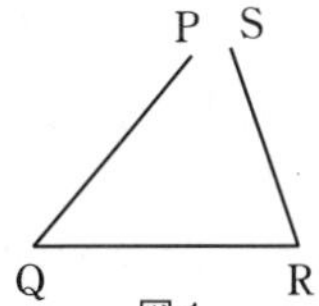

図１

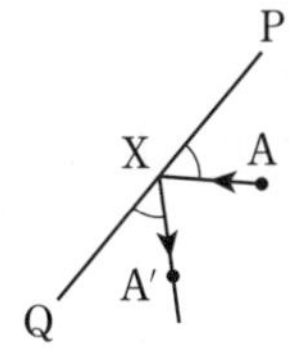

図２

(1) 右の図３において，点 A から球を転がして辺 PQ 上の点に衝突させた後，点 B を通過させたい。

球が点 A から点 B まで転がったあとを，図３に作図せよ。

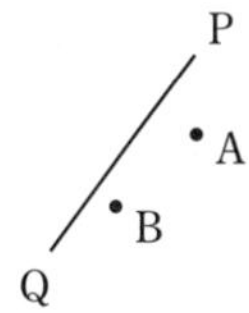

図３

難 (2) 右の図４において，枠は２点 P，S が重なって三角形になっている。このとき，点 A から球を転がして辺 PQ，QR，RP の順に衝突させて反射させ，再び点 A を通過するようにしたい。球が点 A から辺 PQ，QR，RP に，それぞれ衝突して点 A まで転がったあとを，図４に作図せよ。

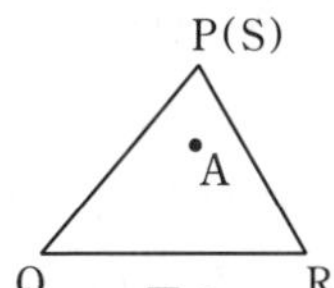

図４

難 (3) 右の図５において，点 A から球を転がして辺 PQ 上の点 C に衝突させ，その後，辺 QR，RS に衝突させて反射させ，再び点 A を通過するように辺 RS の位置を図６に作図せよ。

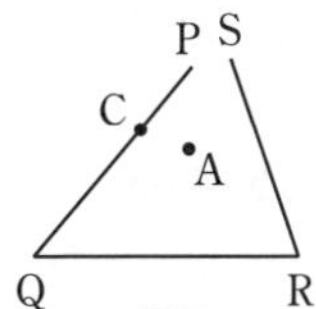

図５

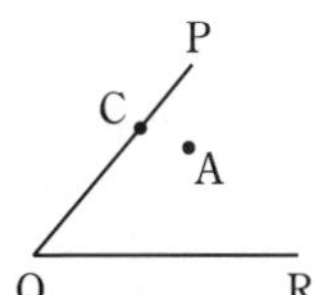

図６

着眼

116 (1) 直線 PQ について，点 A と対称な点 L をとり，LB と PQ の交点を T とすると　∠ATP＝∠LTP＝∠BTQ

★★★ 117 [いろいろな作図⑤]

正方形からある部分を切り取って，面積が最も大きい正八角形をつくる。

図１の正方形 ABCD で，辺 BC を辺 AD に重なるように折り，図２のような長方形 AEFD をつくる。次に，図２の長方形 AEFD で，辺 DF を辺 AE に重なるように折り，図３のような正方形 AEGH をつくる。

図３の正方形 AEGH に切り取り線を引き，その線にそって切り取って開くとき，図４の正八角形ができるためには，どのように切り取ればよいか。図３の正方形 AEGH に，その切り取り線を作図しなさい。

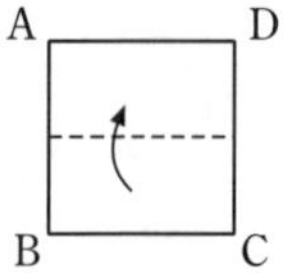

図１

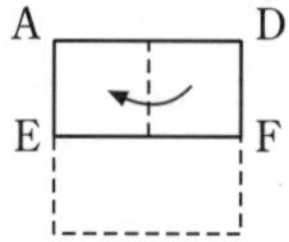

図２

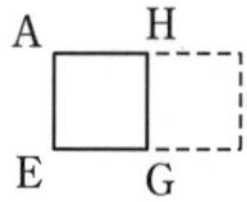

図３

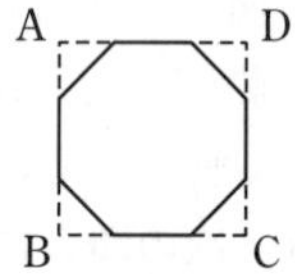

図４

（埼玉県）

★ 118 [おうぎ形の面積] 頻出

次の問いに答えなさい。

⑴　右の図のように，半径 10cm の円 O の周上に２点 A, B があり，$\overset{\frown}{AB}$ の短い方の長さが 8π cm である。このとき，かげの部分の面積を求めよ。（国立高専）

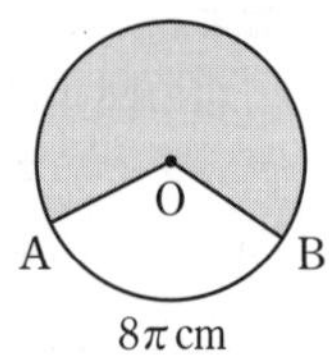

⑵　右の図のように，中心角が等しい３つのおうぎ形が重なっている。おうぎ形 OAB は半径が 10，$\overset{\frown}{AB}$ の長さが 6π である。点 C，D が線分 OA を３等分しているとき，かげの部分の面積を求めよ。

（栃木・作新学院高）

⑶　おうぎ形と半円からなる右の図において，かげの部分の面積を求めよ。（大阪桐蔭高）

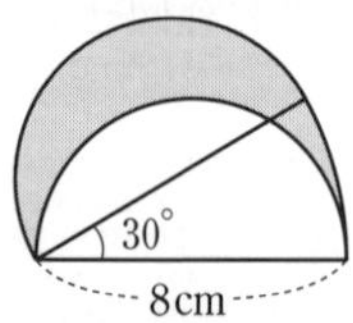

⑷　△ABC は１辺の長さが２の正三角形で，M は辺 AC の中点である。この正三角形を点 A を中心に図のように回転させ，B，C，M がそれぞれ，B′，C′，M′ になった。このとき，C，A，B′ は一直線上に並んでいるものとする。このとき，図のかげの部分の面積を求めよ。（大阪信愛女学院高）

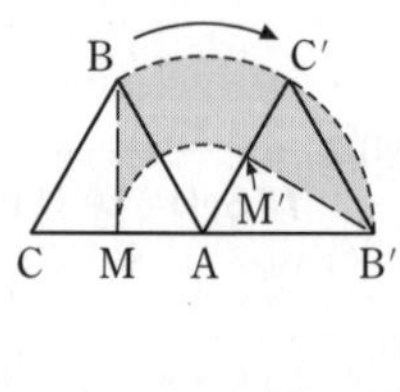

★★119 [おうぎ形の面積と弧の長さ①] <頻出

次の問いに答えなさい。

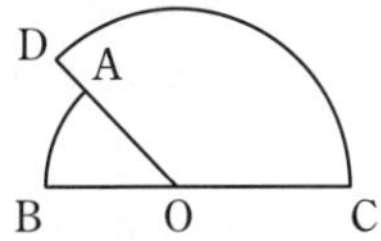

(1) 右の図のように，おうぎ形 OAB とおうぎ形 OCD がある。点 A は線分 OD 上にあり，3 点 B，O，C は一直線上にある。$\overset{\frown}{AB}$ の長さが 2π cm，OB＝8cm，OC＝12cm のとき，$\overset{\frown}{CD}$ の長さを求めよ。 (広島県)

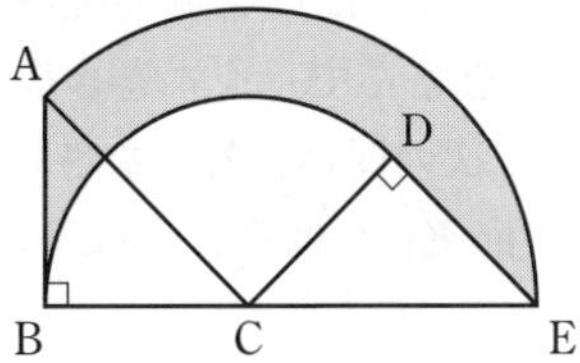

(2) 直角三角形 EDC は，直角三角形 ABC を点 C を中心として回転させたものである。点 B，C，E は同一直線上にあり，BC＝2cm，∠BAC＝45° である。このとき，かげの部分の面積を求めよ。 (新潟明訓高)

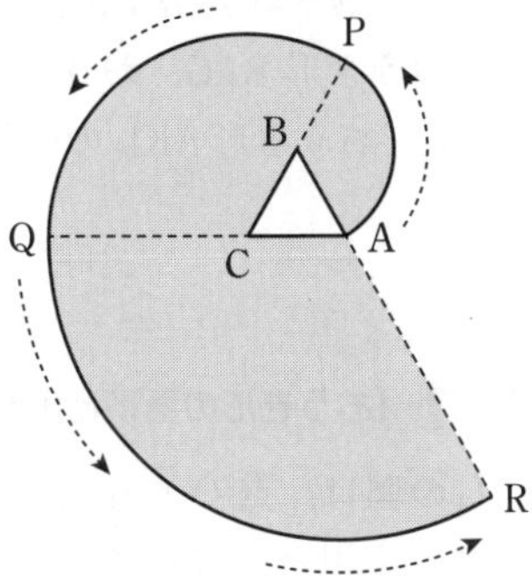

(3) 1 辺の長さが 3m の正三角形の土地がある。頂点 A，B，C にくいを立ててロープを巻きつけていくと，その端が A にきた。ロープを引っぱりながらほどいていくと，ロープの端は右の図のような曲線をかいていく。このとき，次の問いに答えよ。ただし，ロープの太さは考えないものとする。 (大阪・羽衣学園高)

① 曲線 APQR の長さを求めよ。

② かげの部分の土地の面積を求めよ。

着眼

119 (1) ∠AOB の大きさを求める。

(3) それぞれのおうぎ形の中心角はすべて 120° である。

★★120 [おうぎ形の面積と弧の長さ②]

1辺の長さが2の正六角形ABCDEFがあり，頂点Bを中心とする半径BAの弧AG，頂点Cを中心とする半径CGの弧GH，頂点Dを中心とする半径DHの弧HI，頂点Eを中心とする半径EIの弧IJ，頂点Fを中心とする半径FJの弧JK，頂点Aを中心とする半径AKの弧KLを結んで，うず巻き線AGHIJKLをかくとき，次の問いに答えなさい。ただし，点G，H，I，J，K，Lはそれぞれ辺CB，DC，ED，FE，AF，BAの延長線上にある。

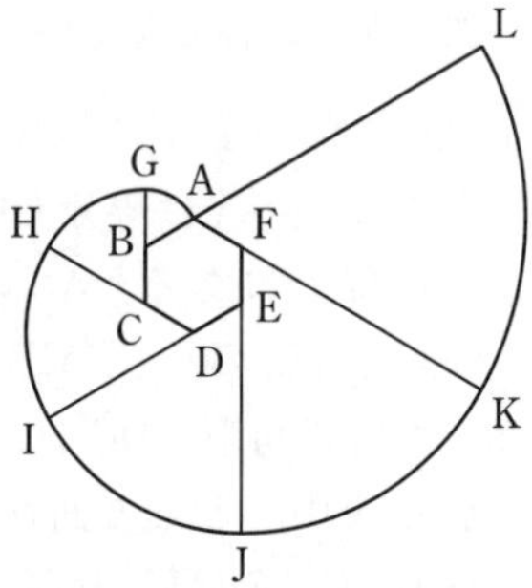

（大阪女学院高）

(1) うず巻き線AGHIJKLの長さℓを求めよ。

(2) おうぎ形BAG，おうぎ形CGH，おうぎ形DHI，おうぎ形EIJ，おうぎ形FJK，おうぎ形AKLの面積の和Sを求めよ。

★★121 [おうぎ形の面積と角度] ＜頻出

右の図は，点Oを中心とし，線分ABを直径とする半円と，点Oを中心とし，線分CDを直径とする半円が上下に並んだものである。また，5つの点A，C，O，D，Bは，同一直線上にあり，AC＝CO＝OD＝DBである。

いま，点Oを通る直線ℓでこのかげの図形を2つに分けるとき，点Aを含む図形の面積と点Bを含む図形の面積の比が，11：9であった。

このとき，直線ℓと線分ABでつくる$\angle x$の大きさを求めなさい。

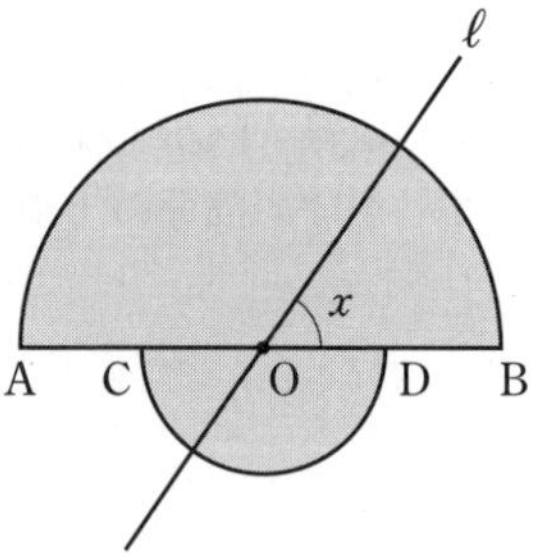

（千葉・渋谷教育学園幕張高）

着眼

121 AC＝CO＝OD＝DB＝aとし，それぞれの面積をaとxを用いて表す。

★★ 122 [いろいろな面積①] <頻出

次の問いに答えなさい。

(1) 図のように平行な2つの直線に接する直径8cmの2つの円がある。図のかげの部分(2つの直線と2つの弧で囲まれた部分)の面積を求めよ。 (愛知高)

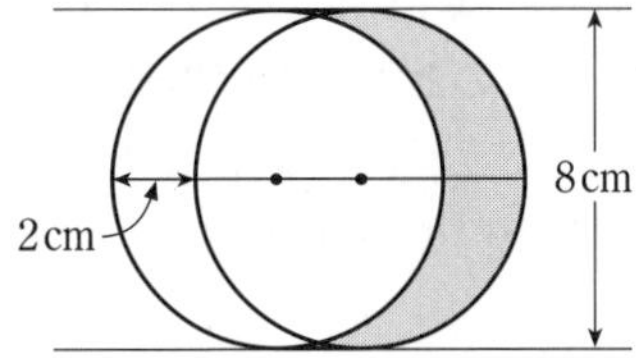

(2) 右の図のように，半径12cmで中心角90°のおうぎ形に，縦6cm，横12cmの長方形が重なっている。

図のかげ(▒)をつけた部分アとイの面積の差(ア − イ)を求めよ。 (埼玉県)

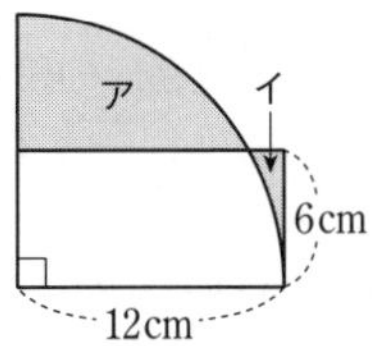

(3) 図のように，1辺が10cmの正方形の頂点と各辺の中点を結んでできた四角形ABCDの面積を求めよ。また，考え方も記入せよ。(必要であれば図に記号をつけて説明せよ。) (宮城・東北学院高)

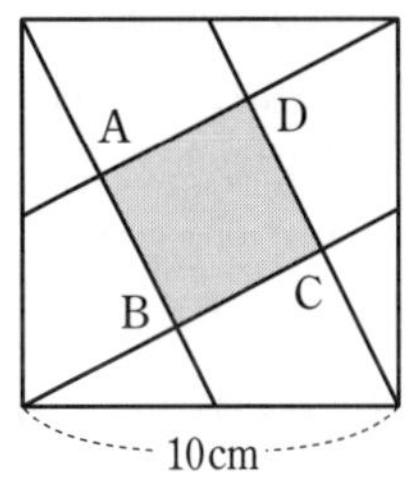

難 (4) 右の図のような1辺の長さが2cmの正方形ABCDがある。弧BCは辺BCを直径とする半円，弧BDは点Aが中心で半径ABの4分の1円である。

点Eは2つの円弧の交点，点Mは辺BCの中点である。∠MAB＝a°として次の問いに答えよ。

(京都教育大附高)

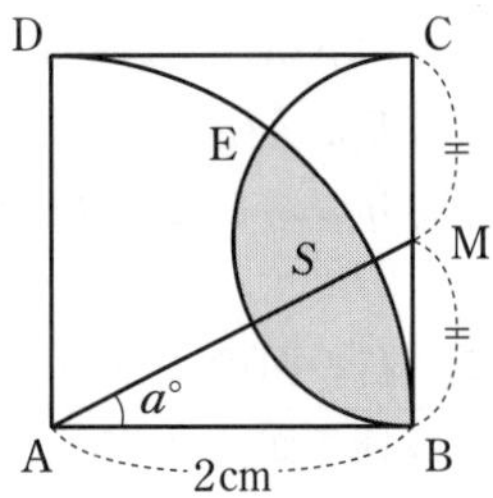

① かげの部分の面積 S の求め方を述べよ。

② S を a を用いて表せ。

着眼

122 (2) かげのついていない部分に着目する。

(4) △AEMと△ABMに着目する。

★★★ 123 [いろいろな面積②]

図のような1辺の長さが5cmの正方形ABCDがある。点E，Fはそれぞれ辺BC，CDの中点とする。このとき，かげの部分の面積を求めなさい。

ただし，図の曲線はそれぞれ点B，E，Fを中心とした円の一部である。 (神奈川・山手学院高)

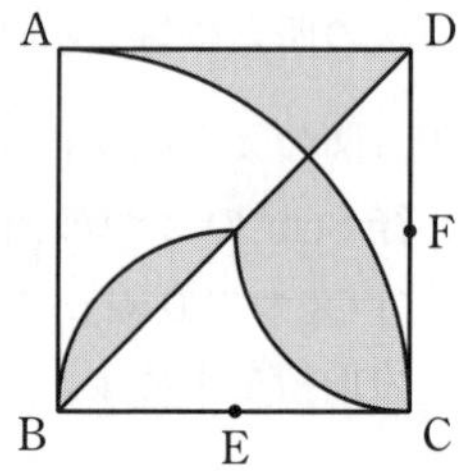

★★ 124 [図形の移動と長さ・面積①] 頻出

次の問いに答えなさい。

(1) 右の図のように，平面上に固定された1辺2cmの正三角形ABCがある。点Aに長さ6cmのひもの端をとりつけた。今，ひもと辺CAが一直線上になる位置から矢印の向きにたるまないようにひもを正三角形ABCに巻きつけた。このとき，ひもが通った部分の面積を求めよ。

(大阪・常翔学園高)

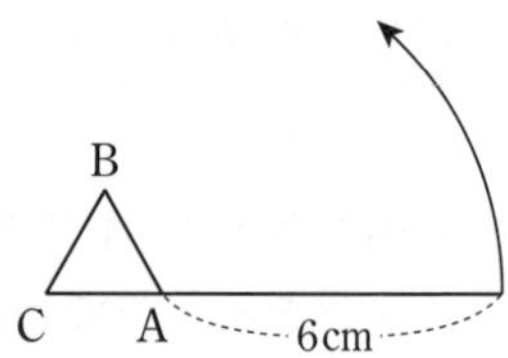

(2) 右の図のように，1辺の長さが4の正三角形ABCの外側に半径1の円Oが接している。円Oは△ABCと離れることなく辺上を転がって1周すると，塗りつぶした部分を通過することになる。塗りつぶした部分の面積を求めよ。

(栃木・作新学院高)

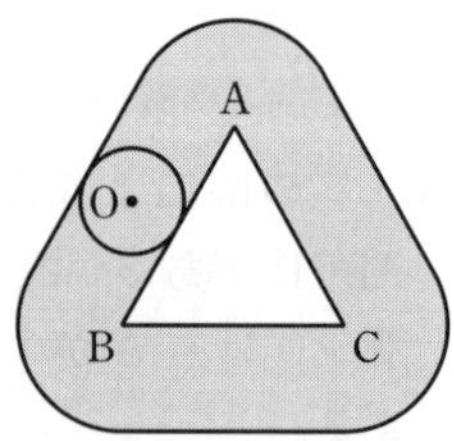

(3) 右の図のように，半径1cmの円の内部に1辺の長さが1cmの正三角形を置く。この正三角形をすべることなく円の内部を矢印の方向に転がす。正三角形がもとの位置に戻るまでに，点Pが動いた長さを求めよ。 (東京・巣鴨高)

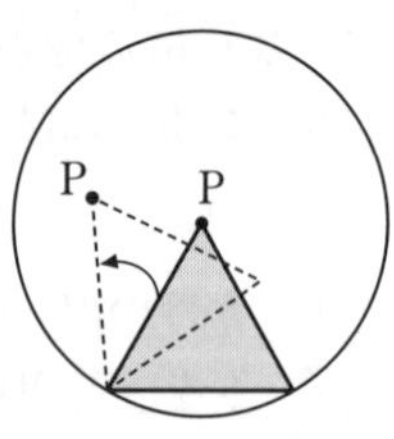

着眼

123 かげの部分を移動して，面積を求めやすい形にする。

★★★ 125 [図形の移動と長さ・面積②]

長さが 20cm の線分 AB を直径とする円 O があり，円の中はすべて白色である。

点 P は点 A から出発し，一定の速さで円周上を時計回りに動き続け，1 周するのに 30 秒かかる。点 Q は点 P と同時に点 B から出発し，一定の速さで円周上を時計回りに動き続け，1 周するのに 60 秒かかる。

2 点 P，Q の移動にともない，線分 OP，線分 OQ が円の中の白色部分を通過すると通過した後は黒色に変わり，円の中の黒色の部分を通過すると通過した後は白色に変わるものとする。

〈例〉

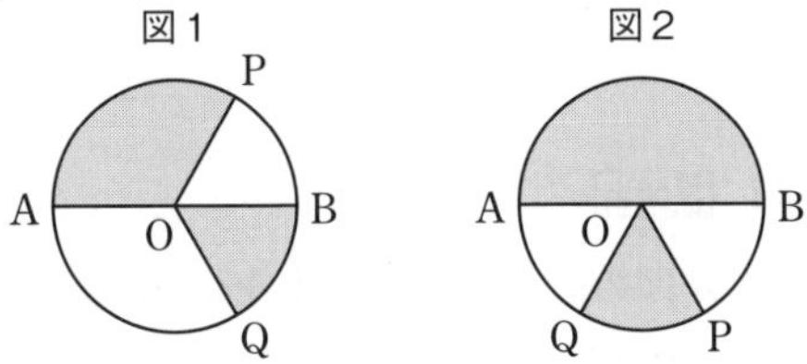

点 P が出発してから 10 秒後には図 1 のようになり，20 秒後は図 2 のようになる。

このとき，次の問いに答えなさい。　(神奈川・平塚江南高)

(1) 点 P が出発してから 5 秒後のとき，円 O における黒色部分の面積を求めよ。

(2) 初めて点 P が点 Q に追いつくのは，点 P が出発してから何秒後かを求めよ。

(3) 点 P が出発して 15 秒後から 30 秒後までの間で，円 O における黒色の部分の面積が $70\pi\ \text{cm}^2$ となるのは，点 P が出発してから何秒後かを求めよ。

着眼

125 (3) 15 秒後から 30 秒後までの間の黒色の部分は，上半分の半円とおうぎ形 OPQ の部分である。

★★★ 126 ［図形の回転と長さ・面積①］

中心角 60°，半径 r のおうぎ形 OAB を，点 O を中心に時計回りに 30° 回転し，点 A を点 A′ に，点 B を点 B′ に移動する。次に，おうぎ形 OA′B′ を点 A′ を中心に反時計回りに 30° 回転し，点 B′ を点 B″ に，点 O を点 O′ に移動する。このとき，次の問いに答えなさい。

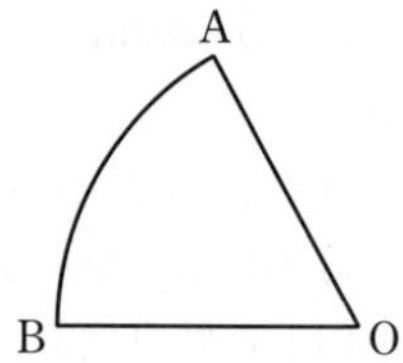

（高知・土佐塾高）

(1) $\overset{\frown}{\mathrm{B'B''}}$ の長さを求めよ。

(2) 半径 OA が O′A′ まで動いた部分の面積を求めよ。

(3) $\overset{\frown}{\mathrm{A'B'}}$ が動いた部分の面積を求めよ。

難▶(4) △A′B′B″ の面積を求めよ。

★★ 127 ［図形の回転と長さ・面積②］ ＜頻出

(1) 半径 2，中心角 45° のおうぎ形が図のように直線 ℓ 上をすべることなく 1 回転するとき，おうぎ形の中心 A の移動した長さを求めよ。

（神奈川・山手学院高）

(2) 図のように，半径 4cm，中心角 90° のおうぎ形が直線 ℓ 上に置いてある。このおうぎ形を右回りに，直線 ℓ 上をすべることなく 1 回転させたとき，点 O の移動した長さを求めよ。

（國學院大栃木高）

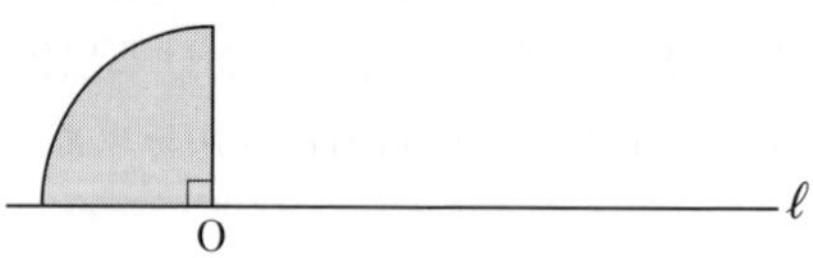

(3) 図のように半径が 3cm，中心角が 120° のおうぎ形 OAB が直線 ℓ 上をすべることなく転がり，図㋐の位置から図㋑の位置まで移動した。このとき，次の問いに答えよ。

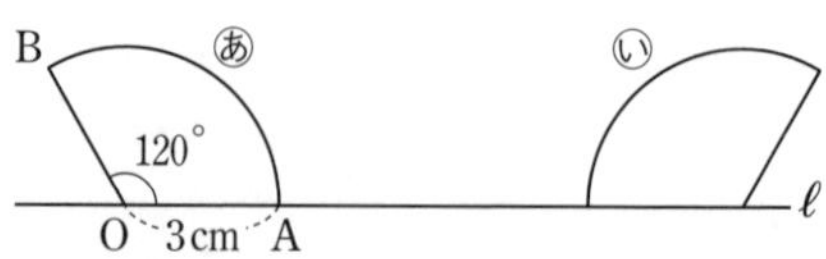

（静岡学園高）

① おうぎ形の中心 O が描く線の長さを求めよ。

② 中心 O が描く線と直線 ℓ とで囲まれた部分の面積を求めよ。

★★128 [図形の移動と長さ・面積③]

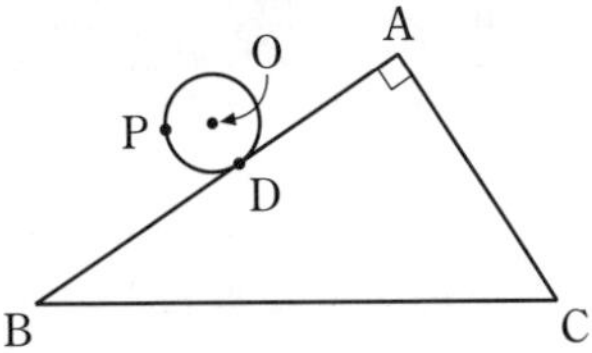

図のように，AB＝4π，AC＝3π，BC＝5π の直角三角形 ABC がある。

半径 1 の円 O は，辺 AB 上の点 D で，△ABC と接している。

さらに，円 O の周上に点 P がある。円 O はすべらないように回転し，△ABC のまわりを辺にそって 1 周する。次の □ に適当な数値をうめなさい。

（福岡・西南学院高）

(1) 点 P が △ABC の辺と接する回数は □ 回
(2) 円 O の中心が動いた長さは □
(3) 円 O が通過した部分の面積は □

★129 [図形の移動とその形状]

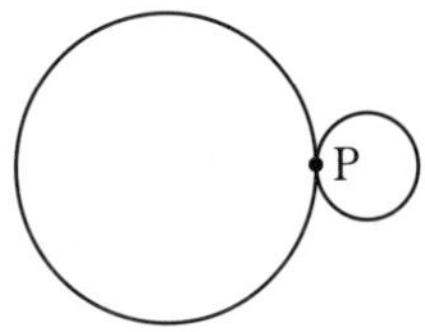

半径 3 の大円と半径 1 の小円が，点 P で接した状態で，右の図のように置かれている。今，小円が大円の外側をすべることなく回転するとき，小円の円周上の点 P の描く図形は，次のうちどれか。選択肢の中から記号で答えなさい。 （広島・崇徳高）

［選択肢］

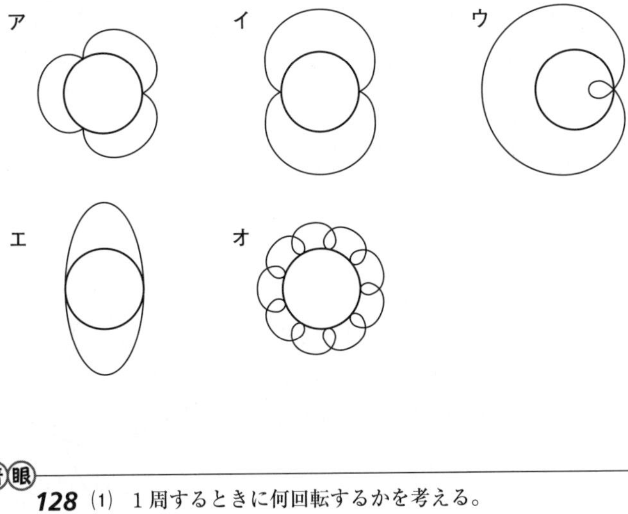

着眼

128 (1) 1 周するときに何回転するかを考える。

第5回 実力テスト

時間30分
合格点70点

得点　／100

解答 別冊 p. 63

1 1辺が2cmの正方形の紙を右の図のように重ねた。10枚重ねたときにできる図形の面積を求めなさい。

（滋賀・近江兄弟社高）（10点）

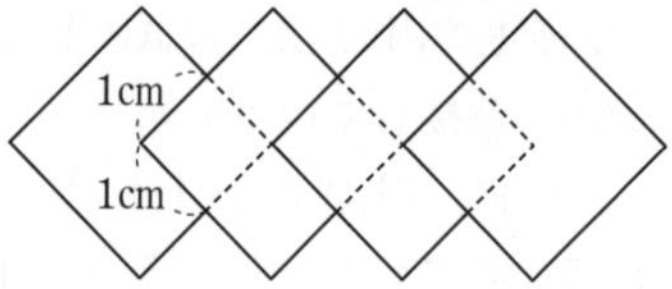

2 右の図のような直線PQと曲線PAQで囲まれた土地があり，折れ線A−B−C−Dによって面積が2等分されている。この土地の面積をAを通る1本の直線で2等分するには，その直線をどのように引けばよいですか。その引き方を説明して図示しなさい。（高知・土佐高）（10点）

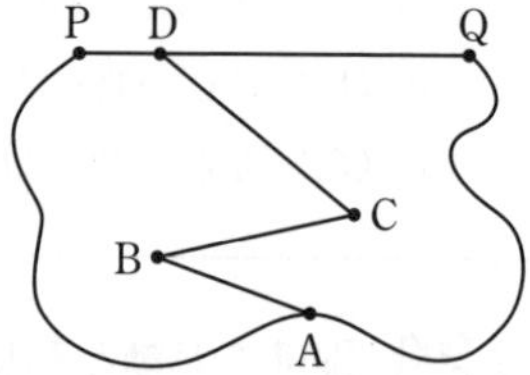

3 右の図のように固定した正八角形の周に沿って巻きつけられた糸の端は頂点Pにある。この糸を点PからQRの延長にくるまで，たるまないように，ほぐしていく。次の問いに答えなさい。ただし，糸の太さや伸縮は考えないものとし，QS＝16cm，円周率はπとする。

（大阪・関西大一高）（各10点×2）

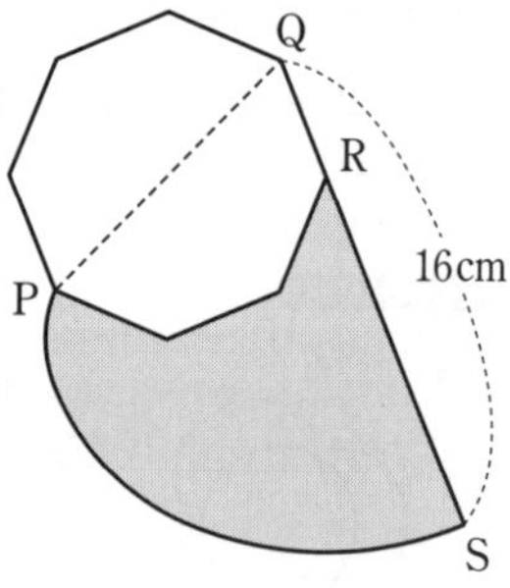

(1) ∠PQRの大きさを求めよ。

(2) 糸が通りすぎた平面の部分(図のかげの部分)の面積を求めよ。

4 2本の対角線の長さが2と4であるひし形が2つある。この2つのひし形を右の図のように重ねたとき，重なっている部分の面積を求めなさい。

（奈良・西大和学園高）（10点）

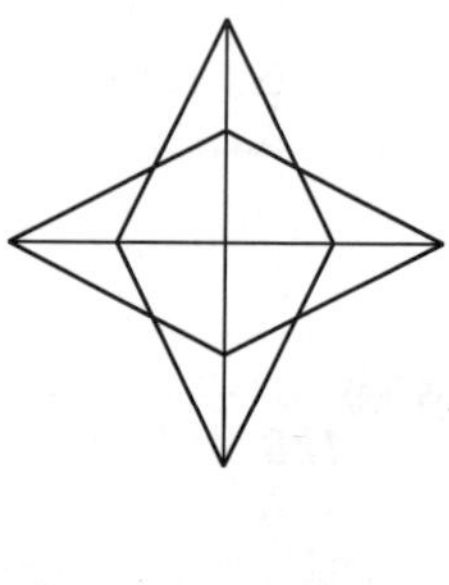

5 図のように，半径1の2つの円O，O′が点Aで外接している。点Pは円Oの周上を一定の速さで，点Aから時計回りに1周18秒かけて回り，点Qは円O′の周上を一定の速さで，点Aから反時計回りに1周36秒かけて回る。2点P，Qが同時に点Aを出発するとき，次の問いに答えなさい。

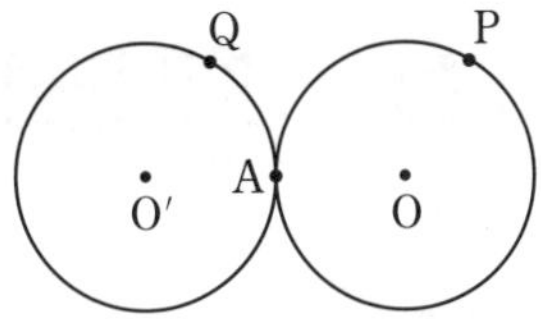

（大阪・上宮高）（各10点×4）

(1) 出発してから5秒後の∠AOPの大きさを求めよ。
(2) 出発してから8秒後の∠PAQの大きさを求めよ。
(3) 出発してから初めて∠PAQ＝90°となるのは出発してから何秒後か。
(4) 出発してから初めて∠PAQ＝180°となるのは出発してから何秒後か。

6 右の図のように，1辺の長さが4の正方形ABCDの中に，半径1の円が2つある。この2つの円が正方形の内部を重ならないように自由に動き回るとき，2つの円の中心点が通過する範囲を［選択肢］ア～オの中から選びなさい。

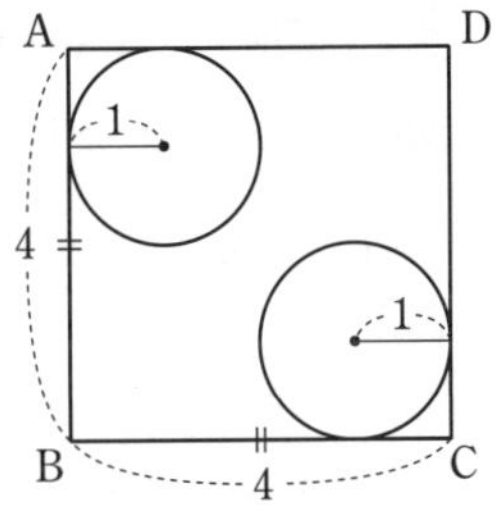

（広島・崇徳高）（10点）

［選択肢］注：塗りつぶした部分が，通過部分を表すものとする。

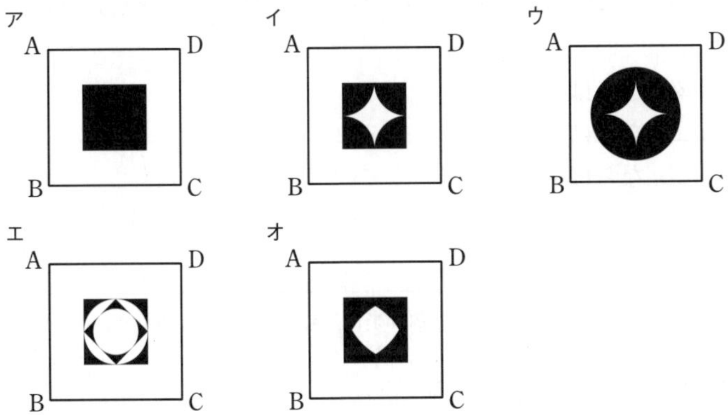

6 空間図形

解答 別冊 p. 66

★130 [平面の決定] <頻出

次の問いに答えなさい。

(1) 次の直線や点を含む平面が，ただ1つに決まるものを選べ。

(ア) 交わる2直線　　(イ) 平行な2直線

(ウ) 1直線とその上にない1点　　(エ) 1直線上にない3点

(オ) 1直線上にない4点

(2) 三角錐(すい)の頂点となる4つの点A，B，C，Dがあるとき，これらの点のうちのいくつかで決まる平面はいくつあるか答えよ。

★131 [空間内の直線の位置関係] <頻出

次の問いに答えなさい。

(1) 右の三角柱で，ADと次のような関係にある辺を答えよ。

① 平行な辺

② 垂直に交わる辺

③ ねじれの位置にある辺

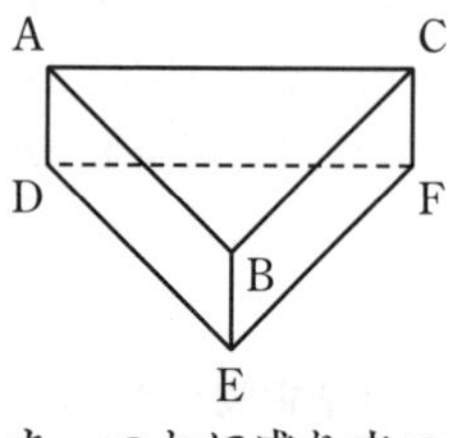

(2) 空間内にある3つの直線ℓ，m，nについて，次のうち，つねに成り立つものを選べ。

(ア) $\ell /\!/ m$，$m /\!/ n$ならば$\ell /\!/ n$

(イ) $\ell \perp m$，$m \perp n$ならば$\ell \perp n$

(ウ) $\ell \perp m$，$m \perp n$ならば$\ell /\!/ n$

着眼

130 2点A，Bを通る平面(直線ABを含む平面)は，いくらでもあるが，そのうちで，直線AB外の1点Cを通る平面は，ただ1つしかない。また，1直線上にない3点を通る平面は，ただ1つだけある。

131 空間内にある2直線の位置関係には，次の3つの場合がある。

(i) **交わる**　(ii) **平行**(同じ平面にあって，どこまで延長しても交わらない。)

(iii) **ねじれの位置**(同じ平面上にない。どこまで延長しても交わらない。)

★132 [直線と平面の位置関係①] <頻出

次の問いに答えなさい。

(1) 右の直方体について，次の面や辺を答えよ。

① 辺 AB を含む面

② 辺 AB と垂直な面

③ 辺 AB と平行な面

④ 面 ABCD と垂直な辺

⑤ 面 ABCD と平行な辺

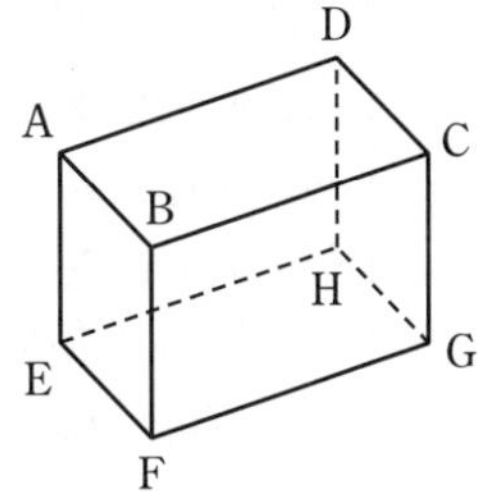

(2) 次の□にあてはまることばや記号を答えよ。

① 直線 ℓ が平面 P と点 O で交わり，直線 ℓ が点 O を通る平面 P 上のどの直線とも□のとき，直線 ℓ と平面 P は，垂直であるといい，ℓ□P と書く。また，直線 ℓ を平面 P の□という。

② 交わる 2 直線は，1 つの□を決定するから，直線 ℓ が平面 P と点 O で交わり，O を通る P 上の 2 直線 a, b のどちらに対しても□ならば，ℓ□P である。

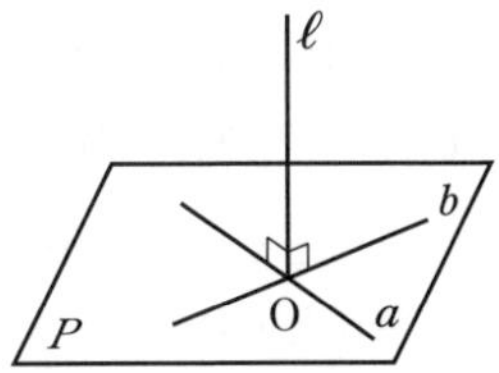

③ 平面 P 上にない点 A から，平面 P へ引いた垂線が平面 P と点 H で交わるとき，線分 AH は，点 A と平面 P 上の点を結ぶ線分の中で最も□。この垂線 AH の長さを点 A と平面 P との距離という。

★133 [平面と平面の位置関係] <頻出

次の□に適することばや記号を入れなさい。

2 つの平面 P と Q が交わるとき，その交わりは，1 つの□である。これを ℓ とする。

いま，ℓ 上の点 O を通って，平面 P 上に ℓ と垂直な直線 m，平面 Q 上に ℓ と垂直な直線 n を引くとき，$m \perp n$ ならば，平面 P と平面 Q は，□であるといい，P□Q と書く。

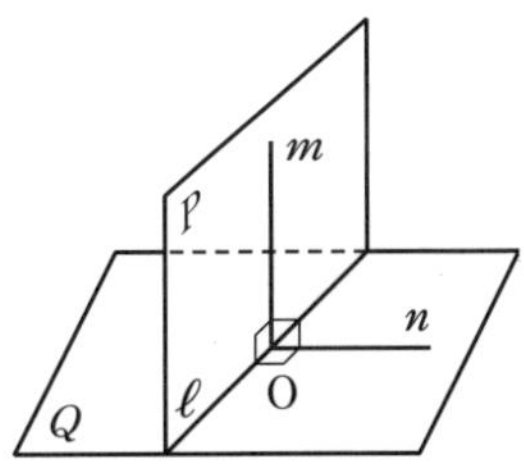

着眼

132 直線 ℓ と平面 P の位置関係には，次の 3 つの場合がある。

(i) 交わらない(ℓ と P は平行)　(ii) 交わる(交わりは点)

(iii) 含まれる(ℓ は P 上にある)

★134 [直線と平面の位置関係②] <頻出

空間に直線や平面があるとき，これらの直線や平面について述べた次の(ア)～(カ)のうち，正しいものを２つ選びなさい。

(ア) １つの直線に平行な２つの平面は，平行である。
(イ) １つの平面に垂直な２つの直線は，平行である。
(ウ) １つの直線に垂直な２つの直線は，平行である。
(エ) １つの平面に垂直な２つの平面は，平行である。
(オ) １つの直線に垂直な２つの平面は，平行である。
(カ) ２つの平行な平面上にある２つの直線は，平行である。

★135 [立体の展開図] <頻出

右の展開図からできる直方体で，２直線AB，CDの位置関係を次の中から選びなさい。

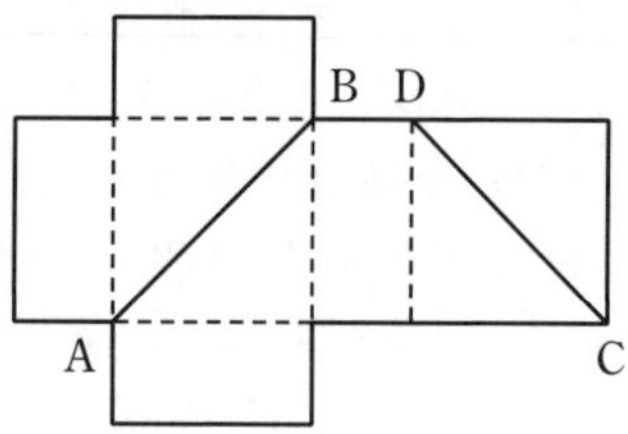

(ア) ABとCDは，平行である。
(イ) ABとCDは，１点で交わる。
(ウ) ABとCDは，同じ直線である。
(エ) ABとCDは，ねじれの位置にある。

★136 [立体の投影図] <頻出

次の(1)～(3)の投影図で表された立体の名前を答えなさい。

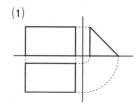

着眼

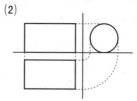

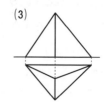

136 立体を，正面から見た図と，真上から見た図で表すことができる。正面から見た図を**立面図**，真上から見た図を**平面図**といい，これを合わせたものを**投影図**という。投影図は，(1)，(2)のように，立面図と平面図だけではその立体の形がわからないことがある。そのような場合には**側面図**(横から見た図)をつけ加えて表すこともある。

★137 [正多面体] <頻出

正多面体について，次の表を完成しなさい。

	面の形	1つの頂点に集まる面の数	面の数	辺の数	頂点の数	各面の中心を結んでできる立体
正四面体						
正六面体						
正八面体						
正十二面体						
正二十面体						

★138 [正多面体の展開図] <頻出

右の図は，正四面体の展開図で，アとア，イとイ，…をつなぎ合わせると，その立体ができることを示している。これにならって，次の4つの正多面体についても，つなぎ合わせる辺どうしに同じ記号をつけなさい。

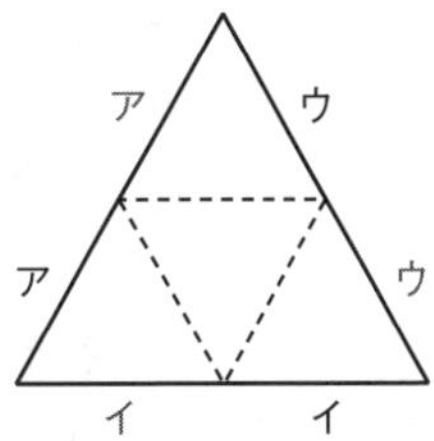

①
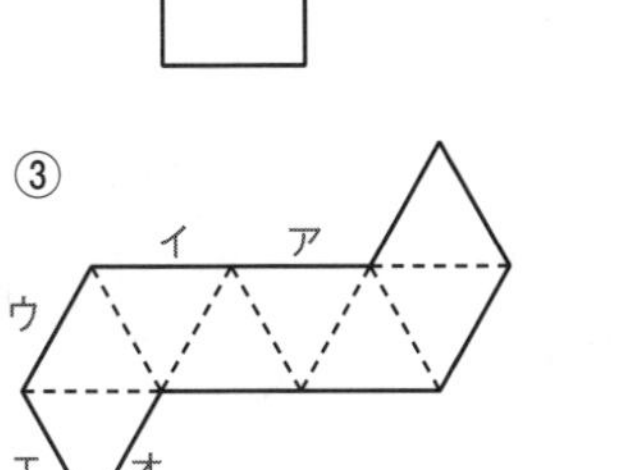

②
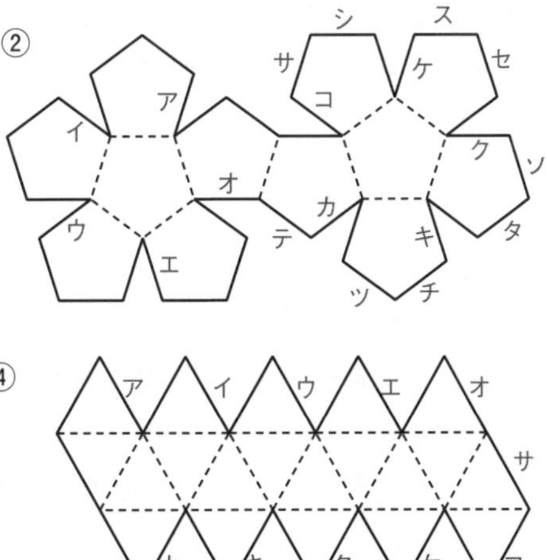

③
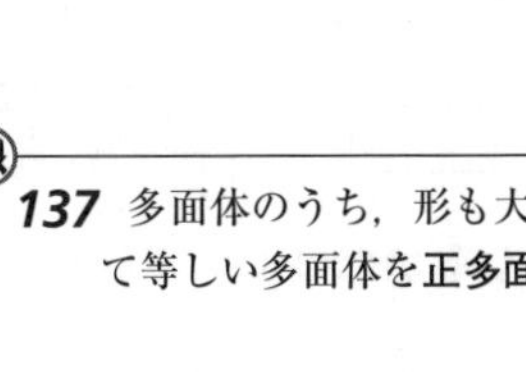

④
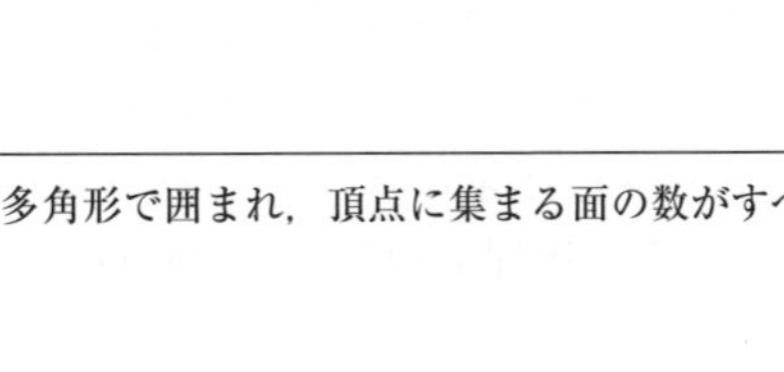

着眼

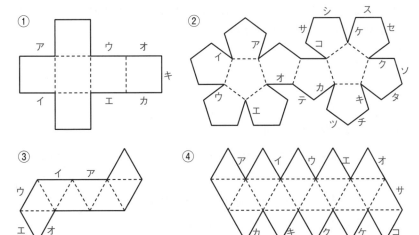

137 多面体のうち，形も大きさも同じ正多角形で囲まれ，頂点に集まる面の数がすべて等しい多面体を**正多面体**という。

★139 [円錐] <頻出

右の図のような円錐の表面積が $154\pi\ \mathrm{cm}^2$ のとき，この円錐の母線の長さを求めなさい。　　（熊本・九州学院高）

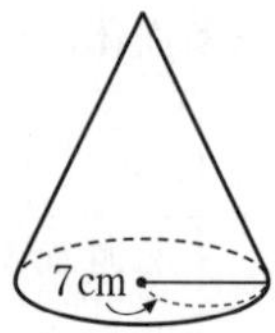

★★140 [空間における位置関係] <頻出

右の図の立方体 ABCD−EFGH について，次の問いに答えなさい。

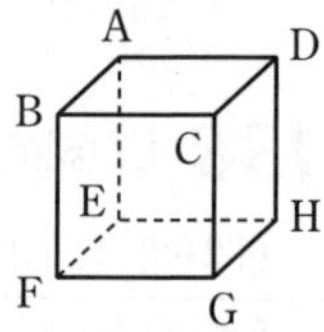

(1) 頂点 A を除く 7 つの頂点から 2 つの頂点を選び，頂点 A と，選んだ 2 つの頂点を結んで三角形をつくる。
　このとき，直角三角形は全部でいくつできるか求めよ。
（東京・国立高）

(2) 次の問いに答えよ。　　（千葉・渋谷教育学園幕張高）

① 点 A と点 F を通る直線と，点 B と点 D を通る直線の位置関係を答えよ。

② 点 C を通って，直線 AF にも直線 BD にも平行な平面をつくるにはどのようにすればよいか説明せよ。

★★141 [体積と表面積] <頻出

図 1 は，底面の半径が 12cm，高さが h cm の円柱 P である。　　（秋田県）

図1

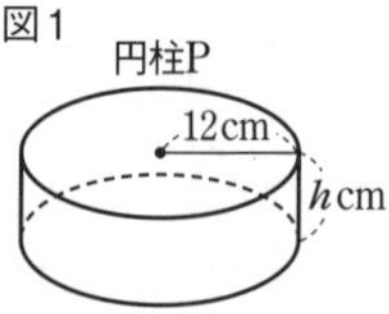

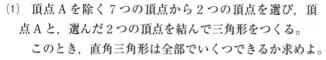

(1) 円柱 P において，1 つの底面の面積と側面積が等しくなるとき，円柱 P の高さ h の値を求めよ。

(2) 図 2 のように，円柱 P の側面を広げてできる長方形を 4 個の合同な長方形に分け，その 1 つの長方形を側面とし，高さが円柱 P と等しい円柱 Q をつくる。このとき，円柱 P の体積は円柱 Q の体積の何倍になるか求めよ。

図2

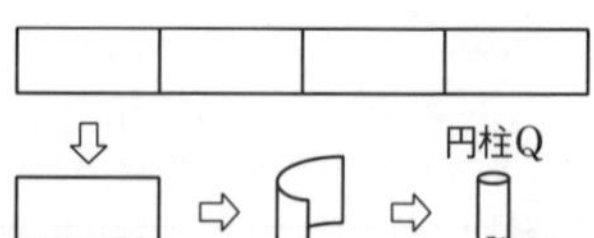

★★★ 142 [立方体の切断①]

右の図のような 1 辺が 3cm の立方体 ABCD-EFGH がある。4 つの点 B，D，E，G を頂点とする四面体の体積を求めなさい。 (広島・修道高)

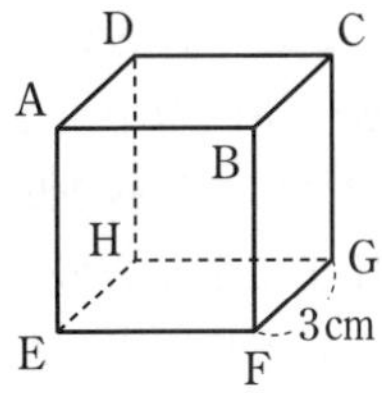

★★★ 143 [立方体の切断②]

立方体 ABCD-EFGH の 8 つの頂点から 3 つの頂点を選び，それら 3 点を頂点とする三角形の総数を求めたい。次の空欄に適する数を入れなさい。

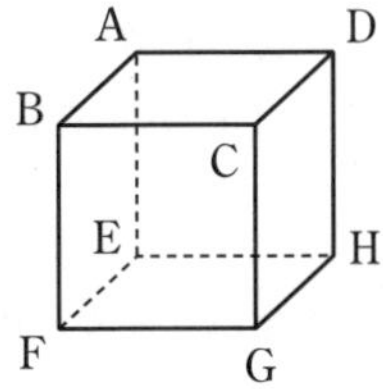

正方形 ABCD の 4 つの頂点から 3 つの頂点を選んでできる三角形は [ア] 個あり，正方形 ABCD と合同な正方形は(正方形 ABCD も含めて) [イ] 個ある。

また，長方形 BFHD の 4 つの頂点から 3 つの頂点を選んでできる三角形は [ウ] 個あり，長方形 BFHD と合同な長方形は(長方形 BFHD も含めて) [エ] 個ある。

次に，正三角形となるものは全部で [オ] 個である。

この 3 種類以外に三角形の種類はない。したがって，求める三角形の総数は [カ] 個である。 (福岡・筑紫女学園高)

着眼

139 円錐の側面積は，$\frac{1}{2}$×**おうぎ形の弧の長さ×半径**　で求めることができる。

141 (1) 円柱の側面積は，縦が円柱の高さ，横が円柱の底面のまわりの長さである長方形の面積である。

(2) 円柱の高さは変わらないので，底面の円周から底面の半径の長さを考える。

142 立方体から三角錐 A-BDE，C-BGD，F-BEG，H-DEG を切り落とした形になる。

★★144 [立方体の切断③]

1辺の長さが6cmの立方体ABCD-EFGHがあり，辺EF，FGの中点をそれぞれM，Nとする。点PはFを出発して毎秒1cmの速さで辺上をB，C，Dを経由してHまで進むものとする。3点M，N，Pを通る平面でこの立方体を切ったとき，次の問いに答えなさい。

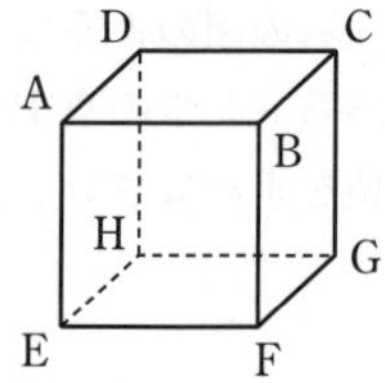

（茨城・茗溪学園高 改）

(1) 切り口の図形はn角形となる。nにあてはまる整数をすべて求めよ。

(2) 切り口が正三角形になるのは，点PがFを出発してから何秒後か求めよ。

(3) 切り口が正六角形になるのは，点PがFを出発してから何秒後か求めよ。

(4) 点PがFを出発してから11秒後の切り口の形を答えよ。

★★145 [立体の体積・容積①]

右の図のような円柱の容器に，この円柱の底面と高さが等しい円錐（すい）をはめこむ。次に，底から6cmの深さまで水を入れたあとで，この円錐を取り出す。このとき，次の空欄に適する数を入れなさい。（東京・日本大豊山女子高）

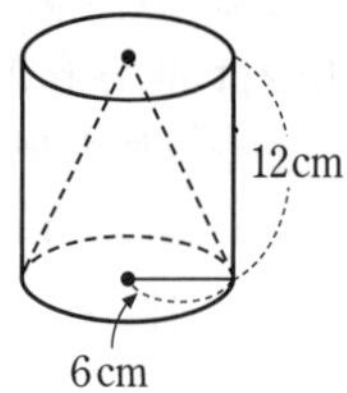

(1) 入れた水の量は□cm^3である。

(2) 円錐を取り出した後の水面の高さは□cmである。

着眼

144 (1) 立方体は正六面体なので，切り口の図形は七角形以上にならない。

145 (1) 水面より上に出ている部分の立体の形は円錐で，全体の半分の深さまで水を入れたから，底面の半径は，6cmの$\frac{1}{2}$の長さとなる。

(2) 水面の高さを$x$cmとして，(1)で求めた水量から方程式をつくる。

★★146 [立体の体積・容積②]

縦，横，高さがそれぞれ 30cm，50cm，27cm の直方体の水そうに，24cm のところまで水が入っている。

この水そうに，縦，横，高さがそれぞれ 25cm，10cm，30cm の直方体の角材を，底に対して垂直にゆっくり沈めていく。次の問いに答えなさい。 （国立高専）

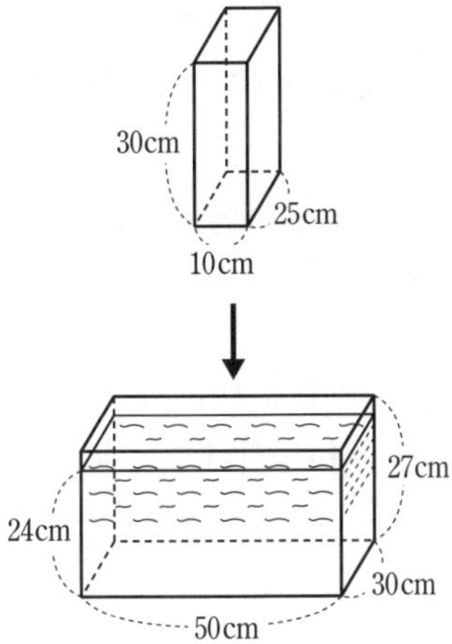

(1) 角材を水に何 cm 沈めたとき，水はこぼれ始めるか。

(2) 角材が底に着くまで沈め，再び角材を取り出すと，水そうの水の深さは何 cm になるか。

★★147 [立体の体積・容積③] 頻出

右の図 1 は底面の直径が 6cm，高さが 8cm の円柱形の容器で，容器の側面に沿って，底面から高さ 3cm のところを 1 周する線 ℓ がかいてある。

このとき，次の問いに答えなさい。

ただし，容器の厚さは考えないものとする。 （岩手県）

図 1

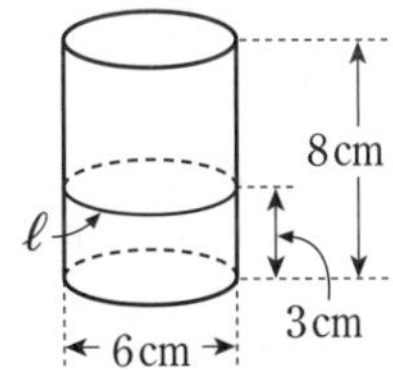

(1) 図 1 の容器を水平な机の上に置いて水を入れ，満水にした。このときの水の体積を求めよ。

(2) (1)で満水にした容器を傾けて水を流していき，右の図 2 のように，水面が線 ℓ にとどいたところで傾けるのをやめた。

このとき，容器に残った水の体積を求めよ。

図 2

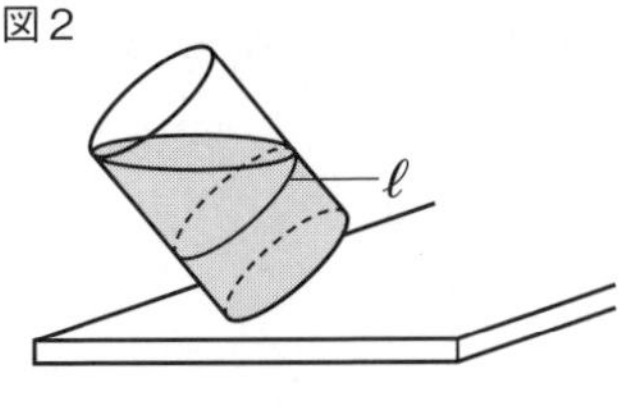

着眼

147 (2) ℓ より上側の円柱の $\frac{1}{2}$ に相当する量の水が流れたことになる。

148 [立体の体積・容積④]

右の図のように，A：円柱の容器とB：円錐の容器がある。次の問いに答えなさい。

(大阪・関西大一高 改)

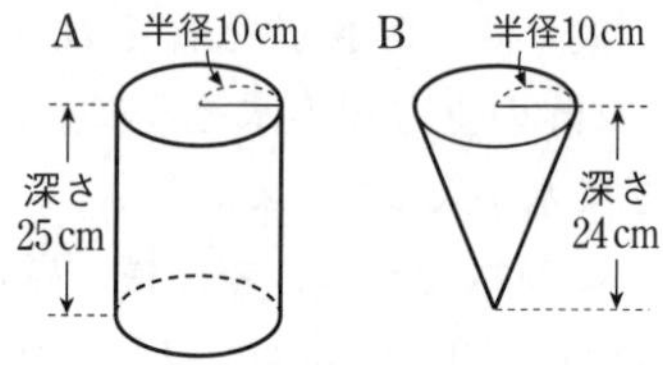

(1) AとBの容積を最も簡単な整数の比で表せ。

(2) Aの容器の中に，Bの容器を使って水をいっぱいになるまで入れる。最後の1杯は，Bに[　　]cm^3の水を入れると，Aの容器がちょうどいっぱいになった。[　　]にあてはまる数を求めよ。

★★ 149 [立体の体積・容積⑤]

次の問いに答えなさい。 (山口県 改)

(1) 図1のように，底面の半径が6cmの円柱の容器に水が入っている。この容器に，底面の半径が3cm，高さが4cmの円錐の形をした鉄のおもりを入れたところ，図2のように，水があふれることなく，完全に沈めることができた。

このとき，水面の高さは何cm上昇したか求めよ。

図1

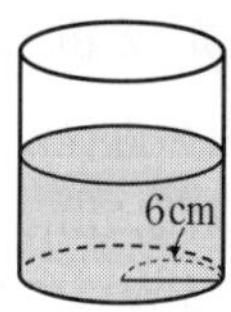

図2

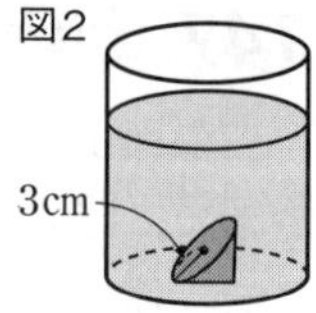

(2) (1)の円錐の母線の長さは5cmである。この円錐と，半径3cmの半球を合わせた図3のような立体の体積と表面積を求めよ。

図3

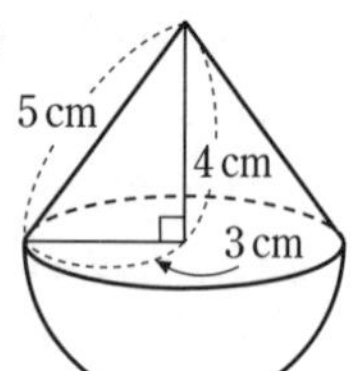

着眼

149 (1) 沈めた円錐の体積の分だけ水量が増えたと考え，上昇する水面の高さを求める。

★150 [立体の展開図①] 頻出

右の２つの展開図について，次の問いに答えなさい。 (神奈川・法政大二高)

(1) 図１の展開図を組み立ててできる立体において，辺 AD とねじれの位置にある辺をすべて求めよ。

(2) 図２の展開図を組み立ててできる立体の表面積を求めよ。

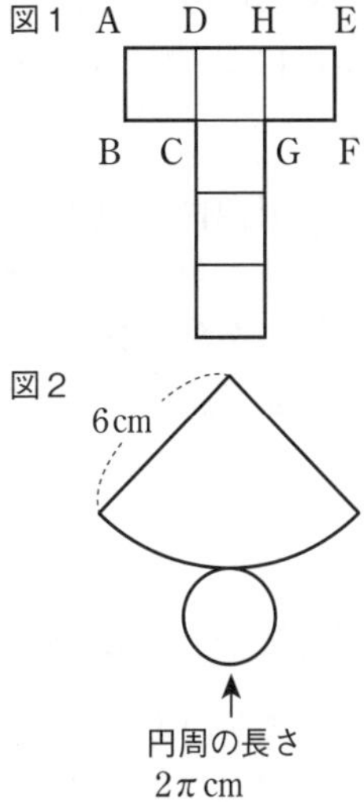

★151 [立体の展開図②] 頻出

図１の１辺の長さが 12 の正方形を線分 AB，BC，CA で折って，図２のように三角錐 ABCD をつくる。このとき，次の □ をうめなさい。 (三重・高田高)

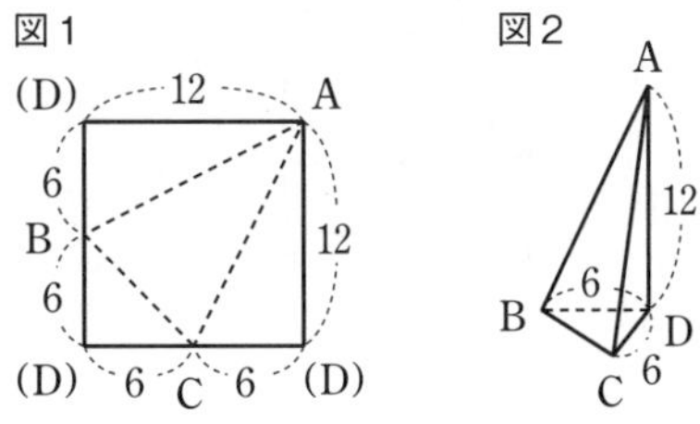

(1) 三角錐 ABCD の体積は [ア] である。

(2) △ABC の面積は [イ] で，△ABC を底面としたときの三角錐の高さは [ウ] である。

着眼

151 (2) 三角錐 ABCD の体積 $=\frac{1}{3}\times$(△ABC の面積)×(高さ) から，高さが求められる。

★★152 ［立体の展開図③］

右の図のような正八面体とその展開図について，次の問いに答えなさい。

（三重・暁高 改）

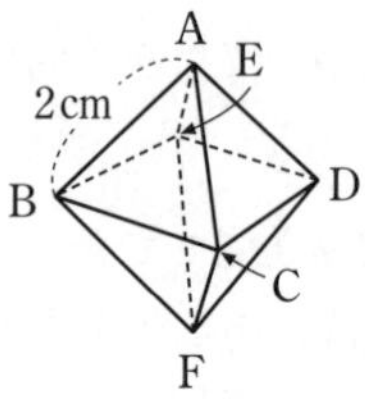

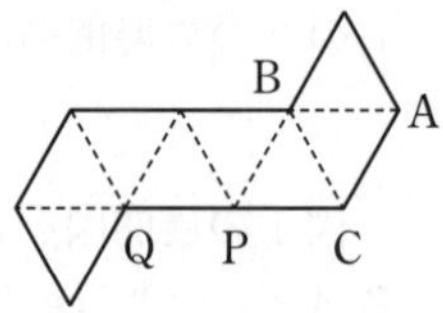

⑴ 展開図の点 P に対応する正八面体の頂点は点 A～F のうち，どれにあたるか。

⑵ 正八面体において，展開図の辺 PQ と平行である辺を答えよ。

★153 ［立体の展開図④］

下の図のように，1 辺の長さが 2 である立方体 ABCD-EFGH がある。AB，BF，FG，GH，HD，DA の中点をそれぞれ P，Q，R，S，T，U とするとき，六角形 PQRSTU ができる。右の立方体の展開図の中に，六角形の辺をかき入れなさい。

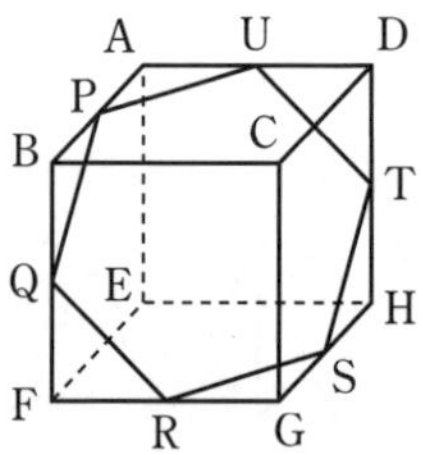

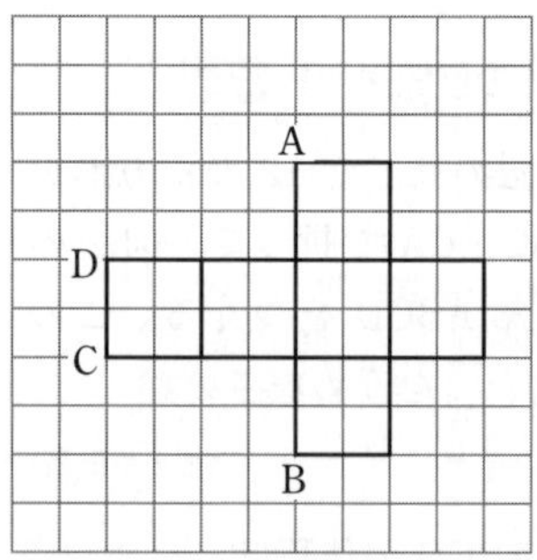

（展 開 図）

（北海道・東海大付四高）

着眼

152 展開図に正八面体の頂点の記号を書き入れる。
153 展開図に立方体の頂点の記号を書き入れる。

★★ 154 [立体の展開図⑤] 頻出

右の図のような円錐(すい)とその展開図がある。次の問いに答えなさい。ただし，AB＝5cm，AO＝4cm，BO＝3cm，∠BOC＝60° とする。 (新潟明訓高)

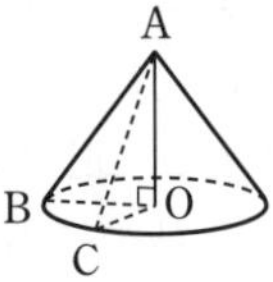

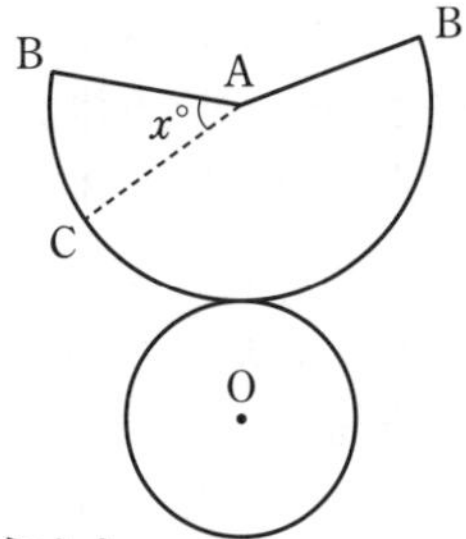

(1) ∠BOC＝60° に対する $\overset{\frown}{BC}$ の長さを求めよ。

(2) 展開図において，∠BAC＝x° とするとき，x の値を求めよ。

(3) 中心角 x° のおうぎ形 ABC の面積を求めよ。

★★★ 155 [立体の展開図⑥]

右の図の円柱は，高さが 10cm，AB は底面の直径で 10cm である。C，D はそれぞれ A，B の真上の点であり，図のように，A と C，B と D を糸で結びピンと張る。このときできる 2 本の糸の下方にある側面の部分(かげの部分)の面積を求めなさい。 (奈良・西大和学園高)

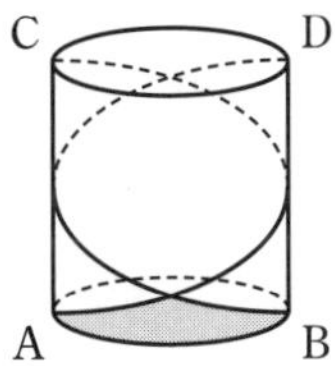

着眼

154 (2) $\overset{\frown}{BC}$ の長さから，中心角 ∠BAC の大きさを求める。

155 展開図をかいて，それに糸をかき入れて考える。かげの部分は三角形である。

★156 ［立体の展開図⑦］

右の図１に示した立体 ABCD−EFGH は，１辺の長さが 6cm の立方体である。

点 P は，頂点 B を出発し，辺 BA，辺 AE 上を，毎秒 1cm の速さで動き，12 秒後に頂点 E に到着する。点 Q は，点 P が頂点 B を出発するのと同時に頂点 C を出発し，辺 CD，辺 DH 上を，点 P と同じ速さで動き，12 秒後に頂点 H に到着する。

図１

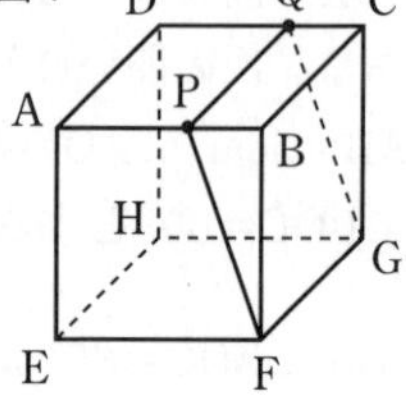

頂点 F と点 P，頂点 G と点 Q，点 P と点 Q をそれぞれ結ぶ。

下の図２は，図１の立方体の展開図に頂点 E，F，G，H の位置を示したものの１つである。展開図の ● は，それぞれ立方体の各辺の中点の位置を示している。

図１において，点 P が頂点 B を出発してから３秒後の線分 FP，PQ，QG を，定規を用いて展開図にかきなさい。

ただし，点 P，Q の位置を示す文字 P，Q も書き入れること。 （東京都）

図２

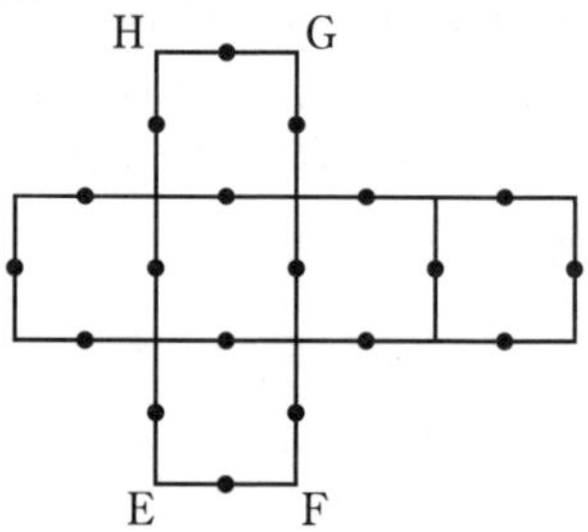

着眼

156 展開図に A，B，C，D を書き入れる。

★★157 [立体の展開図⑧]

図のように，正三角形 8 個を組み合わせた展開図がある。A～J は点を，㋐～㋗は面を表している。この展開図を組み立てて立体をつくった。このとき，次の問いに答えなさい。

(奈良・育英西高)

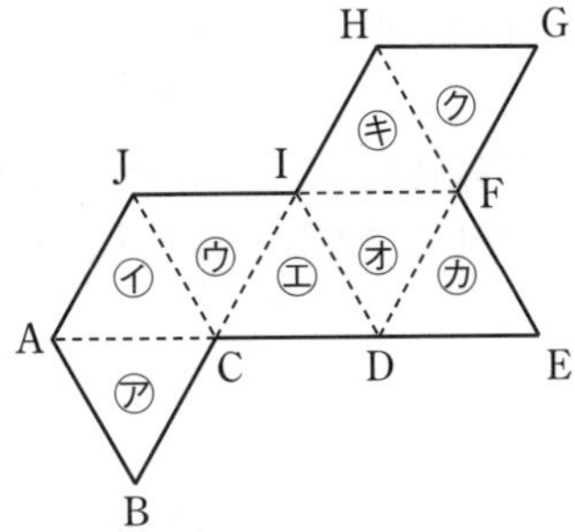

(1) 立体の名前を答えよ。

(2) 面㋐と平行な面を，面㋑～㋗の中からすべて選べ。

(3) 点 G に集まる面を，面㋐～㋗の中からすべて選べ。

(4) 点 A に重なる点をすべて答えよ。

(5) 辺 AB とねじれの位置にあり，辺 FH ともねじれの位置にある辺をすべて答えよ。

(6) 立体の ∠DAH の大きさを求めよ。

★158 [回転体①] 頻出

右の図のような直角三角形を直線 ℓ を軸として 1 回転させてできる立体の体積と表面積を求めなさい。

(大阪・箕面自由学園高)

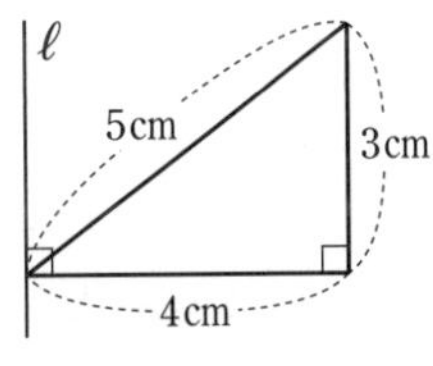

★159 [回転体②] 頻出

右の図のような図形 ABCD を，直線 ℓ を軸として 1 回転させてできる立体がある。ただし，点 B，C は線分 AO，DO のそれぞれの中点である。このとき，この立体の体積と表面積を求めなさい。

(兵庫・啓明学院高 改)

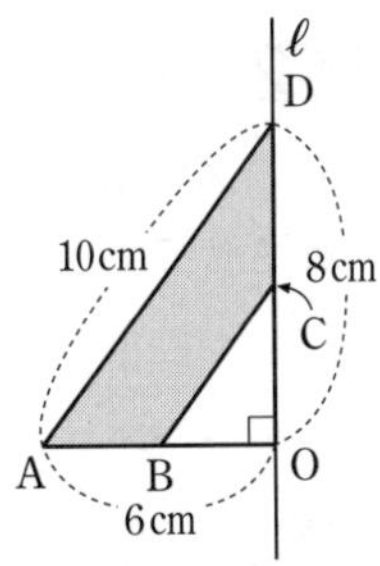

★★★ 160 ［回転体③］

座標平面上に，A(4, 8)，B(−2, 3)，C(0, 3) の3点がある。右の図のように，O，A，C，B を順に結んでできる図形を y 軸を軸として1回転させてできる立体の体積を求めなさい。

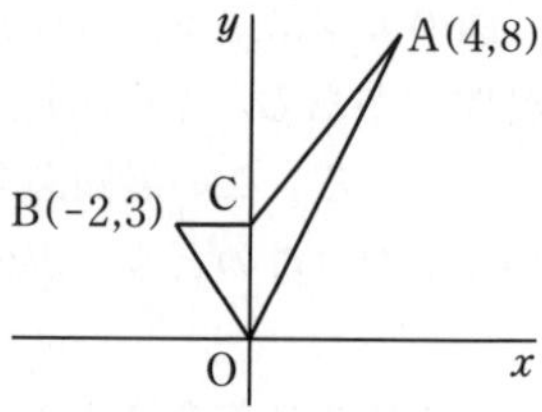

★ 161 ［回転体④］ 頻出

図1のように，辺 CD が直線 ℓ 上にある長方形 ABCD がある。図2の p～s の灰色の図形は，長方形 ABCD の一部を切り取り，面積がそれぞれもとの長方形の $\frac{1}{2}$ になるようにしたものである。p～s の図形を，直線 ℓ を回転軸として1回転させたときにできる立体の体積を，p から順に P，Q，R，S とする。次のア～エから，正しいものをすべて選び，その記号を書きなさい。

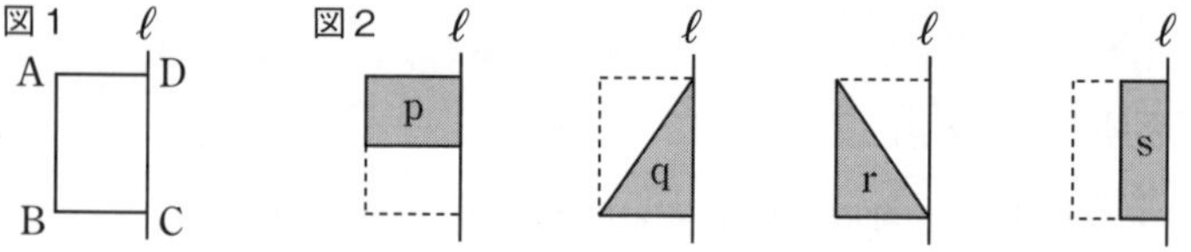

ア　P が最も大きく，S が最も小さい。
イ　R が最も大きく，S が最も小さい。
ウ　Q と R は等しい。
エ　P，Q，R，S はすべて異なる。

（秋田県）

★★ 162 ［回転体⑤］

右の図のような直角三角形 ABC を y 軸を軸にして1回転させてできる立体の体積 V を求めなさい。

（埼玉・早稲田大本庄高 改）

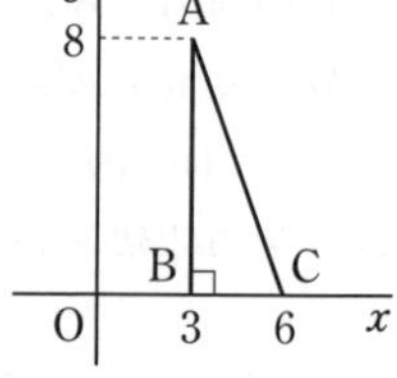

着眼

160 この図形と y 軸について対称な図形をもとに回転体の形を考える。
162 直線 AC と y 軸との交点を P とすると，OP=16 である。

★★ 163 [立体の移動①] 頻出

図のように，底面の半径が１の円錐（すい）を，頂点Ｏを中心として平面上で転がしたところ，点線で示した円の上を１周してもとの場所にかえるまでに，ちょうど３回転した。この円錐の母線の長さを求めなさい。 （東京・中央大杉並高）

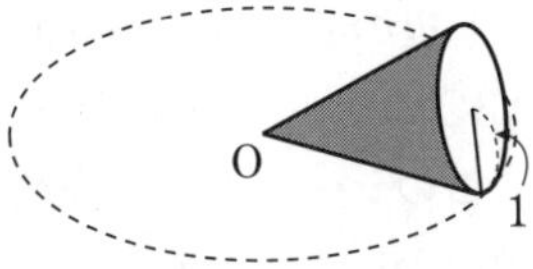

難 ★★★ 164 [立体の移動②]

右の図のような，底面の半径が3cm，高さが4cmの円錐が，底面を下にして平面上に置いてある。底面を平面につけたまま，円錐を平面上で動かすことを考える。

円錐の底面の中心Ｏが，次の各図の太線を１周するとき，円錐が通過してできる立体の体積をそれぞれ求めなさい。 （東京・筑波大附駒場高）

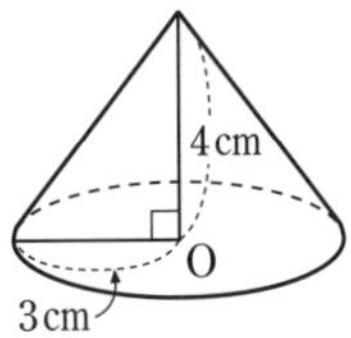

(1) （半径3cmの円）

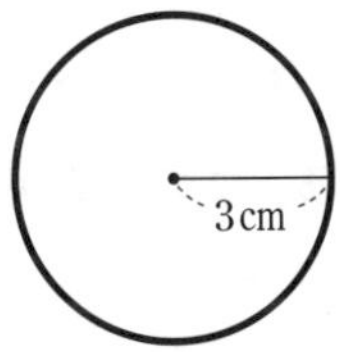

(2) （長さ10cmの線分が４本と半径3cmの円の弧が４つ）

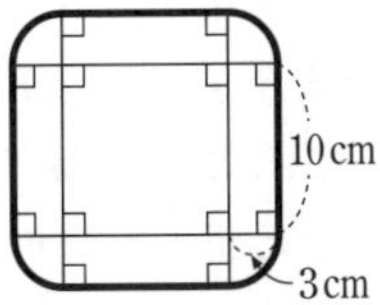

(3) （１辺が10cmの正方形）

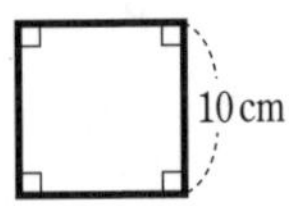

着眼

164 (1) 底面の半径が6cm，高さ8cmの円錐から，図の円錐２つ分を除いた立体になる。

★★★ 165 [いろいろな立体の問題①]

1 辺の長さが 2cm の立方体に，底辺の長さ 4cm，高さ 2cm の直角三角形 ABC のシールがはられている(図 1)。

このシールの点 A を常に接着面に対して垂直に引いてはがしていく(図 2)。図の DE まではがしたら △ADE を DE を軸として 90° 回転させ，さらに真横にまっすぐ引いて BC まではがす(図 3)。このとき，シールをはがし終わるまでに，シールが通過した部分の体積を求めなさい。

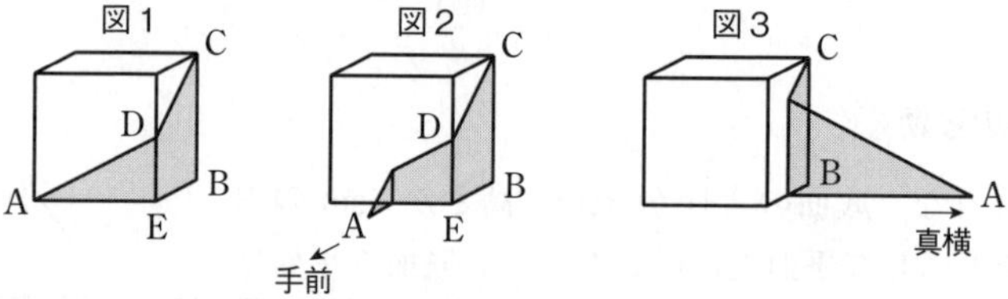

(長崎・青雲高)

★★ 166 [いろいろな立体の問題②]

台形の面積の公式は $S=\frac{1}{2}(a+b)h$ である。この公式が正しいことを次のように調べた。

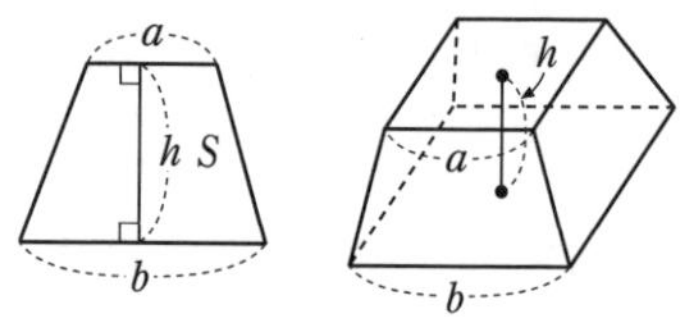

例えば，もし a の値が 0 となるとき，$S=\frac{1}{2}bh$ になる。a と b の値が等しくなるとき，$S=ah$ になる。また，a と b を入れかえても S は変わらない。

このことを参考にして，高さ h，2 つの底面の 1 辺の長さがそれぞれ a，b である正方形の角錐(すい)台の体積は次の式のどれか，その記号で答えなさい。

ア $\frac{1}{3}(b^2-a^2)h$　　イ $\frac{1}{3}(2a^2-ab+2b^2)h$　　ウ $\frac{1}{3}(a^2+ab+b^2)h$

エ $\frac{1}{3}(a^2-2ab+b^2)h$　　オ $\frac{1}{3}(a^2+2ab+3b^2)h$

(東京・城北高)

着眼

165 点 A から E まではがすときは三角錐，E から B までは三角錐台となる。この 2 つを合わせたものと，E で回転した円錐の一部を考える。

★★167 [いろいろな立体の問題③]

右の図のように，立方体の各面の中央に，それぞれ通り抜けた同じ大きさの穴があいている。この立体の体積と表面積を求めなさい。ただし，穴の辺と立方体の辺は平行である。 (滋賀・比叡山高 改)

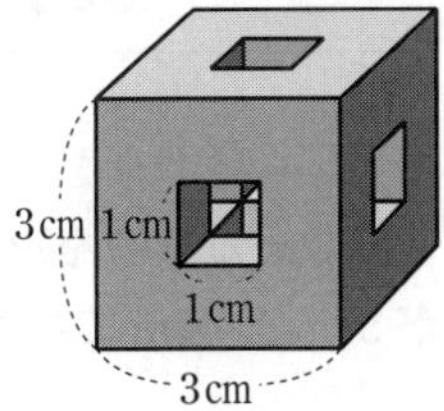

★★168 [いろいろな立体の問題④]

すべての面が白色の1辺1cmの立方体を図1と図2のように積み重ね，図1，2両方の立体の表面をすべて赤くぬった。ここで，図1は底面が1辺4cmの正方形，高さ3cmの直方体であり，図2は1段目10個，2段目6個，3段目3個，4段目1個の立方体を積み重ねている。次の問いに答えなさい。 (大阪桐蔭高)

図1

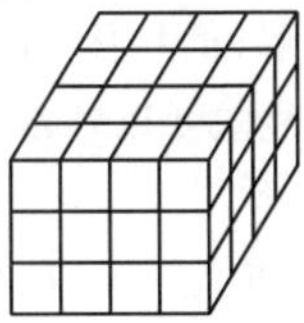

図2

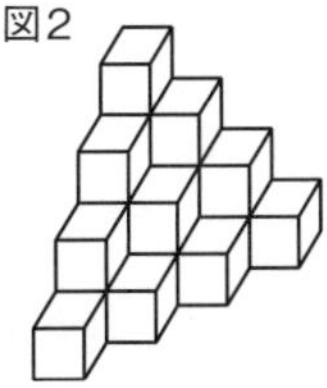

(1) 図1の立体をもとの1辺1cmの立方体にすべて分解したとき，白色の面を数えた。白色の面は全部で何面あるか。

(2) 図2の立体をもとの1辺1cmの立方体にすべて分解したとき，白色の面を数えた。白色の面は全部で何面あるか。

着眼

167 穴の部分は，1辺が1cmの立方体7個分と考える。

168 (2) 上，正面，右側面から見た形は，どれも1辺が1cmの正方形10個分である。

第6回 実力テスト

時間 30分
合格点 70点

得点 ／100

解答 別冊 p. 76

1 立体図形を平面で切ったときの切り口について，下の□を正しくうめるものを次のA群から選び，記号で答えなさい。ただし，辺の長さが3cmと4cmであるような長方形の対角線の長さは5cmである。

（東京・法政大高）（各7点×3）

A群
- ㋐ 正三角形
- ㋑ 二等辺三角形(正三角形を含まない)
- ㋒ 正方形
- ㋓ 長方形(正方形を含まない)
- ㋔ 平行四辺形(正方形・長方形を含まない)
- ㋕ 上の㋐㋑㋒㋓㋔以外の図形

図1
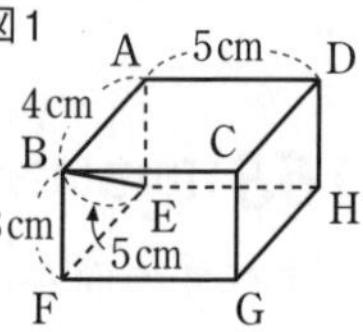

図2
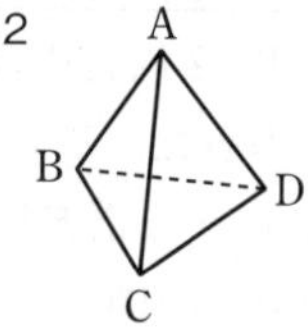

図3
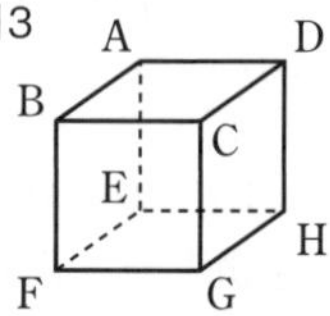

(1) 図1の直方体を3点A，D，Fを通る平面で切ったときの切り口は□である。

(2) 図2の正四面体の辺BDの中点をEとする。この正四面体を，3点A，E，Cを通る平面で切ったときの切り口は□である。

(3) 図3の立方体を，3点A，C，Fを通る平面で切ったときの切り口は□である。

2 底面の半径が2cm，母線の長さが12cmの円錐(すい)がある。円錐の側面上で，最短距離となるように，点Aからひもを1周巻きつける。このとき，ひもの長さを求めなさい。

（7点）

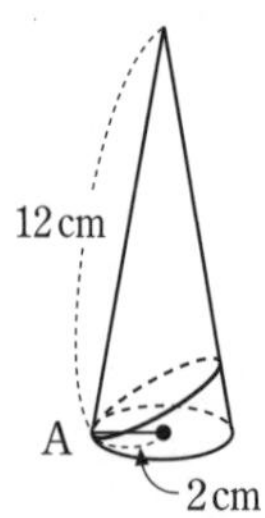

3 $y=\dfrac{1}{x}$ のグラフ上に点Aがある。点Aから x 軸に垂線AB，y 軸に垂線ACを引き，原点をOとする。長方形OBACを y 軸を軸として1回転させてできる立体の体積が 2π であるとき，点Aの座標を求めなさい。（8点）

4 右の図のような AB=1，AD=2，AE=3 である直方体 ABCD-EFGH について，次の問いに答えなさい。

（各8点×2）

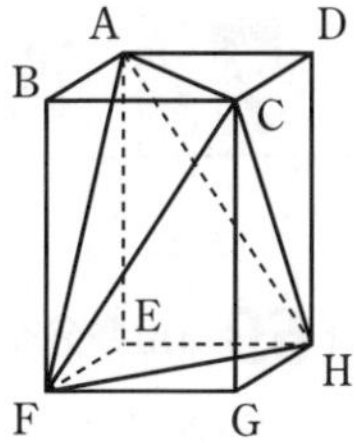

(1) 三角錐 F-ABC の体積を求めよ。

(2) 三角錐 A-CFH の体積を求めよ。

5 右の図の四角形は，AB=6cm，BC=4cm，CD=3cm，DA=5cm，∠B=∠C=90° の台形である。この四角形 ABCD を辺 CD を通る直線 ℓ を軸として1回転させてできる回転体について，次の問いに答えなさい。ただし，円周率は π とする。

（各9点×2）

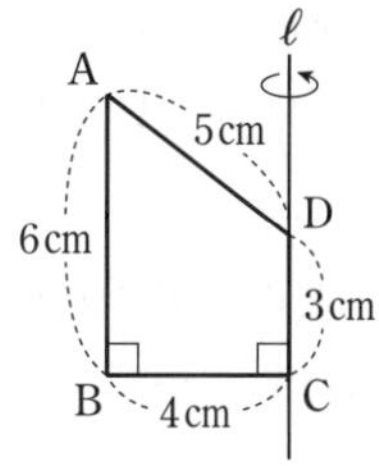

(1) 体積を求めよ。

(2) 表面積を求めよ。

6 右の図は，正多角形だけでできたある多面体の展開図であるが，面が1つ足りない。これについて，次の問いに答えなさい。

（各10点×3）

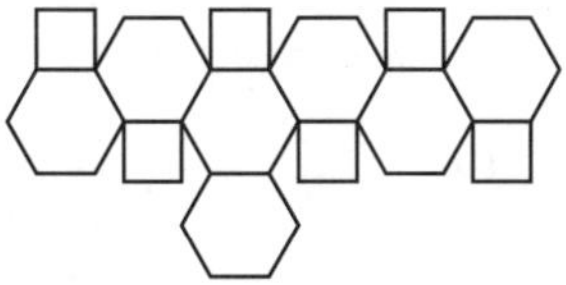

(1) 足りない面を，展開図の適当な位置に1枚かき加えよ。

(2) この立体を組み立てたときの辺の数と頂点の数は，それぞれいくつか答えよ。

(3) この立体を組み立てるため，はり合わせるところの一方には必ず「のりしろ」をつけるようにすると，「のりしろ」の個数は最低いくつ必要か答えよ。足りない面をつけ加えたものとして考えなさい。

7 資料の整理

解答 別冊 p. 78

★169 [度数分布表①] 頻出

下の資料は，ある中学校１年女子の身長を測定した結果である。

149.8	144.6	156.5	148.1	142.4	145.7	150.0	141.2	144.3
164.5	158.8	149.2	145.8	139.7	150.9	149.8	153.2	145.0
163.6	147.5	152.3	136.9	150.4	151.9	168.7	143.3	142.9
145.4	138.7	151.4	157.0	140.9	147.3	146.9	147.7	153.1
141.5	156.2	148.7	162.1	147.9	151.2	142.3	157.5	143.4

(単位 cm)

この結果を右のような度数分布表にした。これについて，次の問いに答えなさい。

身 長 (cm)	人数 (人)
135 以上～140 未満	3
140 ～145	10
145 ～150	14
150 ～155	9
155 ～160	5
160 ～165	3
165 ～170	1
計	45

(1) 階級はいくつあるか。

(2) 階級の幅はいくらか。

(3) どんな階級があるか。また，それぞれの階級の階級値を答えよ。

(4) 上の資料をもとにして，下の①，②のような度数分布表をつくった。空欄をうめよ。

①

身 長 (cm)	人数 (人)
134 以上～138 未満	
138 ～142	
142 ～146	
146 ～150	
150 ～154	
154 ～158	
158 ～162	
162 ～166	
166 ～170	
計	45

②

身 長 (cm)	人数 (人)
136 以上～140 未満	
140 ～144	
144 ～148	
148 ～152	
152 ～156	
156 ～160	
160 ～164	
164 ～168	
168 ～172	
計	45

着眼

169「x 以上 y 未満」の階級には，x は含まれるが，y は含まれないことに注意する。

★170 [度数分布表②] 頻出

下の資料は，中学1年生の体重測定の結果である。

35.3	45.7	46.3	69.2	32.2	47.2	44.8	46.0	57.2	36.3
46.5	44.6	30.7	44.5	45.2	46.8	48.8	39.3	38.9	40.2
47.8	65.2	43.0	43.5	55.0	41.7	42.8	46.7	41.6	41.3
40.2	42.7	46.5	32.5	57.3	53.1	40.5	44.5	43.5	35.7
44.2	49.3	55.7	59.9	41.5	43.7	42.7	41.3	55.4	47.7
55.8	47.5	53.3	45.2	56.8	36.5	34.4	45.7	41.7	36.8
47.3	54.3	44.3	41.3	43.2	46.0	47.9	50.2	42.3	50.7
55.0	53.2	63.1	55.8	40.3	64.1				

(単位 kg)

(1) 体重のちらばりの範囲を求めよ。
(2) 体重が 55.0kg の人は，どの階級に入るか。
(3) 右の度数分布表を完成せよ。
(4) どの階級の人がいちばん多いか。また，いちばん少ない階級はどれか。
(5) 体重が 60kg 以上ある人は，全部で何人いるか。
(6) 体重が 45kg 未満の人は全体の何 % か。四捨五入して小数第1位まで求めよ。

体重 (kg)	人数 (人)
30 以上～35 未満	
35 ～40	
40 ～45	
45 ～50	
50 ～55	
55 ～60	
60 ～65	
65 ～70	
計	

★171 [度数分布表とヒストグラム] 頻出

下の資料は，ある中学校の1年生の数学の成績である。この結果を 10 点以上 20 点未満，20 点以上 30 点未満，…の階級に分けて資料の整理をする。このとき，次の問いに答えなさい。

65 88 27 59 56 14 99 66 98 89 43 78 90 94 47 59 52 94 38
76 94 94 71 61 85 92 66 76 32 78 77 85 89 73 98 98 96 73

(1) ヒストグラムをかけ。
(2) 50 点以上 60 点未満の生徒は何人いるか。
(3) 60 点以上 70 点未満の生徒は全体の何 % か。四捨五入して小数第1位まで求めよ。

着眼

170 資料の最大値と最小値の差を**範囲**といい，ちらばりの度合いを表す値として用いることがある。

★★172 [度数折れ線] <頻出

下の資料は，テニス部員の走り幅跳びの記録である。これについて，次の問いに答えなさい。

390	375	361	354	303	235	389	392	341	373	357
321	320	395	366	342	432	270	333	416	356	453
336	377	396	352	388	377	318	310	340	405	391
292	399	451	289	354	426	439	410	323	411	372
238	339	343	352							

(単位 cm)

(1) 上の結果を，200cm 以上 240cm 未満，240cm 以上 280cm 未満，… の階級に分けて，ヒストグラムをつくれ。

(2) (1)の結果から，度数折れ線をつくれ。

★★173 [累積度数・相対度数・累積相対度数] <頻出

96 ページの問題 **169** の度数分布表から，累積度数，相対度数，累積相対度数を計算して，右の空欄をうめ，次の問いに答えなさい。相対度数，累積相対度数は，四捨五入して小数第 2 位まで求めなさい。

階級 (cm)	度数 (人)	累積度数 (人)	相対度数	累積相対度数
以上　未満				
135 ～ 140	3			
140 ～ 145	10			
145 ～ 150	14			
150 ～ 155	9			
155 ～ 160	5			
160 ～ 165	3			
165 ～ 170	1			
計	45			

(1) 身長が 155cm 未満の人は何人いるか。

(2) 160～165 の階級に入る人は全体の何 % にあたるか。

(3) 身長が 150cm 未満の人は全体の何 % にあたるか。

着眼

172 ヒストグラムで，おのおのの長方形の上の辺の中点を順に結んだ折れ線グラフが**度数折れ線**(または**度数分布多角形，度数分布グラフ**)である。ただし，両端では，度数 0 の階級があるものとして，線分を横軸までのばす。

173 ある階級までの度数の和を，その階級に対する**累積度数**という。ある階級の度数の，度数の合計に対する割合を，その階級の**相対度数**という。また，ある階級の累積度数の，度数の合計に対する割合を，その階級の**累積相対度数**という。

★★174 [平均値①] <頻出

次の表は，ある週の日曜日から土曜日までの7日間の毎日の最低気温を示したものである。木曜日から土曜日までの3日間における最低気温の平均値は，日曜日から水曜日までの4日間における最低気温の平均値より2.4℃高かった。表中のxの値を求めなさい。 (大阪府)

	日曜日	月曜日	火曜日	水曜日	木曜日	金曜日	土曜日
最低気温(℃)	6.0	3.9	4.1	4.8	7.4	6.6	x

★★175 [平均値②] <頻出

ある中学校の1年1組の女子生徒は全部で20人である。これらの生徒全員について背筋力を測定した。右の表はその結果をまとめた度数分布表である。

このとき，次の(1)，(2)の問いに答えなさい。

(1) 85kg以上95kg未満の階級の相対度数を求めよ。

(2) この学級における女子生徒全員の背筋力の平均値を求めよ。

階級(kg)	度数(人)
以上 未満	
45 ～ 55	2
55 ～ 65	3
65 ～ 75	3
75 ～ 85	6
85 ～ 95	5
95 ～ 105	1
計	20

着眼

175 度数分布表から平均値を求めるには，各階級について階級値を決め，階級値×度数を求め，それらの和を度数の合計で割ればよい。

★★ 176 [資料の平均・中央値・最頻値①] ＜頻出

下の表は，ある中学校１年生の生徒 50 人の体重を表している。
この表について，次の問いに答えなさい。

(1) いちばんはじめの階級を 30kg 以上 35kg 未満として，度数分布表をつくれ。

(2) もとの表から求めた平均と，(1)でつくった度数分布表から求めた平均とでは，どのように異なるか。その違いを小数第１位まで求めよ。

(3) この 50 人の体重の中央値(メジアン)を求めよ。

(4) (1)でつくった度数分布表から，この 50 人の体重の最頻値(モード)を求めよ。

No.	体重 (kg)	No.	体重 (kg)	No.	体重 (kg)	No.	体重 (kg)	No.	体重 (kg)
1	42	11	39	21	47	31	54	41	48
2	51	12	49	22	44	32	59	42	49
3	53	13	56	23	39	33	57	43	40
4	44	14	41	24	64	34	32	44	49
5	61	15	43	25	51	35	48	45	45
6	46	16	57	26	54	36	47	46	50
7	49	17	51	27	57	37	48	47	46
8	38	18	43	28	48	38	54	48	46
9	48	19	59	29	48	39	40	49	48
10	56	20	47	30	40	40	41	50	44

着眼

176 (3) 資料の個数は偶数であるから，中央に並ぶ２つの値の平均を求める。
(4) 度数分布表で，最も度数が大きい階級の階級値を答える。

★★177 [資料の平均・中央値・最頻値②] 頻出

あるテストで，1問1点の計算問題が5問出題され，25人の生徒のこの5問の得点は，次のようになった。

3 1 4 2 3 2 4 3 4 2
4 0 2 3 4 3 3 1 4 5
4 2 4 1 3

得点(点)	人数(人)
0	
1	
2	
3	
4	
5	
計	25

(1) 右の度数分布表を完成せよ。
(2) 得点の平均を求めよ。
(3) 中央値(メジアン)を求めよ。
(4) 最頻値(モード)を求めよ。

★★178 [資料の平均・中央値・最頻値③]

体育委員のえりかさんは，クラスの女子20人の立ち幅跳びの記録をもとに，次の資料を作成した。

資料

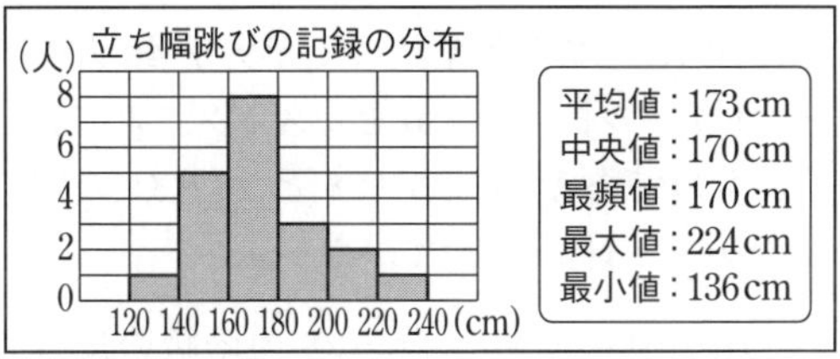

えりかさんの立ち幅跳びの記録は174cmである。資料から，えりかさんの記録は，女子20人の中で上位10人に入っていることがわかる。そのことがわかる理由を，この資料にもとづいて簡単に書きなさい。 (岩手県)

★★179 [度数分布に関する問題①]

次の資料は，A中学校1年のある学級で，男子全員の身長を測定した結果である。ただし，単位はcmである。

153 172 161 163 167 152 162
155 163 167 170 158 162 164
174 166 169 168 156 161

階級(cm)	度数(人)
以上 未満 150 ～ 155	
155 ～ 160	
160 ～ 165	
165 ～ 170	
170 ～ 175	
計	20

(1) この資料を右の度数分布表に整理せよ。
(2) 160cm以上165cm未満の階級の人数は，全体の人数の何％にあたるか。

★★180 ［度数分布表に関する問題②］

右の表はあるクラスの男子の身長の測定結果を階級ごとに，まとめたものである。次の問いに答えなさい。

階級 (cm)	階級値 (cm)	度数 (人)	(階級値)×(度数)
以上　未満			
145.0 ～ 150.0	147.5	1	147.5
150.0 ～ 155.0	(ア)	4	610.0
155.0 ～ 160.0	157.5	4	630.0
160.0 ～ 165.0	162.5	(イ)	
165.0 ～ 170.0	167.5	3	502.5
170.0 ～ 175.0	172.5	2	345.0
計		20	3210.0

(1) 表の中の (ア)，(イ) にあてはまる数を求めよ。

(2) 155cm 以上の生徒の数を求めよ。

(3) 身長の平均値を，四捨五入して小数第1位まで求めよ。

★★181 ［ヒストグラムに関する問題］

右の図は，ある中学校の1年男子40人のハンドボール投げの記録をヒストグラムで表したものであるが，25～28 と 28～31 の階級については記入されていない。

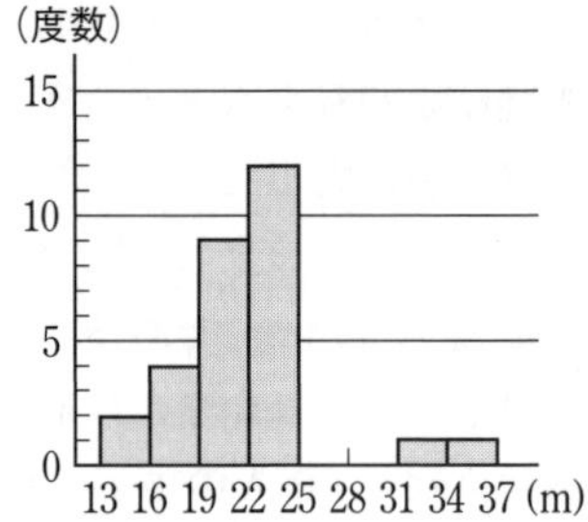

(1) 16～19 の階級と 25～28 の階級の度数の比は1：2 である。右のヒストグラムを完成せよ。

(2) 28～31 の階級の相対度数を求めよ。

着眼

180 B組の1点の人数を x で表し，平均点を利用して x の値を求める。

181 (1) 25～28 の度数がわかれば，全体の人数より，28～31 の度数もわかる。

★★182 [資料の整理の総合問題]

ある学級の女子生徒は全員で 20 人である。下の表は，これらの女子生徒全員の身長について調べた結果を，階級ごとにまとめたものである。

身　長 (cm)	階級値 (cm)	度数 (人)	(階級値)×(度数)
以上　未満 140 ～ 145	142.5	1	142.5
145 ～ 150	147.5	3	442.5
150 ～ 155	152.5	5	762.5
155 ～ 160	157.5	6	945.0
160 ～ 165	162.5	□	□
165 ～ 170	167.5	(ア)	335.0
計		20	3115.0

(1) 上の表の(ア)にあてはまる数を答えよ。

(2) 身長が 155cm 以上の生徒の人数は全体の何 % にあたるか。

(3) この学級で，身長が 145cm 以上 150cm 未満の階級に入る女子生徒が 1 人転校して行き，身長が 160cm 以上 165cm 未満の階級に入る女子生徒が 1 人転校してきた。この結果，この学級の女子生徒全員の身長の平均値はいくらになったか。

★★183 [答えが 1 つに決まらない資料問題]

右の度数分布表は，17 人があるゲームを行ったときの得点の記録をまとめたものである。得点の中央値が 2 点であるとき，ア，イにあてはまる数の組は何組あるか，求めなさい。　(秋田県)

階級 (点)	度数 (人)
0	3
1	4
2	ア
3	イ
4	4
5	2
計	17

着眼

182 (3) (階級値)×(度数) の計のところが 162.5−147.5 増える。

第7回 実力テスト

時間40分
合格点70点

得点　／100

解答 別冊 p. 82

1 12人で輪投げゲームをした。ひとりが，赤，青，白の3つの輪を持ち，それぞれ1回ずつポールに投げる。赤の輪がかかると3点，青は2点，白は1点とし，その合計がその人の得点になる。

得点(点)	0	1	2	3	4	5	6	計
人数(人)	0	1	2	4	2	1	2	12

上の表は，その得点を度数分布表にまとめたものである。

これをもとにして，下の(1)〜(3)の問いに答えなさい。 （各10点×3）

(1) 得点が5点以上となった人の相対度数を求めよ。

(2) 得点の平均値を求めよ。

(3) ポールに赤の輪をかけた人が6人いた。青の輪をかけた人は何人いたか。

2 次の表は，K中学校のある運動部に所属する部員20人の身長の度数分布表で，度数，階級値×度数のらんについては一部記入されていない。

また，この度数分布表を作成した後に，身長が階級170.0cm〜175.0cmに入る新入部員が何人かあったので，全体の平均を求め直すと1.5cm高くなった。ただし，もとの部員20人の階級の度数は変わらないものとする。

（各10点×4）

(1) 表の中の (ア)，(イ) にあてはまる度数を求めよ。

(2) 部員が20人のときの階級160.0cm〜165.0cmの相対度数を求めよ。

(3) 度数分布表を作成した後の新入部員の人数を求めよ。

階級 (cm)	階級値 (cm)	度数 (人)	(階級値)×(度数)
以上　未満 145.0 〜 150.0	147.5	(ア)	295.0
150.0 〜 155.0	152.5	(イ)	
155.0 〜 160.0	157.5	4	630.0
160.0 〜 165.0	162.5	5	812.5
165.0 〜 170.0	167.5	3	502.5
170.0 〜 175.0	172.5	2	345.0
175.0 〜 180.0	177.5	1	177.5
計		20	3220.0

3 ある日，太郎さんの学年で登校時刻の調査を行った。右の表はその調査結果に基づいて作成した，学年と太郎さんの学級の度数分布表である。ただし，各階級の左に示した時刻はその階級に含まれ，右に示した時刻はその階級に含まれないものとする。この度数分布表をもとに，次の各問いに答えなさい。

（各10点×3）

階級	度数（人）	
	学年	太郎の学級
時分　時分		
7：50～7：55	3	0
7：55～8：00	5	2
8：00～8：05	9	2
8：05～8：10	12	4
8：10～8：15	24	6
8：15～8：20	40	8
8：20～8：25	53	12
8：25～8：30	16	6
計	162	40

(1) この日，太郎さんより早く登校した生徒は，学年全体では19人いた。太郎さんの学級には何人いたと考えられるか。考えられる人数をすべてあげているものを，次のア～エから選び，その記号を答えよ。

ア．4人　　イ．4，5人　　ウ．4，5，6人

エ．4，5，6，7人

(2) 太郎さんの学校では8：25に予鈴が鳴る。予鈴が鳴る前に登校した生徒について学年と太郎さんの学級とを比較するため，7：50～7：55の階級から8：20～8：25の階級までの各階級の相対度数の和を求めたところ，学年では0.90であった。太郎さんの学級ではいくらか。答えは四捨五入して小数第2位まで求めよ。

(3) 右の図は，学年の度数分布のようすを，ヒストグラムに表したものである。かげをつけた図形の総面積を2等分する直線ℓをヒストグラムの縦軸に平行に引き，直線ℓとヒストグラムの横軸との交点をAとする。Aにあたる時刻は8時何分何秒か。

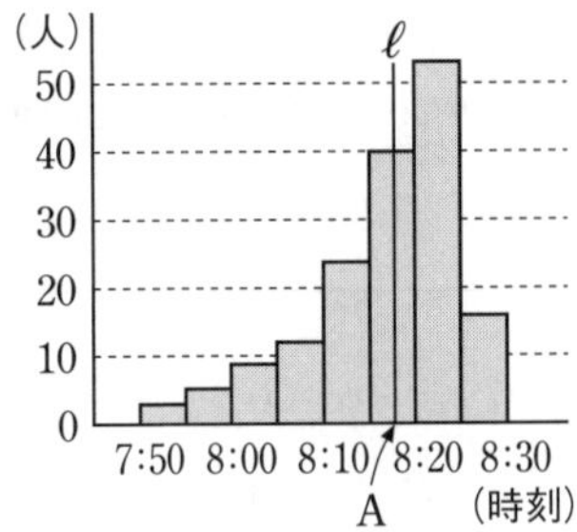

総合問題

解答 別冊 p. 83

★184 [いろいろな計算と1次方程式]

次の問いに答えなさい。

(1) $\left(-\frac{1}{8}\right)^3 \div (-0.25)^3 + 1.25^2 \div 0.5^4$ を計算せよ。 (大阪桐蔭高)

(2) $(-2) \times \left(\frac{1}{4}\right)^2 \div \left\{\left(-\frac{1}{2}\right)^3 - \frac{1}{5} \times \left(-\frac{5}{4}\right)^2\right\}$ を計算せよ。 (長崎・青雲高)

(3) $x - 3y - \{x + 4y - (4x + 3y)\}$ を計算せよ。 (千葉・東邦大付東邦高)

(4) 1次方程式 $2 - \frac{5x+1}{6} = \frac{1}{2}$ の解を求めよ。 (神奈川・桐蔭学園高)

(5) 1次方程式 $2x - 1 = \frac{5x-3}{4} - \frac{2}{3}$ の解を求めよ。 (福岡大附大濠高)

★185 [大小比較]

$a>0$, $b<0$ のとき, a, b の絶対値の大小に関係なく, つねに成り立つ式を①～⑩の中から選び, その番号を書きなさい。

① $a+b>0$　② $a+b<0$　③ $a-b>0$

④ $a-b<0$　⑤ $a^2+b^2>0$　⑥ $a^2-b^2>0$

⑦ $a^2-b^2<0$　⑧ $a^3+b^3>0$　⑨ $a^3-b^3>0$

⑩ $a^3-b^3<0$

(兵庫・関西学院高)

★★ 186 [規則性]

右の表は，正の偶数をある規則によって並べたものである。x，yが自然数のとき，上からx行目，左からy列目の数を$N(x,\ y)$とする。例えば，上から3行目で左から2列目の数20は$N(3,\ 2)$である。ただし，$1 \leqq x \leqq 7$，$y \geqq 1$とする。 (兵庫・甲南高)

2	16	30	・	・	・	・
4	18	32	・	・	・	・
6	20	・	・	・	・	・
8	22	・	・	・	・	・
10	24	・	・	・	・	・
12	26	・	・	・	・	・
14	28	・	・	・	・	・

(1) $N(3,\ 5)$で表される数を求めよ。

(2) $N(x,\ 1)$，$N(x,\ 2)$の値をxの式で表せ。また，$N(x,\ y)$の値をx，yの式で表せ。

(3) $N(x,\ y)$の値が4248になるような，x，yの値を求めよ。

★★★ 187 [方程式の応用]

16km離れたK駅と動物園の間を，2台のバスが同じ一定の速さで何回も往復している。バスは，K駅と動物園を同じ時刻に出発し，K駅と動物園でそれぞれ4分間停車する以外は止まらない。また，K駅を出発したバスは44分かけてK駅に戻る。1台のバスが午前8時にK駅に到着したときに，明君は自転車でK駅から動物園に向かって出発した。自転車の速さを時速16kmとして，次の問いに答えなさい。 (東京・筑波大附駒場高)

(1) 明君が出発して，K駅行きのバスにはじめて出会うのは何時何分か。

(2) 明君が出発して，動物園行きのバスに2度目に追い越されるのは，K駅から何kmの地点か。

(3) 明君が動物園に向かう途中で自転車が故障した。その場で15分間修理をしたが直らなかったので，そこから時速4kmで歩いて動物園に向かったところ，開園時刻の午前10時に間に合った。明君の歩いた時間は最大で何分か。

★★ 188 [比例と反比例のグラフの頻出問題①] 頻出

右の図は双曲線 $y=\frac{a}{x}\ (x>0)$ と直線 $y=bx$ のグラフで，その交点をAとし，点Aから x 軸に引いた垂線と x 軸との交点をBとする。△OABの面積が8であるとき，次の問いに答えなさい。 (奈良育英高)

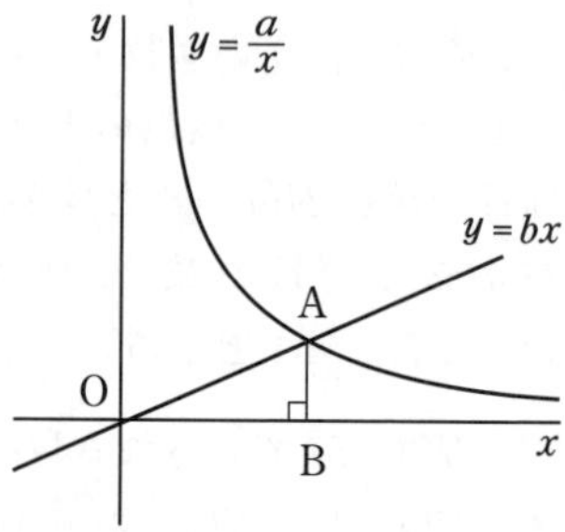

(1) a の値を求めよ。

(2) 点Aの x 座標が2のとき，b の値を求めよ。

(3) この双曲線上にあって，x 座標，y 座標がともに整数である点は何個あるか答えよ。

★★ 189 [比例と反比例のグラフの頻出問題②] 頻出

右の図において，①は関数 $y=x$ のグラフであり，②は関数 $y=\frac{m}{x}\ (x>0)$ のグラフである。①上に2点B，D，②上に2点A，Cをとり，辺ADとBCは x 軸に平行で，辺ABとDCは y 軸に平行である正方形ABCDをつくる。また，辺ABの延長と x 軸との交点をE，辺CBの延長と y 軸との交点をFとする。①と②の交点の x 座標が2のとき，次の問いに答えなさい。

(東京・明治大付明治高 改)

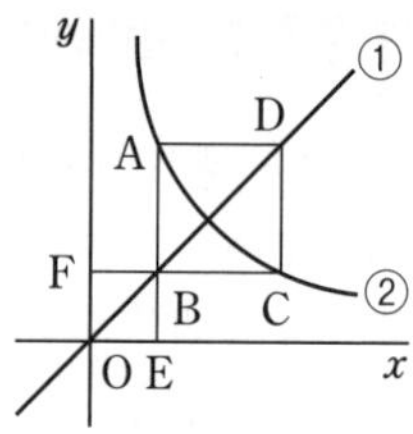

(1) m の値を求めよ。

(2) 正方形ABCDと正方形OEBFの面積が等しくなるとき，その面積を求めよ。

着眼

188 (1) 点Aの x 座標を t とすると，y 座標は $\frac{a}{t}$

(3) $y=\frac{16}{x}\ (x>0)$ で，y が整数となるのは，x が16の約数のときである。

189 (2) 2つの正方形の面積が等しくなるのは，1辺の長さが等しいときである。

★★★ 190 [いろいろな面積]

円Oの周上に3点P, Q, Rがある。図1～3は線分PQ, QR, RPで円を折り返した図の一部にかげをつけたものである。図Aで，曲線または直線で囲まれた部分の面積をそれぞれ a, b とし，円Oの面積を S, △PQRの面積を T とする。図1～3のかげをつけた部分の面積について，次の問いに答えなさい。 (東京・専修大附高)

図A

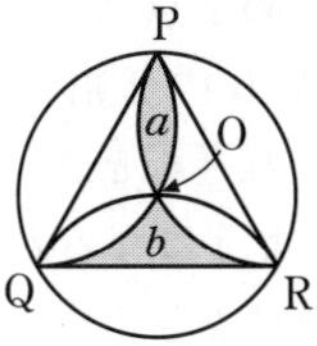

図1

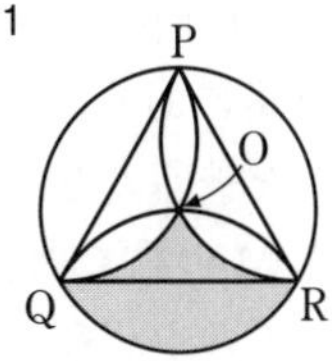

図2

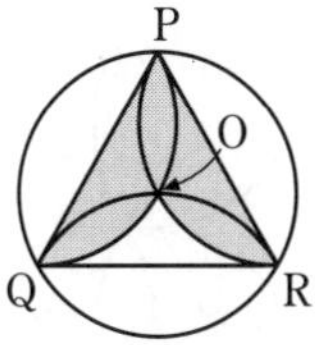

図3

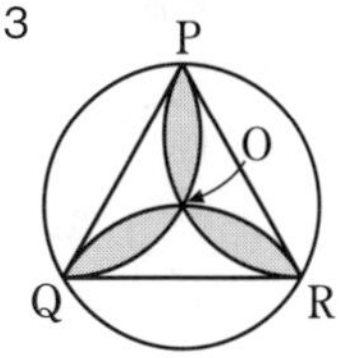

(1) 図1のかげをつけた部分の面積を a, b を用いて表せ。

(2) 図2のかげをつけた部分の面積を S を用いて表せ。

(3) 図3のかげをつけた部分の面積を S, T を用いて表せ。

★★ 191 [円錐台の表面積]

円錐を，底面に平行な平面で切り取ると右の図の円錐台になった。この円錐台の表面積を求めなさい。

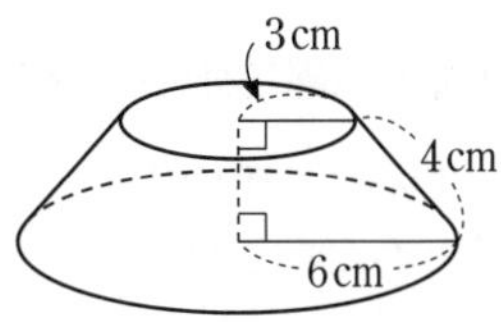

★★★ 192 ［図形の移動とその形状］

右の図のように，はじめ 2 点 A，B は円の直径の両端にある。いま，A が B の 2 倍の速さで，円周上を矢印の方向にそれぞれ進むとき，線分 AB の中点 M の描く曲線はどのようになるか。［選択肢］①～⑤の中から，番号を選びなさい。　（広島・崇徳高）

［図］

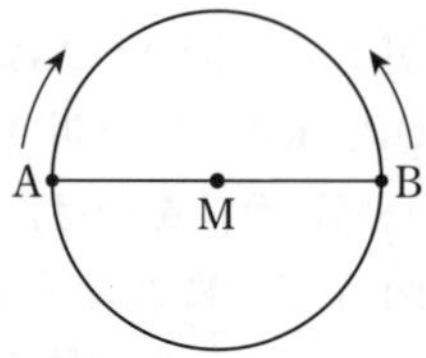

［選択肢］

①

②

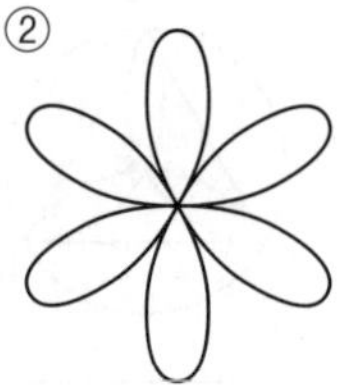

③

④

⑤

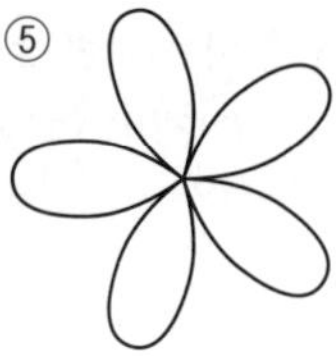

★★ 193 ［線対称・点対称］

下のア～キの中で，線対称な図形，点対称な図形をそれぞれすべて選び，記号で答えなさい。　（滋賀・立命館守山高）

ア

イ

ウ

エ

オ

カ

キ

★★★ 194 [正多面体]

いくつかの平面で囲まれた立体 A, B がある。立体 A の面はすべて正五角形であり，右の図はその展開図である。立体 B の面は正五角形または正六角形であり，面の数は全部で 32 である。次の問いに答えなさい。

(東京・慶應女子高)

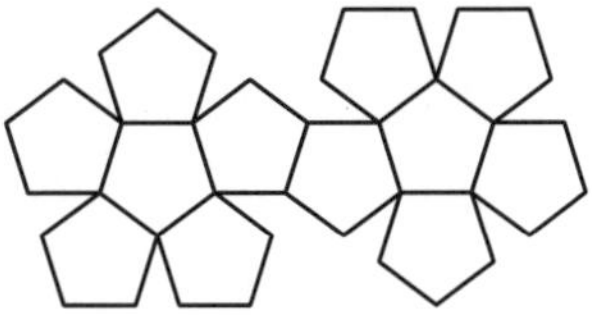

(1) 立体 A の頂点の数と辺の数を求めよ。

(2) 立体 A において，2 つの頂点を結ぶ線分を考える。このような線分で，立体 A の内部を通るものの総数を求めよ。

難▶(3) 立体 B の面は，どの正五角形にも 5 つの正六角形がとなり合い，どの正六角形にも 3 つの正六角形がとなり合っている。立体 B の正五角形の面の数と，正六角形の面の数を求めよ。

着眼

194 (1) 正五角形 12 面でできる正十二面体である。1 つの頂点に集まる面は 3 面である。

(2) 1 個の頂点から残りの 19 個の頂点に引いた 19 本の線分のうち，正十二面体の辺になるもの，正五角形の対角線になるもの以外が立体 A の内部を通る。

(3) 立体 B の面の数は全部で 32 であるから，正五角形の面の数を x とすると，正六角形の面の数は $32-x$ となる。

正五角形のどの辺にも正六角形の辺が重なるから，どの頂点にも正五角形 1 個と正六角形 2 個が集まっている。

□ 執筆協力　間宮勝己　山腰政喜
□ 編集協力　㈱ファイン・プランニング　河本真一　踊堂憲道
□ 図版作成　㈲デザインスタジオ エキス.　伊豆嶋恵理　よしのぶもとこ

シグマベスト
最高水準問題集 特進
中 1 数学

編　者　文英堂編集部
発行者　益井英郎
印刷所　中村印刷株式会社
発行所　株式会社文英堂
〒601-8121　京都市南区上鳥羽大物町28
〒162-0832　東京都新宿区岩戸町17
(代表)03-3269-4231

●落丁・乱丁はおとりかえします。

特進

最高水準問題集

中1数学

解答と解説

文英堂

1 正負の数

▶**1** (1) $\frac{17}{4}$　(2) $\frac{37}{24}$

(3) -2　(4) 4　(5) 8

解説 (1) $1+2\div 8-(-1.5)\times 2$

$=1+\frac{1}{4}-(-3)=\frac{4}{4}+\frac{1}{4}+\frac{12}{4}=\frac{17}{4}$

(2) $\frac{5}{6}-1\frac{3}{4}-\frac{7}{8}+3\frac{1}{3}=\frac{5}{6}-\frac{7}{4}-\frac{7}{8}+\frac{10}{3}$

$=\frac{20}{24}-\frac{42}{24}-\frac{21}{24}+\frac{80}{24}=\frac{37}{24}$

(3) $\frac{7}{6}+\frac{1}{2}\times(-5)-\frac{3}{5}\times\frac{10}{9}=\frac{7}{6}-\frac{5}{2}-\frac{2}{3}$

$=\frac{7}{6}-\frac{15}{6}-\frac{4}{6}=-\frac{12}{6}=-2$

(4) $\left\{\left(2+\frac{3}{4}\right)\times\frac{2}{3}+\frac{1}{2}\right\}\div\frac{7}{12}$

$=\left(\frac{11}{4}\times\frac{2}{3}+\frac{1}{2}\right)\times\frac{12}{7}$

$=\left(\frac{11}{6}+\frac{3}{6}\right)\times\frac{12}{7}=\frac{14}{6}\times\frac{12}{7}=4$

(5) $(-4)\times\{6\div(3-7)\}-(-4-2)\div 3$

$=(-4)\times\{6\div(-4)\}-(-6)\div 3$

$=(-4)\times\left(-\frac{3}{2}\right)-(-2)=6+2=8$

▶**2** (1) -2　(2) -2　(3) -37

(4) 13　(5) -18　(6) -102

(7) 15　(8) 1　(9) 52

(10) 6　(11) -37　(12) -2

解説 (1) $117\div\{-2^2-(-3)^2\}-(-7)$

$=117\div(-4-9)+7=117\div(-13)+7$

$=-9+7=-2$

(2) $(-3)^3\times(-2)\div(-9^2)-(-2)^2\div 3$

$=(-27)\times(-2)\div(-81)-4\div 3$

$=-\frac{27\times 2}{81}-\frac{4}{3}=-\frac{2}{3}-\frac{4}{3}=-2$

(3) $(-2)^3\times 5-\{-3+(5-11)\}\div 3$

$=(-8)\times 5-\{-3+(-6)\}\div 3$

$=-40-(-9)\div 3=-40-(-3)$

$=-40+3=-37$

(4) $5^2-(10-3^2)\times\{2^3-(-2)^3\}-(-4)$

$=25-(10-9)\times\{8-(-8)\}+4$

$=25-1\times 16+4$

$=25-16+4=13$

(5) $-2^3-(-2)^3-3^2-(-3)^2$

$=-8-(-8)-9-9$

$=-8+8-9-9=-18$

(6) $(-5)^2\times(-2^2)+(-8)\div(-2)^2$

$=25\times(-4)+(-8)\div 4$

$=-100+(-2)=-100-2=-102$

(7) $8-(-3)^2\div(-2^2)\div\frac{9}{28}$

$=8-9\times\left(-\frac{1}{4}\right)\times\frac{28}{9}=8+7=15$

(8) $-3^2\div(-3)-(-2)^3\times\left(-\frac{1}{4}\right)$

$=-9\div(-3)-(-8)\times\left(-\frac{1}{4}\right)=3-2=1$

(9) $\{(-3)^2+(6-4)\times 9-1\}\times 2$

$=(9+2\times 9-1)\times 2$

$=(9+18-1)\times 2=26\times 2=52$

(10) $\{(-2)^2-3\}\times(-6)\div(-2^2)\times 4$

$=(4-3)\times(-6)\div(-4)\times 4$

$=1\times(-6)\div(-4)\times 4=6$

(11) $-2^2-(-1)^3\times 3+(-3)^2\times(-2^2)$

$=-4-(-1)\times 3+9\times(-4)$

$=-4-(-3)+(-36)$

$=-4+3-36=-37$

(12) $-3^2\times(-2)^2+2\times\{1+8\times(3-1)\}$

$=-9\times 4+2\times(1+8\times 2)$

$=-36+2\times 17=-36+34=-2$

トップコーチ
負の数の累乗では，累乗の指数が
偶数のときは正の数（＋）
奇数のときは負の数（－）
になることに注意！

▶3 (1) $-\frac{2}{9}$ (2) -16 (3) -2

(4) -72 (5) $\frac{5}{6}$ (6) -23

(7) $\frac{3}{2}$ (8) $-\frac{2}{9}$

解説 (1) $(-0.25)^2\times(-2)^3\div(-1.5)^2$

$=\left(-\frac{1}{4}\right)^2\times(-8)\div\left(-\frac{3}{2}\right)^2$

$=\frac{1}{16}\times(-8)\times\frac{4}{9}=-\frac{2}{9}$

(2) $-9^2\times(-0.4)^2-\left(-\frac{2}{5}\right)^2\times19$

$=-81\times\left(-\frac{2}{5}\right)^2-\left(-\frac{2}{5}\right)^2\times19$

$=\frac{4}{25}\times(-81-19)=\frac{4}{25}\times(-100)$

$=-16$

(3) $\frac{11}{3}\div\left(\frac{6}{7}-\frac{7}{3}\right)-\frac{3}{2}\div\left(\frac{7}{5}-\frac{9}{2}\right)$

$=\frac{11}{3}\div\frac{-31}{21}-\frac{3}{2}\div\frac{-31}{10}$

$=-\frac{11\times21}{3\times31}+\frac{3\times10}{2\times31}=-\frac{77}{31}+\frac{15}{31}$

$=-\frac{62}{31}=-2$

(4) $\{(-2)^3+(-3)^2\}\div\left\{\left(-\frac{1}{2}\right)^3+\left(-\frac{1}{3}\right)^2\right\}$

$=(-8+9)\div\left(-\frac{1}{8}+\frac{1}{9}\right)=1\div\frac{-1}{72}$

$=1\times(-72)=-72$

(5) $\frac{1}{3}-\frac{1}{2}\times\left\{\frac{1}{8}\div\frac{1}{4}-\frac{2}{3}\times\left(-\frac{3}{2}\right)^2\right\}$

$=\frac{1}{3}-\frac{1}{2}\times\left(\frac{1}{8}\times4-\frac{2}{3}\times\frac{9}{4}\right)$

$=\frac{1}{3}-\frac{1}{2}\times\left(\frac{1}{2}-\frac{3}{2}\right)=\frac{1}{3}-\frac{1}{2}\times(-1)$

$=\frac{1}{3}+\frac{1}{2}=\frac{5}{6}$

(6) $-3^3-\left\{\frac{8}{3}\times\left(-\frac{5}{4}\right)-\left(-\frac{2}{3}\right)\div\frac{2}{5}+\frac{2}{3}\right\}\times(-2)^2$

$=-27-\left\{-\frac{10}{3}-\left(-\frac{2}{3}\right)\times\frac{5}{2}+\frac{2}{3}\right\}\times4$

$=-27-\left(-\frac{10}{3}+\frac{5}{3}+\frac{2}{3}\right)\times4$

$=-27-(-1)\times4=-27+4=-23$

(7) $\left(\frac{3}{7}-\frac{4}{9}\right)\times14\div\left(-\frac{2}{3}\right)^3+\left(-\frac{1}{2}\right)\times\left(-\frac{3}{2}\right)$

$=\left(-\frac{1}{63}\right)\times14\times\left(-\frac{27}{8}\right)+\frac{3}{4}$

$=\frac{3}{4}+\frac{3}{4}=\frac{6}{4}=\frac{3}{2}$

(8) $\left(\frac{1}{4}\right)^2\times\left(-\frac{2}{3}\right)^2-\{(-2)\times(-3)^2-(-4^2)\}\div(-2)^3$

$=\frac{1}{16}\times\frac{4}{9}-\{(-2)\times9-(-16)\}\div(-8)$

$=\frac{1}{36}-(-18+16)\times\left(-\frac{1}{8}\right)$

$=\frac{1}{36}-\frac{1}{4}=\frac{1}{36}-\frac{9}{36}=-\frac{8}{36}=-\frac{2}{9}$

▶4 (1) 2 (2) $\frac{11}{3}$ (3) 4

(4) 10 (5) 0.8 (6) -20

(7) $-\frac{5}{2}$ (8) -1

解説 (1) $1-\left(-\frac{3}{5}\right)\times\left(\frac{1}{3}-\frac{3}{5}\right)\div\frac{4}{-5^2}$

$=1-\left(-\frac{3}{5}\right)\times\frac{-4}{15}\times\frac{-25}{4}=1+1=2$

(2) $\left(\frac{3}{4}-0.5^2\right)\div(4.5-6)+(-2)^2$

$=\left\{\frac{3}{4}-\left(\frac{1}{2}\right)^2\right\}\div(-1.5)+4$

$=\left(\frac{3}{4}-\frac{1}{4}\right)\div\left(-\frac{3}{2}\right)+4$

$=\frac{1}{2}\times\left(-\frac{2}{3}\right)+4=-\frac{1}{3}+\frac{12}{3}=\frac{11}{3}$

(3) $\frac{-3^2}{8}\div\frac{3}{4}\times\left(-\frac{4}{3}\right)^2+4^2\div2.4$

$=-\frac{9}{8}\times\frac{4}{3}\times\frac{16}{9}+16\div\frac{12}{5}=-\frac{8}{3}+16\times\frac{5}{12}$

$=-\frac{8}{3}+\frac{20}{3}=\frac{12}{3}=4$

(4) $\{18\div(-3^2)+5\}\times4^2\div(-2)^2$
$-(6-18)\div(-6)$

$=\{18\div(-9)+5\}\times16\div4-(-12)\div(-6)$

$=(-2+5)\times4-2=3\times4-2=10$

(5) $\{(-1)^2-0.85\}\div0.3+1.5\times0.2$

$=(1-0.85)\div0.3+0.3$

$=0.15\div0.3+0.3=0.5+0.3=0.8$

(6) $-2^3-(-2)^2\times\{-2^4-(-2)^3\div0.375\}$
$\times\left(-\frac{3}{4}\right)^2$

$=-8-4\times\left\{-16-(-8)\div\frac{3}{8}\right\}\times\frac{9}{16}$

$=-8-\left\{-16-(-8)\times\frac{8}{3}\right\}\times\frac{9}{4}$

$=-8-\left(-\frac{48}{3}+\frac{64}{3}\right)\times\frac{9}{4}$

$=-8-\frac{16}{3}\times\frac{9}{4}=-8-12=-20$

(7) $\left(0.125-1.4\times\frac{7}{8}\right)\div\left\{0.15\div\frac{3}{8}+(-0.2)^2\right\}$

$=\left(\frac{1}{8}-\frac{7}{5}\times\frac{7}{8}\right)\div\left\{\frac{3}{20}\times\frac{8}{3}+\left(-\frac{1}{5}\right)^2\right\}$

$=\left(\frac{5}{40}-\frac{49}{40}\right)\div\left(\frac{2}{5}+\frac{1}{25}\right)$

$=-\frac{44}{40}\div\frac{11}{25}=-\frac{44}{40}\times\frac{25}{11}=-\frac{5}{2}$

(8) $7+(-2^2-1)\times\frac{1}{5}-\left(0.75+\frac{5}{4}\right)\div\frac{2}{7}$

$=7+(-4-1)\times\frac{1}{5}-\left(\frac{3}{4}+\frac{5}{4}\right)\times\frac{7}{2}$

$=7+(-1)-7=-1$

▶5

(1) **9**　(2) **7**　(3) $\mathbf{\frac{4}{3}}$

(4) **3, −3**　(5) $\mathbf{\frac{8}{5}}$　(6) **15**

(7) $\mathbf{\frac{1}{5}}$　(8) $\mathbf{\frac{8}{21}}$　(9) $\mathbf{\frac{126}{19}}$

解説 (1) $3-\{2-(5-\square)\}=-3$

$3-(2-5+\square)=-3$

$3-(-3+\square)=-3$

$3+3-\square=-3$

$-\square=-3-6=-9$

よって　$\square=9$

(2) $-\frac{5}{2}-\left\{\frac{1}{2}-(\square-9)\right\}=-5$

$-\frac{5}{2}-\frac{1}{2}+(\square-9)=-5$

$-3+\square-9=-5$　　$\square=7$

(3) $\left\{\frac{1}{3}+\left(\frac{2}{3}-\frac{1}{4}\right)\times\square\right\}\div\left(-\frac{4}{3}\right)=-\frac{2}{3}$

両辺に $-\frac{4}{3}$ をかけて

$\frac{1}{3}+\frac{5}{12}\times\square=-\frac{2}{3}\times\left(-\frac{4}{3}\right)=\frac{8}{9}$

$\frac{5}{12}\times\square=\frac{8}{9}-\frac{3}{9}=\frac{5}{9}$

$\square=\frac{5}{9}\div\frac{5}{12}=\frac{5}{9}\times\frac{12}{5}=\frac{4}{3}$

(4) $(-2^2)\times8\div(-18)\times(-\square^2)=-16$

$-\frac{4\times8}{18}\times\square^2=-16$

$-\frac{16}{9}\times\square^2=-16$

$\square^2=9$　　$\square=3,\ -3$

(5) $(-0.5)^2\times\left(-\frac{2}{3}\right)\div(-2^2)\times\square=\frac{1}{15}$

$\left(-\frac{1}{2}\right)^2\times\left(-\frac{2}{3}\right)\times\left(-\frac{1}{4}\right)\times\square=\frac{1}{15}$

$\frac{1}{24}\times\square=\frac{1}{15}$　　$\square=\frac{1}{15}\times24=\frac{8}{5}$

(6) $-4^2-\square\div(4-7)=-11$

$-16-\square\div(-3)=-11$

$\frac{\square}{3}=-11+16=5$　　$\square=15$

(7) $-0.4^2\div\left(\frac{3}{10}-\square\right)=-\frac{8}{5}$

$\frac{3}{10}-\square=-0.4^2\div\left(-\frac{8}{5}\right)$

$=\left(\frac{2}{5}\right)^2\times\frac{5}{8}=\frac{4}{25}\times\frac{5}{8}$

$=\frac{1}{10}$

$-\square=\frac{1}{10}-\frac{3}{10}=-\frac{2}{10}=-\frac{1}{5}$

よって　$\square=\frac{1}{5}$

(8) $-\frac{3}{7}\div\left(\frac{1}{2}\right)^2\times\left(-\frac{3}{4}\right)^2\div\square=-\frac{81}{32}$

$-\frac{3}{7}\times4\times\frac{9}{16}\div\square=-\frac{81}{32}$

$-\frac{27}{28}\div\square=-\frac{81}{32}$

$\square=-\frac{27}{28}\div\left(-\frac{81}{32}\right)=\frac{27}{28}\times\frac{32}{81}=\frac{8}{21}$

(9) $2\frac{1}{5}\times0.5+\frac{5}{7}\div\frac{2}{3}$

$=\frac{11}{5}\times\frac{1}{2}+\frac{5}{7}\times\frac{3}{2}=\frac{11}{10}+\frac{15}{14}$

$=\frac{77}{70}+\frac{75}{70}=\frac{152}{70}=\frac{76}{35}$

$\left\{2\frac{1}{3}-(-5)\right\}\div\frac{2}{3}=\left(\frac{7}{3}+5\right)\times\frac{3}{2}$

$=\frac{22}{3}\times\frac{3}{2}=11$

よって　$\frac{76}{35}\times\square-11=\frac{17}{5}$

$\frac{76}{35}\times\square=\frac{17}{5}+11=\frac{72}{5}$

$\square=\frac{72}{5}\div\frac{76}{35}=\frac{72}{5}\times\frac{35}{76}=\frac{18}{1}\times\frac{7}{19}=\frac{126}{19}$

▶6 (1) $\frac{7}{8}$　(2) $a=1$, $b=2$

解説 (1) $\cfrac{1}{1-\cfrac{2}{1-\cfrac{3}{1-\cfrac{4}{5}}}}$

$=\cfrac{1}{1-\cfrac{2}{1-\cfrac{15}{5-4}}}=\cfrac{1}{1-\cfrac{2}{1-15}}$

$=\cfrac{1}{1+\cfrac{1}{7}}=\frac{7}{7+1}=\frac{7}{8}$

(2) 与えられた等式で，両辺の逆数をとると

$\frac{5}{3}=1+\cfrac{1}{a+\cfrac{1}{b}}$

$\frac{2}{3}=\cfrac{1}{a+\cfrac{1}{b}}$

再び両辺の逆数をとると

$\frac{3}{2}=a+\frac{1}{b}$　　$a+\frac{1}{b}=1+\frac{1}{2}$

a，b は自然数であるから　$a=1$，$b=2$

トップコーチ

分子，分母がさらに分数を含むような分数を繁分数という。
また，分母が整数と分数の和であり，さらにその分母が整数と分数の和であるといった形のものを連分数という。

▶7 (1) **4**　(2) **7**　(3) **2**　(4) **1**

解説 (1) $2^1=2$, $2^2=4$, $2^3=8$, $2^4=16$,
$2^5=32$, $2^6=64$, …
一の位の数は (2, 4, 8, 6) をくり返す。
よって　$2018\div4=504$ 余り 2
前から 2 つ目であるから,
2^{2018} の一の位の数は　4

(2) $3^1=3$, $3^2=9$, $3^3=27$, $3^4=81$,
$3^5=243$, $3^6=729$, …
23^n の一の位の数も 3^n と同様に
(3, 9, 7, 1) をくり返す。
よって　$2019\div4=504$ 余り 3
前から 3 つ目であることから,
23^{2019} の一の位の数は　7

(3) $\frac{9}{37}=0.243243243\cdots$
小数第一位から (2, 4, 3) をくり返す。
よって　$2020\div3=673$ 余り 1
前から 1 つ目であるから,
$\frac{9}{37}$ の小数第 2020 位の数は　2

(4) $\frac{2}{7}=0.285714285714\cdots$
小数第一位から (2, 8, 5, 7, 1, 4) をくり返す。
よって　$2021\div6=336$ 余り 5
前から 5 つ目であるから,
$\frac{2}{7}$ の小数第 2021 位の数は　1

▶8 (1) **4 個**　(2) **247**

解説 (1) 1, 3, 7, 9 の 4 個である。

(2) $99\div4=24$ 余り 3
一の位の数は 1→3→7→9 のくり返しである。これを 24 回くり返したあとの 3 番目が 99 番目となる。
求める数は 3 けたで, 上 2 けたが 24,
下 1 けたは 7 であるから, 247 となる。

▶9 (1) $\boldsymbol{b}$, $\boldsymbol{-a}$, $\boldsymbol{a}$, $\boldsymbol{-b}$
(2) **ウ, カ**
(3) **ア**

解説 (1) $a+b<0$ より　$a-(-b)<0$
$b<0$ より　$-b>0$
よって, 正の数のひき算で差が負になるから, $-b$ の絶対値は a の絶対値よりも大きい。これより　$a<-b$
$b<0$, $-a<0$ で, 負の数は絶対値が大きいほど小さくなるから　$b<-a$
したがって, 小さい順に並べると
b, $-a$, a, $-b$

(2) ア　$a>0$, $b<0$ より　$a\times b<0$
イ　$b<0$ より, $-b>0$ で, $-b$ の絶対値は b の絶対値と等しく, a の絶対値より大きいから
$a+b=a-(-b)<0$
ウ　2 つの正の数の和は正となるから
$a-b=a+(-b)>0$
エ　$-a+b=-(a-b)<0$
オ　$a^2>0$, $b^2>0$ で, b の絶対値の方が a の絶対値より大きいから　$a^2<b^2$
つまり　$a^2-b^2<0$
カ　$-a-b=-(a+b)>0$
以上より, 式の値が正となるのは
ウ　$a-b$, カ　$-a-b$ である。

(3) $b<0$ より　$-b>0$
イ　$a-b=a+(-b)>0$
ウ　$a\times b<0$
アについて, $a=3$, $b=-2$ のときは
$a+b=3+(-2)=3-2=1>0$
$a=2$, $b=-3$ のとき

$a+b=2+(-3)=2-3=-1<0$
よって，ア　$a+b$ は正にも負にもなるが，イ　$a-b$ は正，ウ　$a\times b$ は負になる。

トップコーチ
負の数の大小は，絶対値で比較する。絶対値が大きいほど小さく，絶対値が小さいほど大きい。

▶10 (1)　ア，ウ，イ，オ，エ
(2)　$\boldsymbol{a<0,\ b>0,\ c>0,\ d>0,\ e>0}$
または，$\boldsymbol{a<0,\ b<0,\ c<0,\ d<0,\ e<0}$
(3)　①　$\boldsymbol{g}$　②　$\boldsymbol{e}$　③　$\boldsymbol{d}$　④　$\boldsymbol{f}$

解説　(1)　$0<a<b<1$ である。
2つの正の数の積について，一方の数を大きくして得られる積は，もとの積より大きいから
$a\times a<a\times b<b\times b<1\times b$
つまり　$a^2<a\times b<b^2<b$　…①
また，正の数の逆数については，大きい数の逆数の方が小さい数の逆数より小さくなるから
$a<b<1$ より　$\dfrac{1}{a}>\dfrac{1}{b}>1$　…②
①，②より
$a^2<a\times b<b^2<b<1<\dfrac{1}{b}<\dfrac{1}{a}$
よって，小さい順に記号で並べると
ア，ウ，イ，オ，エ
(2)　$a\times b\times c\times d\times e<0$　…①
$a\times c\times e<0$　…②
$d\times e>0$　…③
$a<b<c<d$　…④
$e>0$ のとき
③より　$d>0$
②より　$a\times c<0$
a と c は異符号で，④より $a<c$ であるから　$a<0,\ c>0$
a は負，$c,\ d,\ e$ は正であるから，①より $b>0$
よって　$a<0,\ b>0,\ c>0,\ d>0,\ e>0$
また，$e<0$ のとき
③より　$d<0$
④より　$a<b<c<d<0$
よって，$a,\ b,\ c,\ d,\ e$ はすべて負となる。
これは①，②も満たす。
よって　$a<0,\ b<0,\ c<0,\ d<0,\ e<0$
(3)　①　例えば，$A=2,\ B=3$ のとき
$A<B$ かつ $A+B>0$ は成り立つ。
また，$A=-2,\ B=3$ のときも
$A<B$ かつ $A+B>0$ は成り立つ。
よって，判定できないから，g である。
②　$A\times B>0$ より，A と B は同符号である。
これと，$A+B<0$ より，$A,\ B$ はともに負である。よって，$A<0,\ B<0$ となるから，e である。
③　$A\times B<0$ より，A と B は異符号である。
$A>0$ のとき，$B<0,\ -B>0$ となり
$A-B=A+(-B)>0$
これは，$A-B<0$ を満たさない。
$A<0$ のとき，$B>0$ となり
$A-B<0$ を満たす。
よって，d である。
④　$A-B=0$ より　$A=B$
$A\times B\leqq 0$ に代入して　$A^2\leqq 0$
2乗して0以下となる数は0だけであるから　$A=0$
よって，$A=0,\ B=0$ となるから，f である。

▶11 (1) ① $a+b=13$　② $f=4$

(2) ア -3　イ -4　ウ 0

エ -6　オ 5　カ -2

キ 1　ク -5

解説 (1) ① 1から9までの自然数の和は $1+2+3+4+5+6+7+8+9=45$

縦3列分で45であるから，1列では

$45\div3=15$

$a+b+2=15$ より　$a+b=13$

② $8+c+2=15$ より　$c=5$

$1+c+d=15$ より　$d=15-1-5=9$

$2+d+f=15$ より　$f=15-2-9=4$

(2) 表の中の数で最大のものは6，最小のものは -9 である。-9 から6までの整数の個数は

$9+1+6=16$(個)

よって，表に入る整数は，-9 から6までの整数である。横4列分の整数の和は

$-9+(-8)+(-7)+(-6)+(-5)+(-4)$
$+(-3)+(-2)+(-1)+0+1+2+3$
$+4+5+6$

$=-9+(-8)+(-7)=-24$

横1列分の整数の和は　$-24\div4=-6$

$-8+3+2+$ア$=-6$ より　$-3+$ア$=-6$

ア$=-6+3=-3$

$6-7+$イ$-1=-6$ より　イ$-2=-6$

イ$=-6+2=-4$

ア$-9+$ウ$+6=-6$ より　ウ$-6=-6$

ウ$=-6+6=0$

ア$+4+$エ$-1=-6$ より　エ$=-6$

$2-9+$オ$+$イ$=-6$ より　オ$-11=-6$

オ$=-6+11=5$

$3+$カ$+$ウ$-7=-6$ より　カ$-4=-6$

カ$=-6+4=-2$

キ$+$カ$-9+4=-6$ より　キ$-7=-6$

キ$=-6+7=1$

$-8+$キ$+$ク$+6=-6$ より　ク$-1=-6$

ク$=-6+1=-5$

▶12 (1) ① $\frac{4}{5}$　② $\frac{1}{90}$

(2) ① $x=\frac{1}{15}$，$y=\frac{1}{35}$

② $a=\frac{8}{17}$

解説 (1) ① $\frac{1}{1\times2}+\frac{1}{2\times3}+\frac{1}{3\times4}+\frac{1}{4\times5}$

$=\left(\frac{1}{1}-\frac{1}{2}\right)+\left(\frac{1}{2}-\frac{1}{3}\right)+\left(\frac{1}{3}-\frac{1}{4}\right)+\left(\frac{1}{4}-\frac{1}{5}\right)$

└ この変形方法は知っておく。

$=1-\frac{1}{5}=\frac{4}{5}$

② $\frac{1}{5\times6\times7}+\frac{1}{6\times7\times8}+\frac{1}{7\times8\times9}+\frac{1}{8\times9\times10}$

$=\frac{1}{2}\left(\frac{1}{5\times6}-\frac{1}{6\times7}\right)+\frac{1}{2}\left(\frac{1}{6\times7}-\frac{1}{7\times8}\right)$
$+\frac{1}{2}\left(\frac{1}{7\times8}-\frac{1}{8\times9}\right)+\frac{1}{2}\left(\frac{1}{8\times9}-\frac{1}{9\times10}\right)$

└ この変形方法も知っておく。

$=\frac{1}{2}\left(\frac{1}{5\times6}-\frac{1}{9\times10}\right)$

$=\frac{1}{2}\left(\frac{1}{30}-\frac{1}{90}\right)=\frac{1}{2}\left(\frac{3}{90}-\frac{1}{90}\right)$

$=\frac{1}{2}\times\frac{2}{90}=\frac{1}{90}$

(2) ① $x=\frac{1}{2}\left(\frac{1}{3}-\frac{1}{5}\right)=\frac{1}{2}\times\frac{2}{15}=\frac{1}{15}$

$y=\frac{1}{2}\left(\frac{1}{5}-\frac{1}{7}\right)=\frac{1}{2}\times\frac{2}{35}=\frac{1}{35}$

② $a=\frac{1}{2}\left(\frac{1}{1}-\frac{1}{3}\right)+\frac{1}{2}\left(\frac{1}{3}-\frac{1}{5}\right)$
$+\frac{1}{2}\left(\frac{1}{5}-\frac{1}{7}\right)+\frac{1}{2}\left(\frac{1}{7}-\frac{1}{9}\right)$
$+\frac{1}{2}\left(\frac{1}{9}-\frac{1}{11}\right)+\frac{1}{2}\left(\frac{1}{11}-\frac{1}{13}\right)$
$+\frac{1}{2}\left(\frac{1}{13}-\frac{1}{15}\right)+\frac{1}{2}\left(\frac{1}{15}-\frac{1}{17}\right)$
$=\frac{1}{2}\left(1-\frac{1}{17}\right)=\frac{1}{2}\times\frac{16}{17}=\frac{8}{17}$

▶13 5, 14, 15, 32

解説　最後に1になる直前は，2で割って1になるから，2である。
2になる直前は，1をたして2になる場合は1であるが，1になったときに計算は終わっているから，適さない。2で割って2になる場合だけであるから，2になる直前は4である。同じようにして，計算回数が5回になるところまでさかのぼる。

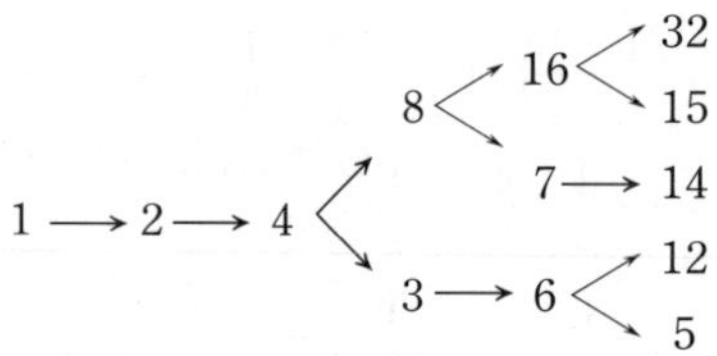

12の場合を除いて，5, 14, 15, 32の4個である。

▶14 E, A, D, F, B, C

解説　Fを基準，つまり0と考えると，AはFより4つ上であるから　A=4
AとBは5つ違いよりB=9または，−1であるが，BとFは1つ違いであるから，B=−1となる。
BとCは3つ違いより　C=2または，−4であるがCとDは6つ違いで，EはDより3つ上であるから，考えられるのは次の4つの場合である。

C=2 ＜ D=8 → E=11
　　　 D=−4 → E=−1

C=−4 ＜ D=2 → E=5
　　　　D=−10 → E=−7

このうち，AとEが1つ違いとなるのは，C=−4, D=2, E=5の場合だけである。
よって，A=4, B=−1, C=−4, D=2, E=5, F=0であるから，年齢の高い方から順に並べると，E, A, D, F, B, Cとなる。

▶15 (1) 18枚　(2) 480枚

解説　(1) 偶数番目の場合は白と黒のタイルの枚数は等しいから，6番目の図の白のタイルの枚数は
$6\times6\div2=18$(枚)

(2) 奇数番目の場合は，白の方が黒より1枚多いから，31番目の図の黒のタイルの枚数は
$(31\times31-1)\div2=(961-1)\div2$
$=960\div2=480$(枚)

▶16 (1) 21　(2) $a=9$
(3) $b=7$

解説　(1) nグループの最後の数は，1からnまでの自然数の和に等しい。よって，6グループの最後の数は
$1+2+3+4+5+6=21$

(2) $21+7+8+9=45$であるから，45は9グループの最後の数である。
よって　$a=9$

(3) 5グループの数の和は
$11+12+13+14+15=65$
6グループの数の和は
$16+17+18+19+20+21=111$
7グループの数の和は
$22+23+24+25+26+27+28=175$
よって　$b=7$

トップコーチ

1からnまでの自然数の和は　$\dfrac{n\times(n+1)}{2}$
また，初項a，末項ℓ，項数nの等差数列の和は，$\dfrac{n\times(a+\ell)}{2}$　で表される。
これは高等学校の"数列"で学習する。

▸17 (1) **$C=1$** (2) **$A+B=11$**

解説 (1) 2つの2けたの数の和が3けたとなるとき，和の百の位の数は1であるから $C=1$

(2) 2つの正の1けたの数の和で，一の位の数が1となるとき，その和は11であるから $A+B=11$

▸18 (1) **+15.4** (2) **21.3cm**

解説 (1) 161.3−158.6=2.7より

(6.8−5.9+0+□−2.8)÷5=2.7

□−1.9=13.5　□=13.5+1.9=15.4

(2) 最も高いのはD，最も低いのはBで，その差は

15.4−(−5.9)=15.4+5.9=21.3(cm)

▸19 (1) **1回** (2) **15点**

解説 (1) 太郎君の勝った回数と得点は，次の表のようになるから，−1点となるのは，1回勝ったときである。

勝った回数	0	1	2	3
得　点	−6	−1	4	9

(2) 1回のじゃんけんで，2人の得点の和は

(+3)+(−2)=1　より，1点増える。

15回のじゃんけんのあと，2人の得点の和は15点となる。太郎君が0点であるから，花子さんは15点である。

▸20 (1) **B** (2) **G**
(3) **EとG，FとH** (4) **なし**

解説 (1) F　G

1 ⟶ 3 ⟶ 2
2 ⟶ 2 ⟶ 1
3 ⟶ 1 ⟶ 4
4 ⟶ 4 ⟶ 3

よって　F∗G=B

(2) E　X　よって，Xの対応は

1 ⟶ 2 ⟶ 1　　1 ⟶ 4
2 ⟶ 3 ⟶ 2　　2 ⟶ 1
3 ⟶ 4 ⟶ 3　　3 ⟶ 2
4 ⟶ 1 ⟶ 4　　4 ⟶ 3

これは規則Gである。

(3) まず，1がどの整数と対応するか考える。

XとY	X∗Y	Y∗X
E，F	2	4
E，G	1	1
E，H	4	2
F，G	2	4
F，H	3	3
G，H	2	4

EとG，FとHについて考える。

E　G　　G　E
1 ⟶ 2 ⟶ 1　　1 ⟶ 4 ⟶ 1
2 ⟶ 3 ⟶ 2　　2 ⟶ 1 ⟶ 2
3 ⟶ 4 ⟶ 3　　3 ⟶ 2 ⟶ 3
4 ⟶ 1 ⟶ 4　　4 ⟶ 3 ⟶ 4

よって　E∗G=G∗E

F　H　　H　F
1 ⟶ 3 ⟶ 3　　1 ⟶ 1 ⟶ 3
2 ⟶ 2 ⟶ 4　　2 ⟶ 4 ⟶ 4
3 ⟶ 1 ⟶ 1　　3 ⟶ 3 ⟶ 1
4 ⟶ 4 ⟶ 2　　4 ⟶ 2 ⟶ 2

よって　F∗H=H∗F

(4) Aは，同じ整数を対応させるから

A∗X=X∗A=X

よって，XがA，B，C，Dのどれであっても，A∗X，X∗AはXと一致する。

B，C，Dについて，次のようになる。

B∗B=A，B∗C=D，B∗D=C
C∗B=D，C∗C=A，C∗D=B
D∗B=C，D∗C=B，D∗D=A

よって，X∗YがA，B，C，Dのどれとも一致しないことはない。

▶21 (1) ア $\frac{1}{3}$　イ 3　ウ 3

(2)

27	34	29
32	30	28
31	26	33

(3) 存在しない

(理由) 3つの数の和は中央のⒺの3倍となる。2018は3の倍数ではないので，マス目を満たす整数はない。

解説 (1) Ⓐ＋Ⓔ＋Ⓘ＝N …①

Ⓒ＋Ⓔ＋Ⓖ＝N …②

Ⓓ＋Ⓔ＋Ⓕ＝N …③

Ⓑ＋Ⓔ＋Ⓗ＝N …④

①＋②＋③＋④より

(Ⓐ＋Ⓑ＋Ⓒ)＋(Ⓓ＋Ⓔ＋Ⓕ)＋(Ⓖ＋Ⓗ＋Ⓘ)＋(Ⓔ＋Ⓔ＋Ⓔ)＝$N\times4$

これは

$N+N+N+$Ⓔ$\times3=N\times4$

よって

$N\times\boxed{3}$(イ)＋Ⓔ$\times\boxed{3}$(ウ)＝$N\times4$

すなわち

Ⓔ$\times\boxed{3}$(ウ)＝N

Ⓔ＝$N\times\boxed{\frac{1}{3}}$(ア)

(2) 縦，横，斜めの和がそれぞれ30×3＝90となるように数を入れると，まず右のようになる。

	34	
32	30	28
	26	

あとは，27と33，29と31を4隅に入れればよいので，3数の和が90になるように調整すると，右のようになる。

27	34	29
32	30	28
31	26	33

▶22 (1) ア 45　イ 45　ウ 45　エ 45　オ 45　カ 225

(2) 1600　(3) 14400

解説 (1) 9×5＝45 …ア

10×4＋5＝45 …イ

11×3＋6×2＝33＋12＝45 …ウ

12×2＋7×3＝24＋21＝45 …エ

13＋8×4＝13＋32＝45 …オ

45×5＝225 …カ

(2) 左上と右下を結ぶ対角線上にある10個の16を合計すると，160になる。

(1)と同様にして

17×9＋7＝153＋7＝160

18×8＋8×2＝144＋16＝160

……

25＋15×9＝25＋135＝160

160が10個できるから，全部の合計は

160×10＝1600

(3) 25−24＋1＝2，25＋24−1＝48より，左下の数は2，右上の数は48である。

25×24＝600

26×23＋2＝598＋2＝600

27×22＋3×2＝594＋6＝600

……

48＋24×23＝48＋552＝600

600が24個できるから，全部の合計は

600×24＝14400

(別解) i行j列の数とj行i列の数の平均は25になる。全部の合計は，25が横24マス，縦24マスすべてに並んでいると考えて

25×24×24＝600×24＝14400

第1回 実力テスト

1 (1) $\frac{8}{3}$　(2) 64　(3) -20

(4) 3　(5) $\frac{3}{16}$　(6) $\frac{5}{12}$

(7) $-\frac{41}{6}$　(8) $\frac{16}{15}$　(9) $\frac{177}{625}$

(10) -2

解説 (1) $(-2)^2+\left(-\frac{3}{2}\right)\div\frac{9}{8}$

$=4+\left(-\frac{3}{2}\right)\times\frac{8}{9}=4+\left(-\frac{4}{3}\right)$

$=\frac{12}{3}-\frac{4}{3}=\frac{8}{3}$

(2) $-3^2\times\left(\frac{2}{3}\right)^3\div\left(-\frac{1}{6}\right)\times(-2)^2$

$=-9\times\frac{8}{27}\times(-6)\times4=64$

(3) $(-2)^3\times3+\{7-(3-4)\}\div2$

$=-8\times3+\{7-(-1)\}\div2$

$=-24+8\div2=-24+4=-20$

(4) $\{2-(-3)\}\times4-(-3)^4\div\frac{9}{2}+1$

$=5\times4-81\times\frac{2}{9}+1$

$=20-18+1=3$

(5) $\left(-\frac{3}{2}\right)^2\div(-4.5)\times\left(\frac{5}{12}-\frac{5}{8}-\frac{1}{6}\right)$

$=\frac{9}{4}\div\left(-\frac{9}{2}\right)\times\frac{10-15-4}{24}$

$=\frac{9}{4}\times\left(-\frac{2}{9}\right)\times\left(-\frac{9}{24}\right)=\frac{3}{16}$

(6) $2\frac{1}{3}-0.75\div\frac{3}{5}+\left(-\frac{2}{3}\right)^3\times\left(-\frac{3}{2}\right)^2$

$=\frac{7}{3}-\frac{3}{4}\times\frac{5}{3}+\left(-\frac{8}{27}\right)\times\frac{9}{4}$

$=\frac{7}{3}-\frac{5}{4}-\frac{2}{3}=\frac{5}{3}-\frac{5}{4}=\frac{20}{12}-\frac{15}{12}=\frac{5}{12}$

(7) $-\frac{2^2}{5}\times1\frac{2}{3}+\left\{0.75-3^2\div\left(-1\frac{1}{5}\right)^2\right\}$

$=-\frac{4}{5}\times\frac{5}{3}+\left\{\frac{3}{4}-9\div\left(-\frac{6}{5}\right)^2\right\}$

$=-\frac{4}{3}+\left(\frac{3}{4}-9\times\frac{25}{36}\right)$

$=-\frac{4}{3}+\left(\frac{3}{4}-\frac{25}{4}\right)$

$=-\frac{4}{3}-\frac{11}{2}=-\frac{8}{6}-\frac{33}{6}$

$=-\frac{41}{6}$

(8) $\frac{1}{3}\times1.2-\left(1.75-2\frac{3}{4}\right)\div\frac{3}{2}$

$=\frac{1}{3}\times\frac{6}{5}-\left(\frac{7}{4}-\frac{11}{4}\right)\times\frac{2}{3}$

$=\frac{2}{5}-(-1)\times\frac{2}{3}$

$=\frac{6}{15}+\frac{10}{15}=\frac{16}{15}$

(9) $\frac{9}{25}-(-2)^4\div5^2\times\frac{3}{25}$

$=\frac{9}{25}-16\times\frac{1}{25}\times\frac{3}{25}$

$=\frac{225}{625}-\frac{48}{625}=\frac{177}{625}$

(10) $\left\{-12-(-2)^2\div\left(-\frac{2}{3}\right)^3\right\}$

$-\left\{\frac{17}{8}\div1.25-5\times(-0.6^2)\right\}$

$=\left\{-12-4\times\left(-\frac{27}{8}\right)\right\}$

$-\left\{\frac{17}{8}\div\frac{5}{4}-5\times\left(-\frac{9}{25}\right)\right\}$

$=\left(-\frac{24}{2}+\frac{27}{2}\right)-\left(\frac{17}{8}\times\frac{4}{5}+\frac{9}{5}\right)$

$=\frac{3}{2}-\left(\frac{17}{10}+\frac{18}{10}\right)=\frac{3}{2}-\frac{35}{10}$

$=\frac{3}{2}-\frac{7}{2}=-\frac{4}{2}=-2$

2 (1) **157.5cm (求め方は解説参照)**
(2) **4**

解説 (1) 155.1cm を基準としたとき，5人の身長と基準との差の合計は
$(155.1-155.1)\times 3+(161.1-155.1)\times 2$
$=0\times 3+6\times 2=12$
その平均は　$12\div 5=2.4$
よって，5人の身長の平均は
$155.1+2.4=157.5$(cm)

(2) 縦，横，斜めに並ぶ3つの数の和は
$5+2+(-1)=6$
ア$+2+6=6$ より　ア$+8=6$
ア$=6-8=-2$
$5+$ア$+$イ$=6$ より　$3+$イ$=6$
イ$=6-3=3$
イ$+$エ$+(-1)=6$ より　$2+$エ$=6$
エ$=6-2=4$

3 (1) **56**　(2) **127番目**

解説 (1) 6^2 から 6^{2006} まで，下2けたの数は，36→16→96→76→56 のくり返しである。
$2006\div 5=401$ 余り 1
最初は6で，その後 36→16→96→76→56 を401回くり返すと 6^{2006} の下2けたの数となるから，2006^{2006} の下2けたの数は56である。

(2) 1けたは，2だけの1通り。
2けたは，十の位が2の1通り，一の位は1と2の2通りであるから
$1\times 2=2$(通り)
3けたは，百の位が2の1通り，十の位，一の位はそれぞれ1と2の2通りずつあるから
$1\times 2\times 2=4$(通り)
以下，同じようにして，4けたは
$1\times 2^3=8$(通り)
5けたは　$1\times 2^4=16$(通り)
6けたは　$1\times 2^5=32$(通り)
7けたは　$1\times 2^6=64$(通り)
2222222 は7けたの数のうち，最後のものであるから，この数の列の
$1+2+4+8+16+32+64=127$(番目)

4 **ウ，オ**

解説 $a<0$ のとき，$a+5$ と $a+2$ は正の場合と負の場合があるから，ア，イ，エは a の値によって符号が変わる。
$a-5<0$，$a-2<0$ であるから
$(a-5)(a-2)>0$
よって，ウの式は符号が変わらない。
$(a-5)^2>0$，$2>0$ であるから
$(a-5)^2+2>0$
よって，オの式は符号が変わらない。
カは，$a=-1$ のとき　$(a+5)^2-2=14>0$
　　　$a=-5$ のとき　$(a+5)^2-2=-2<0$
よって，符号が変わる。
以上より，符号が変わらないのはウとオである。

5 (1) **20**　(2) **6通り**　(3) **13通り**

解説 (1) 正の方向で最も遠くへ動くのは，6が3回，1が2回出たときで，その位置は　$6\times 3-1\times 2=16$
負の方向で最も遠くへ動くのは，2が3回，5が2回出たときで，その位置は
$2\times 3-5\times 2=-4$

よって，求める距離は

$16-(-4)=16+4=20$

(2)

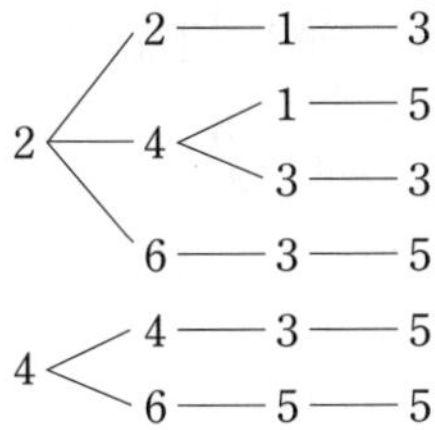

以上，6通りである。

(3) 2回目は必ず6でなければならない。このとき，点Pの座標は1である。3回目から6回目までで，1から4までの目が出て，そのうち，Pの座標が負にならないのは，次の場合である。

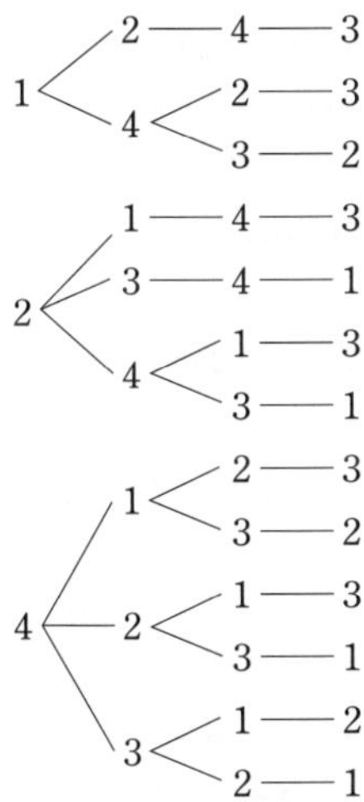

以上，13通りである。

2 文字と式

▸23 (1) $2y$ (2) $\frac{7}{6}$

(3) $x+\frac{1}{12}y$ (4) $\frac{x+y}{6}$

(5) $-\frac{1}{2}$ (6) $\frac{-a+5b}{3}$

(7) $\frac{9x-13y}{15}$ (8) $86a-65b$

解説 (1) $2x+8y-2\{3x-(2x-3y)\}$

$=2x+8y-2(3x-2x+3y)$

$=2x+8y-2(x+3y)$

$=2x+8y-2x-6y=2y$

(2) $\frac{1}{3}(2x+5)-\frac{1}{6}(4x+3)$

$=\frac{2(2x+5)-(4x+3)}{6}$

$=\frac{4x+10-4x-3}{6}=\frac{7}{6}$

(3) $4x-\frac{2}{3}y-3\left(x-\frac{1}{4}y\right)$

$=4x-\frac{2}{3}y-3x+\frac{3}{4}y$

$=x-\frac{8}{12}y+\frac{9}{12}y=x+\frac{1}{12}y$

(4) $\frac{5x-y}{3}-\frac{x-7y}{2}-x-3y$

$=\frac{2(5x-y)-3(x-7y)-6x-18y}{6}$

$=\frac{10x-2y-3x+21y-6x-18y}{6}=\frac{x+y}{6}$

(5) $\frac{2x+3}{3}-\frac{3x-1}{2}-\frac{12-5x}{6}$

$=\frac{2(2x+3)-3(3x-1)-(12-5x)}{6}$

$=\frac{4x+6-9x+3-12+5x}{6}$

$=\frac{-3}{6}=-\frac{1}{2}$

(6) $\dfrac{a+3b}{2}-\dfrac{4a-b}{3}-\dfrac{b-3a}{6}$

$=\dfrac{3(a+3b)-2(4a-b)-(b-3a)}{6}$

$=\dfrac{3a+9b-8a+2b-b+3a}{6}$

$=\dfrac{-2a+10b}{6}$

$=\dfrac{-a+5b}{3}$

(7) $\dfrac{1}{3}(3x-5y)-\dfrac{2}{5}(x-2y)$

$=\dfrac{5(3x-5y)-6(x-2y)}{15}$

$=\dfrac{15x-25y-6x+12y}{15}$

$=\dfrac{9x-13y}{15}$

(8) $-3\{7b-9a-6(3a-2b)\}-(8b-5a)$

$=-3(7b-9a-18a+12b)-8b+5a$

$=-3(-27a+19b)-8b+5a$

$=81a-57b-8b+5a$

$=86a-65b$

▸24 (1) **-5**　(2) **2**

(3) **$6x-\dfrac{55}{12}$**　(4) **$2x+1$**

(5) **8**

解説 (1) $2(5a-2b)-3(3a-b)$

$=10a-4b-9a+3b=a-b$

$=-2-3=-5$

(2) $\dfrac{5}{6}a-\dfrac{1}{3}b-\left(\dfrac{1}{3}a-\dfrac{1}{2}b\right)$

$=\dfrac{5}{6}a-\dfrac{2}{6}b-\dfrac{2}{6}a+\dfrac{3}{6}b$

$=\dfrac{3a+b}{6}$

$=\dfrac{3\times2+6}{6}=\dfrac{12}{6}=2$

(3) $\dfrac{2}{3}A-\dfrac{1}{2}B+\dfrac{3}{4}C$

$=\dfrac{2}{3}(3x+1)-\dfrac{1}{2}(-2x+3)+\dfrac{3}{4}(4x-5)$

$=2x+\dfrac{2}{3}+x-\dfrac{3}{2}+3x-\dfrac{15}{4}$

$=6x-\dfrac{55}{12}$

(4) $3(A-2B)-2(A+C)$

$=3A-6B-2A-2C=A-6B-2C$

$=(2x+2y+1)-6\left(-x+y-\dfrac{1}{2}\right)$

$-2\left(3x-2y+\dfrac{3}{2}\right)$

$=2x+2y+1+6x-6y+3-6x+4y-3$

$=2x+1$

(5) $4A+C-\{A-2(B+3C)+B\}$

$=4A+C-(A-2B-6C+B)$

$=4A+C-(A-B-6C)$

$=4A+C-A+B+6C$

$=3A+B+7C$

$=3(2x-3y-1)+(x+2y-3)$

$+7(-x+y+2)$

$=6x-9y-3+x+2y-3-7x+7y+14$

$=8$

トップコーチ

(5)は(　)→{　}の順に計算をするが，
{　}→(　)の順に計算をしてもよい。

$4A+C-\{A-2(B+3C)+B\}$

$=4A+C-A+2(B+3C)-B$

$=4A+C-A+2B+6C-B$

$=3A+B+7C$

▶25 $C=7x+16y-12z$

解説 $A-3B-C=-2x+5z$ より
$C=A-3B-(-2x+5z)$
$=(2x-5y-z)-3(-x-7y+2z)+2x-5z$
$=2x-5y-z+3x+21y-6z+2x-5z$
$=7x+16y-12z$

▶26 (1) $(27n+3)$cm　(2) $x=48b+17$
(3) $\frac{x-y}{3}$ 脚

解説 (1) 6 本つなぐとき，のりしろは 5 か所であるから，のりしろの長さは
$(30\times6-165)\div5=15\div5=3$(cm)
n 本つなぐとき，のりしろは $(n-1)$ か所であるから，n 本つないだときの長さは
$30n-3(n-1)=30n-3n+3$
$=27n+3$(cm)
(2) $x=12a+5$ に，$a=4b+1$ を代入して
$x=12(4b+1)+5=48b+12+5$
$=48b+17$
よって　$x=48b+17$
(3) その他の長いすの数は $\frac{x-4y}{3}$ 脚
よって，長いすの数は全部で
$y+\frac{x-4y}{3}=\frac{3y+(x-4y)}{3}=\frac{x-y}{3}$ (脚)

トップコーチ
(1)は，はじめの 1 本のテープに，次々とテープをつないでいくと，27cm ずつ長くなっていく。よって，n 本つないだときの全体の長さは
$30+27(n-1)$
$=27n+3$
これは，高等学校での数学の等差数列の考え方を使ったものである。

▶27 (1) $y=\frac{4}{15}x$
(2) $x=11700-1170p$
(3) $1.4a-0.14ax<3000$

解説 (1) 1 日目で残ったのは，全体の
$1-\frac{1}{3}=\frac{2}{3}$
次の日に読んだ残りは，1 日目の残りの
$1-\frac{3}{5}=\frac{2}{5}$ であるから残っているのは，全体の
$\frac{2}{3}\times\frac{2}{5}=\frac{4}{15}$
したがって，残りのページ数 y は
$y=\frac{4}{15}x$(ページ)
(2) 女性の人数は全体の $1-\frac{p}{10}$ であるから
$18000\times\left(1-\frac{p}{10}\right)=(18000-1800p)$ 人
この 65% が投票したから，その人数は
$(18000-1800p)\times\frac{65}{100}=(11700-1170p)$ 人
よって　$x=11700-1170p$
(3) 定価は　$a\times(1+0.4)=1.4a$(円)
この x 割引きが売値であるから
$1.4a(1-0.1x)=(1.4a-0.14ax)$ 円
よって　$1.4a-0.14ax<3000$

▶28 (1) $(30x-180)$m (2) $(48x-180)$m

解説 (1) 30 秒間に，列車は鉄橋 A の長さと列車の長さの和だけ進むから，鉄橋 A の長さは　$x\times30-180=(30x-180)$m
(2) 列車の速さは毎秒 $2x$ m であるから，(1)と同様にして，鉄橋 B の長さは
$2x\times24-180=(48x-180)$m

▶29 (1) $\ell=22r-22a$

(2) $\ell=18r+18b$

解説 (1) 列車とA君は同じ方向へ進んでいるから，22秒間に列車が進んだ距離からA君が進んだ距離を引くと，列車の長さとなる。よって　$\ell=22r-22a$

(2) 列車とB君は反対方向へ進んでいるから，18秒間に列車が進んだ距離とB君が進んだ距離の和が列車の長さとなる。よって　$\ell=18r+18b$

▶30 (1) $\dfrac{100(2a+b)}{b+100}$ %

(2) X…$\left(\dfrac{7}{10}a+\dfrac{3}{5}b+\dfrac{2}{5}c\right)$ g,

Y…$\left(\dfrac{3}{10}a+\dfrac{1}{2}c\right)$ g,

Z…$\left(\dfrac{2}{5}b+\dfrac{1}{10}c\right)$ g

解説 (1) できた食塩水の量は

$200+b-100=(b+100)$ g

その中の食塩の量は

$200\times\dfrac{a}{100}+b=(2a+b)$ g

よって，食塩水の濃度は

$\dfrac{2a+b}{b+100}\times100=\dfrac{100(2a+b)}{b+100}$ (%)

(2) 合金A，B，Cに含まれる金属X，Y，Zの割合を表にまとめると，右のようになる。

	X	Y	Z
A	$\frac{7}{10}$	$\frac{3}{10}$	
B	$\frac{3}{5}$		$\frac{2}{5}$
C	$\frac{4}{10}$	$\frac{5}{10}$	$\frac{1}{10}$

これより，合金Dに含まれる金属Xの重さは

$a\times\dfrac{7}{10}+b\times\dfrac{3}{5}+c\times\dfrac{4}{10}$

$=\left(\dfrac{7}{10}a+\dfrac{3}{5}b+\dfrac{2}{5}c\right)$ g

金属Yの重さは

$a\times\dfrac{3}{10}+c\times\dfrac{5}{10}=\left(\dfrac{3}{10}a+\dfrac{1}{2}c\right)$ g

金属Zの重さは

$b\times\dfrac{2}{5}+c\times\dfrac{1}{10}=\left(\dfrac{2}{5}b+\dfrac{1}{10}c\right)$ g

▶31 (1) $16x$　(2) $a=400$，$b=6400$

解説 (1)

$16x$

$8x-4y$ | $8x+4y$

$4x-4y$ | $4x$ | $4x+4y$

$2x-3y$ | $2x-y$ | $2x+y$ | $2x+3y$

$x-2y$ | $x-y$ | x | $x+y$ | $x+2y$

よって　$16x$

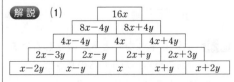

(2) (1)より，yの値に関係なく，中心のブロックの数xの16倍が4段上の中心のブロックの数$16x$となることがわかる。

よって　$a=16\times25=400$

$b=16a=16\times400=6400$

▶32 (1) ア 15　イ 10　ウ -6

(2) 黒石を13個加えてできる

(3) エ 10　オ 45　カ 55

(4) 19番目

解説 (1) 4番目の形に黒石を9個加えると5番目の形ができるから，黒石の個数は　$6+9=15$(個)　…ア

白石の個数は4番目と同じで10個　…イ

黒石と白石の差は1，-2，3，-4，5，…と，絶対値が1つずつ増えて，符号が奇数番目は＋，偶数番目は－になっているから，6番目の差は　-6(個)　…ウ

(2) 6番目の形に黒石を13個加えると，7番目の形ができる。

(3) n番目の黒石と白石の個数の和は$n\times n$(個)となっていて，黒石と白石の個数の和

が 100 個であるから，$10\times10=100$ より 10 番目　…エ
黒石から白石を引いたときの差は -10 個であるから，黒石は 10 個少ないので
$(100-10)\div2=45$(個)　…オ
白石は　$45+10=55$(個)　…カ
(4) 黒石と白石の個数の和が 400 個であるから，$20\times20=400$ より，20 番目について考える。
白石は 20 個多いので
$(400+20)\div2=210$(個)
黒石は　$210-20=190$(個)
黒石と白石はそれぞれ 200 個であるから，20 番目の正方形の形をつくることはできない。19 番目の正方形の形において，黒石の個数は 20 番目と同じで 190 個，白石の個数は黒石の個数より 19 個少ないので
$190-19=171$(個)
よって，最も大きな正方形の形は 19 番目である。

33 (1) **114 本**
(2) **$(10n+14)$ 本**

解説 (1) 1 段目は　$4\times3=12$(本)
2 段目だけを考えると　$8\times3+4=28$(本)
1 段目と重なっている $3+1=4$(本)を引いて，2 段目までを組み立てるのに必要なマッチ棒の本数は
$12+28-4=36$(本)
3 段目だけを考えると　$8\times5+4=44$(本)
2 段目と重なっている $3\times3+1=10$(本)を引いて，3 段目までを組み立てるのに必要なマッチ棒の本数は
$36+44-10=70$(本)
4 段目だけを考えると　$8\times7+4=60$(本)
3 段目と重なっている $3\times5+1=16$(本)を引いて，4 段目までを組み立てるのに必要なマッチ棒の本数は
$70+60-16=114$(本)
(2) $(n+1)$ 段目だけを考えると，立方体が $(2n+1)$ 個できるから
$8\times(2n+1)+4=(16n+12)$本
n 段目と重なっている
$3\times(2n-1)+1=(6n-2)$本
を引いて
$16n+12-(6n-2)=(10n+14)$本

34 (1) **ア　21　　イ　25**
(2) **17 枚**
(3) **93cm^2**
(4) **(例)　n番目の正方形の 1 番上に貼り合わせた折り紙の一部は 1 辺 5cm の折紙が n 枚あり，重なっている部分は 1 つが 1cm で，$(n-1)$ か所あるから，正方形の 1 辺の長さは**
$5n-1\times(n-1)=4n+1$
よって　$(4n+1)$ cm

解説 (1) 正方形の 1 辺の長さは 4cm ずつ大きくなっているので，5 番目は
$17+4=21$　…ア
また，4 枚の折紙の重なり■の個数は番目より 1 つ小さい数の 2 乗になっているから，
6 番目は　$(6-1)^2=5^2=25$　…イ
(2) 折り紙の枚数は番目の 2 乗になっているから
$9^2-8^2=81-64=17$(枚)
(3) 2 辺が 1cm，17cm の長方形の重なりが，縦 3 本，横 3 本ずつあるから

$17\times(3+3)=102$
この中には1辺が1cmの正方形が9個重複しているから
$102-1\times9=93(\text{cm}^2)$

35 (1) ① ア 24 イ 9
② $b=a+6$ ③ $6n$ 個
(2) 331個 (3) $(3n^2+3n+1)$ 個

解説 (1) ① 順番の6倍が一番外側の碁石の個数になるから,
アは $4\times6=24$
イは $54\div6=9$
② 順番が1増えると，碁石は6個増えるから $b=a+6$
③ 順番の6倍であるから $6n$ 個
(2) $1+(1+2+3+\cdots+10)\times6$
$=1+55\times6=331$(個)
(3) $n\times n\times3+n\times3+1$
$=3n^2+3n+1$(個)

第2回 実力テスト

1 (1) $9x-4y$ (2) $6x-8y-2$
(3) $12a-23b$ (4) $\dfrac{x+11y}{6}$
(5) $\dfrac{-7a+26b}{15}$ (6) $\dfrac{x-5y}{6}$
(7) $\dfrac{5x-2y}{6}$ (8) $7x-y$

解説 (1) $3(3x+y)-7y$
$=9x+3y-7y=9x-4y$
(2) $2(x-3)-4(2y-x-1)$
$=2x-6-8y+4x+4=6x-8y-2$
(3) $5b-3(-4a+8b)-4b$
$=5b+12a-24b-4b=12a-23b$
(4) $\dfrac{x+3y}{2}-\dfrac{x-y}{3}$
$=\dfrac{3(x+3y)-2(x-y)}{6}$
$=\dfrac{3x+9y-2x+2y}{6}$
$=\dfrac{x+11y}{6}$
(5) $\dfrac{3a-4b}{5}-a+2b-\dfrac{a-8b}{15}$
$=\dfrac{3(3a-4b)-15a+30b-(a-8b)}{15}$
$=\dfrac{9a-12b-15a+30b-a+8b}{15}$
$=\dfrac{-7a+26b}{15}$
(6) $\dfrac{2x+y}{3}-\dfrac{3(x-y)}{2}+x-\dfrac{8}{3}y$
$=\dfrac{2(2x+y)-9(x-y)+6x-16y}{6}$
$=\dfrac{4x+2y-9x+9y+6x-16y}{6}$
$=\dfrac{x-5y}{6}$

(7) $x-2y-\left\{\frac{1}{2}x-\frac{1}{3}(x+5y)\right\}$

$=\frac{6x-12y-\{3x-2(x+5y)\}}{6}$

$=\frac{6x-12y-(3x-2x-10y)}{6}$

$=\frac{6x-12y-x+10y}{6}=\frac{5x-2y}{6}$

(8) $5x-\frac{1}{3}\{-2x+5y-2(2x+y)\}$

$=5x-\frac{1}{3}(-2x+5y-4x-2y)$

$=5x-\frac{1}{3}(-6x+3y)$

$=5x+2x-y=7x-y$

2 (1) **-16** (2) **4** (3) **$\frac{3}{2}$**

(4) ① **$x+2y+1$** ② **$3y+3$**

③ **$-x+10y+11$**

解説 (1) $3a-4b-5a+9b$

$=-2a+5b=-6-10=-16$

(2) $3(2a-b)-4(a-2b)$

$=6a-3b-4a+8b=2a+5b$

$=6-2=4$

(3) $2a+b+\frac{a-b+3}{2}-\frac{5a+2b-2}{3}$

$=\frac{12a+6b+3(a-b+3)-2(5a+2b-2)}{6}$

$=\frac{12a+6b+3a-3b+9-10a-4b+4}{6}$

$=\frac{5a-b+13}{6}=\frac{-3-1+13}{6}=\frac{9}{6}=\frac{3}{2}$

(4) ① $A-B=2x+y-1-(x-y-2)$

$=2x+y-1-x+y+2=x+2y+1$

② $3A-2(A+B)=3A-2A-2B=A-2B$

$=2x+y-1-2(x-y-2)$

$=2x+y-1-2x+2y+4=3y+3$

③ $5(A-B)-2(A+B)$

$=5A-5B-2A-2B=3A-7B$

$=3(2x+y-1)-7(x-y-2)$

$=6x+3y-3-7x+7y+14$

$=-x+10y+11$

3 (1) **$A=10b+a$** (2) **11** (3) **9**

解説 (1) 十の位の数を 10 倍し，一の位の数をたして $A=10b+a$

(2) $B=10a+b$ であるから

$A+B=(10b+a)+(10a+b)$

$=11a+11b=11(a+b)$

よって，$A+B$ は 11 の倍数である。

(3) $A-B=(10b+a)-(10a+b)$

$=10b+a-10a-b$

$=9b-9a=9(b-a)$

よって，$A-B$ は 9 の倍数である。

4 (1) **81 枚** (2) **$(4a+4)$ 枚**

(3) ① **150cm** ② **12800cm^2**

解説 (1) 正方形の 1 辺に並ぶタイルは 9 枚であるから，タイルの枚数は

$9\times9=81$(枚)

(2) 正方形の各辺に a 枚のタイルを並べ，さらに正方形の 4 つのかどにタイルを並べるから，全部で $(4a+4)$ 枚

(3) ① $100\times100=10000$ より，

$1\text{m}^2=10000\text{cm}^2$ であるから

$2.25\text{m}^2=22500\text{cm}^2$

$150\times150=22500$ より，正方形の 1 辺の長さは 150cm である。

② $150\div10=15$ より，正方形の 1 辺に並んでいるタイルは 15 枚である。

1, 3, 5, 7, 9, 11, 13, 15より，1辺に15枚のタイルが並ぶのは8回目である。8回目までに一番外側に並ぶ白タイルの枚数を数える。

2回目 …$3^2-1^2=9-1=8$(枚)

4回目 …$7^2-5^2=49-25=24$(枚)

6回目 …$11^2-9^2=121-81=40$(枚)

8回目 …$15^2-13^2=225-169=56$(枚)

よって，全部で

$8+24+40+56=128$(枚)

タイル1枚の面積は$10\times10=100(\mathrm{cm}^2)$であるから，白タイルの部分の面積は

$100\times128=12800(\mathrm{cm}^2)$

5 ⑴ **30cm** ⑵ **$6n$ cm**

⑶ **長方形の縦の長さを$a$cm，横の長さを$b$cmとすると，$a+b=3$である。**

n段目まで並べたときの周囲の長さは，縦がancm，横がbncmの長方形の周囲の長さに等しいから

$2(an+bn)=2n(a+b)=2n\times3=6n$

これは，⑵と同じである。

解説 ⑴ 図のように辺を移動して考えると，

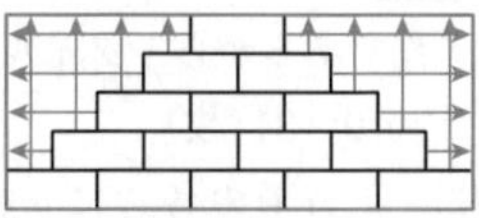

周囲の長さは，縦が$1\times5=5$(cm)，横が$2\times5=10$(cm)の長方形の周囲の長さに等しいことがわかる。

よって，求める周囲の長さは

$2(5+10)=30$(cm)

⑵ ⑴と同様に考えて，縦がn cm，横が$2n$ cmの長方形の周囲の長さに等しいから

$2(n+2n)=6n$(cm)

3 方程式

36 ⑴ $x=-5$ ⑵ $x=3$

⑶ $x=-3$ ⑷ $x=-11$

⑸ $x=\dfrac{20}{11}$ ⑹ $x=\dfrac{1}{3}$

⑺ $x=\dfrac{13}{7}$

解説 ⑴ $5x-1=3x-11$

$5x-3x=-11+1$

$2x=-10$ $x=-5$

⑵ $3x-1=-2x+14$

$3x+2x=14+1$

$5x=15$ $x=3$

⑶ $3(x+4)=-x$ $3x+12=-x$

$3x+x=-12$ $4x=-12$

$x=-3$

⑷ $2(x-3)=3(x+1)+2$

$2x-6=3x+3+2$

$2x-3x=5+6$

$-x=11$ $x=-11$

⑸ $4(3x-1)-(x+2)=14$

$12x-4-x-2=14$

$11x=14+4+2$

$11x=20$ $x=\dfrac{20}{11}$

⑹ $2(x+1)-5(x-1)=6$

$2x+2-5x+5=6$

$-3x=6-2-5$

$-3x=-1$ $x=\dfrac{1}{3}$

⑺ $5x-(-x+3)=2(x+4)-3x+2$

$5x+x-3=2x+8-3x+2$

$6x-2x+3x=10+3$

$7x=13$ $x=\dfrac{13}{7}$

37 (1) $x=\frac{5}{2}$　(2) $x=6$

(3) $x=\frac{33}{8}$　(4) $x=-\frac{190}{21}$

(5) $x=5$　(6) $x=-1$

解説 (1) $5(x-3)=3x-10$

$5x-15=3x-10$

$5x-3x=-10+15$

$2x=5$　$x=\frac{5}{2}$

(2) $\frac{2}{3}x-1=\frac{1}{6}x+2$

両辺を 6 倍して　$4x-6=x+12$

$4x-x=12+6$　$3x=18$　$x=6$

(3) $\frac{2}{3}x-\frac{3}{4}=2$

両辺を 12 倍して　$8x-9=24$

$8x=24+9$　$8x=33$　$x=\frac{33}{8}$

(4) $1.8x-\frac{7}{3}=\frac{5}{2}x+4$

両辺を 30 倍して　$54x-70=75x+120$

$54x-75x=120+70$

$-21x=190$

$x=-\frac{190}{21}$

(5) $\frac{x}{5}-\frac{2-x}{3}=2$

両辺を 15 倍して　$3x-5(2-x)=30$

$3x-10+5x=30$

$8x=30+10$

$8x=40$　$x=5$

(6) $1-\frac{3-x}{2}=x$

両辺を 2 倍して　$2-(3-x)=2x$

$2-3+x=2x$

$x-2x=-2+3$

$-x=1$　$x=-1$

38 (1) $x=\frac{16}{3}$　(2) $x=8$

(3) $x=3$　(4) $x=\frac{1}{2}$　(5) $x=-3$

解説 (1) $\frac{3x-5}{3}-\frac{x+2}{2}=0$

両辺を 6 倍して

$2(3x-5)-3(x+2)=0$

$6x-10-3x-6=0$

$3x=16$

$x=\frac{16}{3}$

(2) $\frac{4(3x+1)}{5}-\frac{5x-1}{3}=7$

両辺を 15 倍して

$12(3x+1)-5(5x-1)=105$

$36x+12-25x+5=105$

$11x+17=105$

$11x=88$　$x=8$

(3) $\frac{1}{2}x-0.5=0.2x+\frac{2}{5}$

両辺を 10 倍して

$5x-5=2x+4$

$3x=9$　$x=3$

(4) $0.5x+\frac{2}{5}(2-3x)=\frac{-7x+5}{2}-0.3$

両辺を 10 倍して

$5x+4(2-3x)=5(-7x+5)-3$

$5x+8-12x=-35x+25-3$

$28x=14$　$x=\frac{1}{2}$

(5) $\frac{1}{2}-\frac{3x-1}{4}=\frac{x+3}{6}-x$

両辺を 12 倍して

$6-3(3x-1)=2(x+3)-12x$

$6-9x+3=2x+6-12x$

$-9x+9=-10x+6$　$x=-3$

▶39 (1) $x=7$　(2) $x=\frac{1}{3}$

(3) $x=\frac{7}{8}$　(4) $x=\frac{10}{9}$

解説 (1) $0.3x=\frac{2}{5}(x-3)+0.5$

両辺を 10 倍して　$3x=4(x-3)+5$

$3x=4x-12+5$　$-x=-7$　$x=7$

(2) $4x-2\left(2x-\frac{1-3x}{4}\right)=\frac{3x-1}{3}$

$4x-4x+\frac{1-3x}{2}=\frac{3x-1}{3}$

$\frac{1-3x}{2}=\frac{3x-1}{3}$

両辺を 6 倍して　$3-9x=6x-2$

$-15x=-5$　$x=\frac{1}{3}$

(3) $3x-2\left(x-\frac{1-2x}{3}\right)=\frac{2x-1}{2}$

$3x-2x+\frac{2(1-2x)}{3}=\frac{2x-1}{2}$

$x+\frac{2(1-2x)}{3}=\frac{2x-1}{2}$

両辺を 6 倍して

$6x+4(1-2x)=3(2x-1)$

$6x+4-8x=6x-3$　$-8x=-7$

$x=\frac{7}{8}$

(4) $\left(5-\frac{x}{2}\right):\frac{3x+2}{7}=35:6$

内項の積と外項の積は等しいから

$\frac{3x+2}{7}\times 35=\left(5-\frac{x}{2}\right)\times 6$

$5(3x+2)=30-3x$　$15x+10=30-3x$

$18x=20$　$x=\frac{10}{9}$

▶40 アとウ

解説 アより　$-x=2$　$x=-2$

イの両辺を 21 倍して　$3x-42=7x$

$-4x=42$　$x=-\frac{21}{2}$

ウの両辺を 6 倍して　$2(5x+2)=3(x+1)$

$10x+4=3x+3$　$7x=-1$　$x=-\frac{1}{7}$

エより　$5x=-16$　$x=-\frac{16}{5}$

$-\frac{21}{2}<-\frac{16}{5}<-3<-2<-\frac{1}{7}$であるから，

解が -3 より大きくなるのは，アとウである。

▶41 (1) $a=\frac{1}{2}$　(2) $a=-2$

(3) $a=\frac{1}{2}$　(4) $a=-18$

解説 (1) $x+a=3ax-1$ に $x=3$ を代入して　$3+a=9a-1$　$-8a=-4$　$a=\frac{1}{2}$

(2) $\frac{x-2}{3}+\frac{x-a}{4}=1$ に $x=2$ を代入して

$\frac{2-a}{4}=1$　$2-a=4$　$-a=2$

$a=-2$

(3) $5x+2a=-x+16$ に $x=3a+1$ を代入して　$5(3a+1)+2a=-(3a+1)+16$

$15a+5+2a=-3a-1+16$

$20a=10$　$a=\frac{1}{2}$

(4) $\frac{4}{5}x-\frac{3}{10}=\frac{1}{2}x-\frac{21}{5}$

両辺を 10 倍して　$8x-3=5x-42$

$3x=-39$　$x=-13$

これが，$5(x+3)-2(x+2a)=48$ の解であるから，代入して

$5(-13+3)-2(-13+2a)=48$

$-50+26-4a=48$

$-4a=72$　$a=-18$

▸42 **62 人**

解説　わた菓子を買った人が x 人だったとする。120 人のうち，フランクフルトを買った人が 86 人で，この中に両方買った人が含まれるから，わた菓子だけを買った人の数は
120－86＝34(人)となる。
同様にして，フランクフルトだけを買った人は $(120-x)$ 人，両方買った人は $(x-34)$ 人となる。両方買ったときの代金は
$(120+100)\times(1-0.1)=220\times0.9=198$(円)
売り上げが 15904 円であるから
$120(120-x)+100\times34+198(x-34)$
$=15904$
$14400-120x+3400+198x-6732=15904$
$78x=4836$　　$x=62$

▸43 **14 枚**

解説　100 円硬貨の枚数を x 枚とすると，50 円硬貨の枚数は $(20-x)$ 枚となる。ジュースを $\left(\frac{x}{2}+7\right)$ 本買うと 20 円残ったから
$120\left(\frac{x}{2}+7\right)+20=100x+50(20-x)$
$60x+840+20=100x+1000-50x$
$10x=140$　　$x=14$

▸44 (1)　**$x=800$**
(2)　**おとな 10 人，子ども 30 人**
(3)　**(おとな，子ども)＝(6，13)，(7，11)，(8，9)**

解説　(1)　子どもの入場料は $\frac{x}{2}$ 円であるから　$\left(9x+12\times\frac{x}{2}\right)\times0.8=9600$
$15x\times0.8=9600$　　$12x=9600$
よって　$x=800$

(2)　おとなの人数を y 人とすると，子どもの人数は $(40-y)$ 人となる。団体料金で安くなるのは一般料金の 2 割であるから
$\{800y+400(40-y)\}\times0.2=4000$
$(400y+16000)\times0.2=4000$
$80y+3200=4000$　　$80y=800$
よって　$y=10$
おとなが 10 人であるから，子どもは
40－10＝30(人)

(3)　おとなの人数を z 人とする。
団体扱いとなる場合，割引き前の料金は
10000÷0.8＝12500(円)
このとき，子どもの人数は
$\frac{12500-800z}{400}=\frac{125}{4}-2z$　…①
z は整数であるから，①は整数となることはない。
よって，団体扱いとならない。
このグループが 20 人より少ないとき，子どもの人数は
$\frac{10000-800z}{400}=25-2z$
おとなと子どもの人数を合わせると
$z+(25-2z)=25-z$
これが 19 以下であるから，z は 6 以上の整数である。おとなの方が少ないことに注意して表にまとめると，次のようになる。

おとな(人)	6	7	8
子ども(人)	13	11	9

トップコーチ
(3)は，高校で学習する不等式を用いておとなの人数を考えるのが普通である。しかし，上記の解法のように，おとなの人数に自然数をあてはめながら調べることもできる。

▶45 (1) **$(0.1x-10)$円**
(2) **900円**

解説 (1) 引いてもらった金額は，板1枚の値段の1割より10円安いことから
$x\times0.1-10=(0.1x-10)$円

(2) 品物の合計金額と送料を合わせた金額から，引いてもらった金額を引くと，支払った金額になるから
$(27500+5x)\times1.04-(0.1x-10)=33200$
$5.1x=4590 \qquad x=900$

▶46 (1) **男子125名，女子75名**
(2) **420名**

解説 (1) 美術を選択した生徒の$\frac{5}{8}$が男子であるから，男子の人数は
$200\times\frac{5}{8}=125$(名)
女子は　$200-125=75$(名)

(2) 1年生全員の生徒数をx名とする。
音楽を選択した生徒は$(x-200)$名であるから，男子の人数に着目して
$(x-200)\times\frac{6}{11}+125=x\times\frac{7}{12}$
両辺を$11\times12(=132)$倍して
$72(x-200)+16500=77x$
$72x-14400+16500=77x$
$-5x=-2100 \qquad x=420$

トップコーチ
(2)は，音楽を選択した男女比が6：5なので，音楽を選択した男女の人数を$6y$，$5y$とおくことができる。これを用いて，
$(6y+125):(5y+75)=7:5$と立式して，yを求めることもできる。

▶47 **5人**

解説 今年の2年生の部員数をx人とする。
昨年の1年生はx人で，今年の1年生はその2倍の$2x$人となり，今年の3年生は
$30-(x+2x)=(30-3x)$人
これが昨年の2年生の部員数であるから，
昨年の3年生は
$30-(x+30-3x)=2x$(人)
今年の3年生は昨年の$\frac{3}{2}$の人数であるから
$30-3x=2x\times\frac{3}{2}$
$30-3x=3x \qquad -6x=-30 \qquad x=5$

▶48 (1) **8個**　(2) **$7150-921a$，4個**
(3) **4**

解説 (1) 樹形図をかいて考える。

千　百　十　一
1 ＜ 2—7—8 / 4—7—6 / 6—7—4 / 8—7—2

千　百　十　一
7 ＜ 2—1—8 / 4—1—6 / 6—1—4 / 8—1—2

よって，8個である。

(2) 百の位の数がaのとき，千の位の数は和が7であることから$7-a$，十の位の数はその2倍で$2(7-a)$，一の位の数は和が10であることから$10-a$となる。よって，求める数は
$1000\times(7-a)+100a+10\times2(7-a)+10-a$
$=7000-1000a+100a+140-20a+10-a$
$=7150-921a$
また，十の位の数$2(7-a)$が1けたの自然数となるのは$a=3$，4，5，6のときであるから，求める自然数は4個である。

(3) A の千の位の数を x，百の位の数を a，十の位の数を y とすると，一の位の数は $10-a$ で

$A=1000x+100a+10y+10-a$

$B=1000y+100a+10x+10-a$

$B-A=1980$ より

$1000y+10x-(1000x+10y)=1980$

$990y-990x=1980$　　$y-x=2$

よって　$y=x+2$

$x+y$ が最も小さくなるのは $x=1$，$y=3$ のときで，その和は 4 である。

トップコーチ
積極的に文字を使い，整数，自然数の条件を上手く使おう。例えば，各位の数は，1 けたの自然数になるなど。

▶49 (1) **$2004=667+668+669$**

(2) **連続する 4 つの整数 x，$x+1$，$x+2$，$x+3$ の和が 2004 になったとすると**

$x+(x+1)+(x+2)+(x+3)=2004$　…①

$4x+6=2004$　　$4x=1998$

$x=499.5$

x は整数であるから，①を満たす整数 x は存在しない。よって，2004 は連続する 4 つの整数の和として表すことはできない。

解説 (1) 連続する 3 つの整数を $x-1$，x，$x+1$ とおくと，和が 2004 になるから

$(x-1)+x+(x+1)=2004$

$3x=2004$　　$x=668$

よって　$2004=667+668+669$

▶50 $x=6$

解説 2 人で仕事をしたのは $(14-x)$ 日間。全仕事量を 1 とすると，1 日にできる仕事量は兄 1 人では $\frac{1}{18}$，弟 1 人では $\frac{1}{30}$ である。2 人で仕事をするときの 1 日の仕事量は，

兄は　$\frac{1}{18}\times\left(1-\frac{1}{10}\right)=\frac{1}{18}\times\frac{9}{10}=\frac{1}{20}$

弟は　$\frac{1}{30}\times\left(1+\frac{5}{10}\right)=\frac{1}{30}\times\frac{15}{10}=\frac{1}{20}$

2 人合わせて　$\frac{1}{20}+\frac{1}{20}=\frac{2}{20}=\frac{1}{10}$

したがって

$\frac{1}{30}x+\frac{1}{10}(14-x)=1$

$x+3(14-x)=30$

$x+42-3x=30$

$-2x=-12$　　$x=6$

▶51 (1) **B は $\frac{5}{3}$cm^2，C は $\frac{2}{3}$cm^2**

(2) **9cm**　　(3) **$\frac{132}{5}$cm^3**

解説 (1) 入れた水の量は

$2\times10=20$(cm^3)

B の底面積は　$20\div12=\frac{5}{3}$(cm^2)

C の底面積は　$20\div30=\frac{2}{3}$(cm^2)

(2) C の水深を x cm とすると，A，B の水深は $(x-3)$cm であるから

$2(x-3)+\frac{5}{3}(x-3)+\frac{2}{3}x=28$

両辺を 3 倍して

$6(x-3)+5(x-3)+2x=84$

$6x-18+5x-15+2x=84$

$13x=117$　　$x=9$

(3) はじめに同じになるようにしたB，Cの深さを$y$cmとする。
Bの半分とCの深さ3cm分を合わせるとAの深さ$7-2=5$(cm)分となるから

$\frac{5}{3}\times\frac{y}{2}+\frac{2}{3}\times3=2\times5$

$\frac{5}{6}y+2=10$　　$\frac{5}{6}y=8$

$y=8\times\frac{6}{5}=\frac{48}{5}$

よって，最初にバケツにあった水の量は

$2\times2+\frac{5}{3}\times\frac{48}{5}+\frac{2}{3}\times\frac{48}{5}$

$=4+16+\frac{32}{5}=\frac{132}{5}$(cm³)

▶52 (1) $\frac{7}{20}x$分　(2) $x=40$

解説 (1) 満水になってから毎分12Lの割合で水を抜くとx分で空になる。これより，水そうに入る水の量は，$12x$Lである。
排水管Bを閉じた状態で入れた水の量は

$12x\times\frac{7}{12}=7x$(L)

毎分20Lの割合で水を入れたから，かかる時間は

$7x\div20=\frac{7}{20}x$(分)

(2) 排水管Bを開いてから給水管Aを閉じるまでの時間は

$79-x-\frac{7}{20}x=79-\frac{27}{20}x$(分)

このとき，水は1分間に
$20-12=8$(L)
ずつ増えていき，水そう全体の

$1-\frac{7}{12}=\frac{5}{12}$

だけ水が入る。この水の量は

$12x\times\frac{5}{12}=5x$(L)

であるから

$8\times\left(79-\frac{27}{20}x\right)=5x$

両辺を5倍して
$40\times79-54x=25x$
$79x=40\times79$
$x=40$

▶53 6時間40分

解説 40分$=\frac{40}{60}$時間$=\frac{2}{3}$時間であるから

2時間40分$=\left(2+\frac{2}{3}\right)$時間$=\frac{8}{3}$時間

これより　$y\times x\times4=y\times(x+2)\times\frac{8}{3}$

$y\neq0$より，両辺をyでわって3倍すると
$12x=8(x+2)$
$12x=8x+16$
$4x=16$　　$x=4$
よって　$a=y\times x\times4=16y$
印刷の速さを1.2倍にすると，1時間に$1.2y$枚印刷できる。この印刷機を
$x-2=4-2=2$(台)
使ってa枚印刷するのにかかる時間は

$a\div(1.2y\times2)=\frac{16y}{2.4y}=\frac{160}{24}=\frac{20}{3}$(時間)

$\frac{20}{3}=6+\frac{2}{3}$で，$\frac{2}{3}$時間$=40$分であるから，
求める時間は6時間40分である。
(注意)　yは0でないことを，$y\neq0$で表す。

▶54 52.5km

解説 A, B 両駅間の距離を x km とする。普通電車と急行電車が同時に A 駅を出発する場合には，急行電車は普通電車より 13 分早く B 駅に着く。したがって

$\frac{x}{50}-\frac{x}{63}=\frac{13}{60}$　　$\frac{63x-50x}{3150}=\frac{13}{60}$

$\frac{13}{3150}x=\frac{13}{60}$　　$x=\frac{13}{60}\times\frac{3150}{13}=\frac{315}{6}=52.5$

▶55 1250m

解説 家から x m の地点でパンクしたとする。いつもの 2 割増しの速さは

$250\times(1+0.2)=250\times1.2=300$

より，毎分 300m である。

家から駅までは　$250\times25=6250$(m)

パンクした日の所要時間は　$25+5=30$(分)

したがって

$\frac{x}{250}+\frac{500}{100}+5+\frac{6250-x-500}{300}=30$

$\frac{x}{250}+\frac{5750-x}{300}=20$

両辺を 1500 倍して

$6x+5(5750-x)=30000$

$6x+28750-5x=30000$　　$x=1250$

▶56 7 時 43 分

解説 7 時 10 分の x 分後に学校に到着したとする。300m 歩くのにかかる時間は

$300\div60=5$(分)

忘れ物を見つけるために 3 分間かかっているから，走った時間は

$x-5-3=x-8$(分)

走る速さは，歩く速さの 2 倍であるから

$60\times2\times(x-8)=300+2700$

$120(x-8)=3000$　　$x-8=25$　　$x=33$

$10+33=43$ より，学校に到着する時刻は，7 時 43 分である。

▶57 (1)

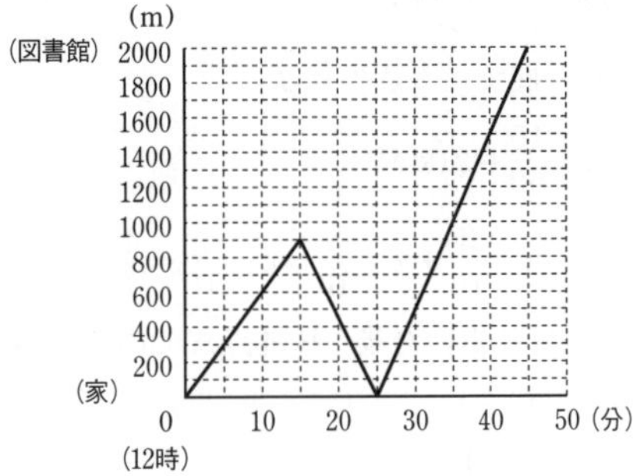

(2) **12 時 30 分**

解説 (1) 一郎さんが忘れ物に気づいたのは，家から $60\times15=900$(m)の地点である。そこから家に戻るまでにかかる時間は

$900\div90=10$(分)

よって，家に着くのは 12 時 25 分である。

12 時 45 分に図書館，つまり 2000m の地点に着くから，グラフは原点，(15, 900), (25, 0), (45, 2000) を順に結ぶ折れ線となる。

(2) 12 時 15 分に花子さんは，家から

$2000-50\times15=2000-750=1250$(m)

の地点にいるから，一郎さんとはまだ出会わない。一郎さんが家に戻る速さの方が花子さんの速さより大きいから，花子さんが一郎さんと出会うのは，一郎さんが再び家を出発してからとなる。そのとき，一郎さんは $45-25=20$(分)で 2000m 歩くから，その速さは毎分 100m となる。

12 時 x 分に 2 人が出会うとすると

$50x+100(x-25)=2000$

両辺を 50 で割って　$x+2(x-25)=40$

$x+2x-50=40$　　$3x=90$　　$x=30$

よって，12 時 30 分である。

▶58 (1) **29分30秒**

(2) **16分0秒後，2600m**

解説 (1) 3分間で歩く道のりは

$6\times\frac{3}{60}=\frac{3}{10}$(km)

10分間で走る道のりは

$12\times\frac{10}{60}=2$(km)

$\frac{3}{10}+2+\frac{3}{10}+2+\frac{3}{10}=4+\frac{9}{10}=\frac{49}{10}$(km)

3回目に歩いた後，B地点までの残りの道のりは

$5-\frac{49}{10}=\frac{1}{10}$(km)

この道のりを走るのにかかる時間は

$\frac{1}{10}\div12=\frac{1}{10}\times\frac{1}{12}=\frac{1}{120}$(時間)

$\frac{1}{120}$時間$=\frac{60\times60}{120}$秒$=30$秒

よって，かかる時間は

3分+10分+3分+10分+3分+30秒

=29分30秒

(2) 2人が進む道のりの和を求める。

3分後は　$\frac{3}{10}+9\times\frac{3}{60}=\frac{15}{20}=\frac{3}{4}<5$

13分後は　$\frac{3}{10}+2+9\times\frac{13}{60}=\frac{85}{20}=\frac{17}{4}<5$

16分後は　$\frac{3}{10}+2+\frac{3}{10}+9\times\frac{16}{60}=5$

よって，16分後に2人は出会う。

その地点はA地点から$\frac{26}{10}$km，つまり2600mの地点である。

▶59 (1)

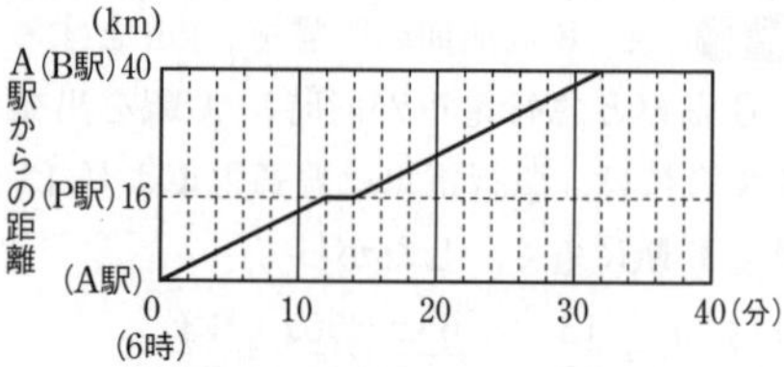

電車の速さは，毎時80km

(2) **32km**　(3) **7か所**

解説 (1) 停車時間を除くと，40km走るのに，32−2=30(分)かかる。

30分$=\frac{30}{60}$時間$=\frac{1}{2}$時間

よって，電車の速さは

$40\div\frac{1}{2}=40\times2=80$

より，毎時80kmである。

この速さで16km走るのにかかる時間は

$16\div80=\frac{16}{80}=\frac{1}{5}$(時間)

$\frac{1}{5}\times60=12$より，12分である。

よって，グラフは，(0, 0)，(12, 16)，(14, 16)，(32, 40)を順に結ぶ折れ線である。

(2) 6時x分にすれ違うとする。すれ違うのはP駅とB駅の間であるから

$80\left(\frac{x}{60}-\frac{14}{60}\right)+80\left(\frac{x}{60}-\frac{20}{60}\right)=40-16$

$\frac{4}{3}x-\frac{56}{3}+\frac{4}{3}x-\frac{80}{3}=24$

両辺を3倍して　$4x-56+4x-80=72$

$8x=208$　　$x=26$

このとき，A駅からの道のりは

$16+80\left(\frac{26}{60}-\frac{14}{60}\right)=16+80\times\frac{12}{60}$

$=16+80\times\frac{1}{5}=16+16=32$(km)

(3) A駅7時発の電車は，B駅発6時30分から7時30分発までの7本の電車とすれ違う。10分ごとに，同じことがくり返されるから，電車がすれ違うのは7か所である。

▶60 (1) $a=4000$ (2) $b=8000$

解説 バスと人の，時間とA町からの道のりの関係は次のグラフのようになる。

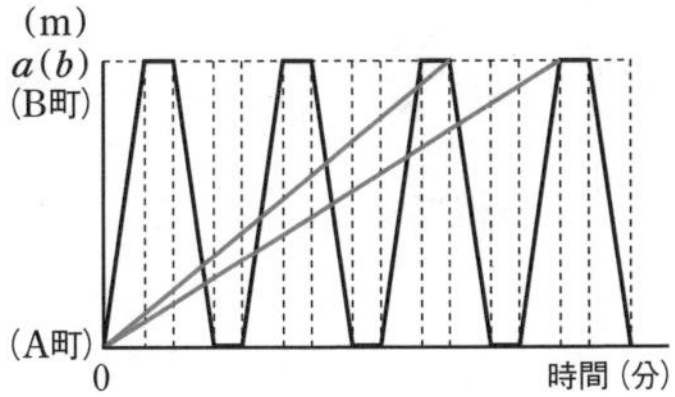

(1) グラフより，バスが3回目にB町を出発する場合を考えて

$\frac{a}{800}\times5+5\times5=\frac{a}{80}$

両辺を160倍して　$a+4000=2a$

よって　$a=4000$

(2) グラフより，バスが4回目にB町に着く場合を考えて

$\frac{b}{800}\times7+5\times6=\frac{b}{80}$

両辺を800倍して　$7b+24000=10b$

$3b=24000$

よって　$b=8000$

トップコーチ

往復運動に関する問題では，ダイヤグラムを利用すべきである。関数的処理や図形的処理が出来るなどのメリットがある。ダイヤグラムは，縦軸に道のり，横軸に時間をとることによって，グラフの傾きは速さを表すことになる。

▶61 (1) 30秒後 (2) $\frac{20}{3}$秒後

(3) $\frac{10}{3}$秒後と$\frac{50}{3}$秒後

解説 (1) 点Qが点Pより

$10\times3=30$(cm)

余分に進んだとき追いつく。x秒後に追いつくとすると

$2x=x+30$　　$x=30$

よって，30秒後である。

(2) y秒後とすると，点Qが辺CD上にあるとき，点Pは辺AB上にあるから

BP=CQより　$10-y=2y-10$

$3y=20$　　$y=\frac{20}{3}$

よって，$\frac{20}{3}$秒後である。

(3) z秒後とする。

1回目は，点PがAB上，点QがBC上のときである。

$BP=10-z$，$BQ=2z$であるから，

BP=BQより　$10-z=2z$

$3z=10$　　$z=\frac{10}{3}$

よって，$\frac{10}{3}$秒後である。

2回目は，点PがBC上，点QがAB上のときである。

AB+BP=zより　$BP=z-10$

BC+CD+DA+AQ=$2z$より

$AQ=2z-30$

$BQ=10-AQ=10-(2z-30)=40-2z$

BP=BQより　$z-10=40-2z$

$3z=50$　　$z=\frac{50}{3}$

よって，$\frac{50}{3}$秒後である。

▶62 (1) **10 分後**　(2) **12 分後**
(3) **5 回目**

解説 (1) 1000÷100=10 より，10 分後。
(2) 2 人が最初にすれ違うのが出発してから x 分後とすると
$100x+150x=1000$　　$x=4$
よって，4 分後。
3 回目にすれ違うのは　4×3=12(分後)
(3) A は 10 分ごとに地点 P に戻り，2 人は 4 分ごとにすれ違う。10 と 4 の最小公倍数は 20 であるから，2 人は 20 分後に地点 P ですれ違う。
20÷4=5 より，それは 5 回目である。

▶63 (1) **5 秒**　(2) $\frac{5}{32}$ **秒後**
(3) $\frac{11}{4}$ **秒後**　(4) $\frac{55}{8}$ **秒後**

解説 (1) 半径 OP の円の円周は
$2\pi\times5=10\pi$
点 P は毎秒 2π の速さで回転するから，1 周にかかる時間は
$10\pi\div2\pi=5$(秒)
(2) 点 P は 1 秒間に，360°÷5=72° 回転する。点 Q が 1 周するのにかかる時間は
$2\pi\times6\div4\pi=3$(秒)
よって，点 Q は 1 秒間に，360°÷3=120° 回転する。
最初，∠POQ=∠AOB=30° で，x 秒後に ∠POQ=0° になるとすると
$(72+120)x=30$
$x=\frac{30}{192}=\frac{5}{32}$
このとき，3 点 O，P，Q はこの順で初めて同一直線上になるから，$\frac{5}{32}$ 秒後である。
(3) 360°−30°=330° 回転したときであるから　$330\div120=\frac{33}{12}=\frac{11}{4}$
よって，$\frac{11}{4}$ 秒後である。
(4) y 秒後とすると，1 秒あたりの回転は，点 Q の方が早いから，点 Q が点 P に追いついたとき，3 点 O，P，Q がこの順で初めて同一直線上に並ぶ。したがって
$120y=72y+330$
$48y=330$　　$y=\frac{55}{8}$
よって，$\frac{55}{8}$ 秒後である。

▶64 (1) ① $\frac{45}{8}$　② **90，7**
(2) $\frac{90}{13}$ **秒後**

解説 (1) ① P，Q の進んだ道のりを合わせて，円周の半分になったときであるから，その時間は
$(900\div2)\div(50+30)=\frac{450}{80}=\frac{45}{8}$(秒後)
② 900÷50=18 より，P は 18 秒で 1 周する。
900÷30=30 より，Q は 30 秒で 1 周する。
18 と 30 の最小公倍数は 90 であるから，P と Q が再び地点 S で出会うのは 90 秒後である。
$900\div(50+30)=\frac{900}{80}=\frac{90}{8}$ より，2 点は $\frac{90}{8}$ 秒ごとに出会うから，地点 S で再び出会うまでに出会う回数は
$90\div\frac{90}{8}-1=90\times\frac{8}{90}-1=8-1=7$(回)

(2) 2点P，Qが最初に出会うまでの範囲で考える。
出発してから，最初に出会うまでの間に，
Pの方が早く回転するから，$\overset{\frown}{SP}=\overset{\frown}{SQ}$となることはない。よって，SP=SQとなることはない。
PS=PQのとき，$\overset{\frown}{PS}=\overset{\frown}{PQ}$となるまでの時間を$x$秒とすると
$50x=900-(50x+30x)$
$50x=900-80x$
$130x=900$　　$x=\frac{90}{13}$
PQ=QSのとき，$\overset{\frown}{PQ}=\overset{\frown}{QS}$となるまでの時間を$y$秒とすると
$900-(50y+30y)=30y$
$900-80y=30y$
$110y=900$　　$y=\frac{90}{11}$
$\frac{90}{13}<\frac{90}{11}$であるから，出発後初めて二等辺三角形となるのは，$\frac{90}{13}$秒後である。

▶65 (1) **3.5秒後**　(2) **18秒後**
(3) **30秒後**

解説 (1) 360°÷9=40°より，Aは1秒間に40°回転する。
140°回転するのは
140°÷40°=3.5(秒後)
(2) 360°÷12=30°より，Bは1秒間に30°回転する。A，O，Bが最初に一直線上に並ぶのは，∠AOB=180°のときである。
x秒後に一直線上に並ぶとすると
$40x-30x=180$　　$10x=180$
$x=18$
よって，18秒後である。
(3) ∠OAB=90°のとき，
OA：OB=5：10=1：2であるから，
△OABは正三角形を半分に切った形で，
∠AOB=60°となる。
∠OABが2度目に90°となるとき，AはBより360°−60°=300°だけ多く回転する。
それがy秒後であるとすると
$40y-30y=300$　　$10y=300$
$y=30$
よって，30秒後である。

トップコーチ
平方根，三平方の定理は，中学3年生で学習することになる。しかし，三角定規の辺の比は，覚えておこう。

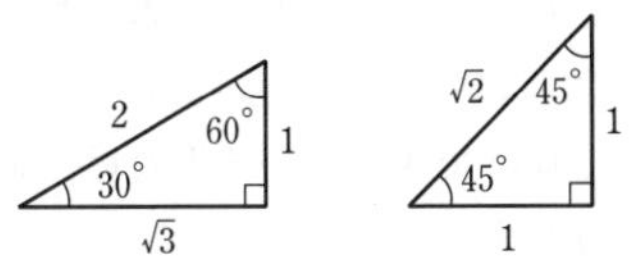

▶66 (1) **(2x−11)km**
(2) $\frac{11}{60}x$，$\frac{2x-2}{9}$　(3) $x=\frac{40}{7}$
(4) $\frac{13}{21}$**時間後**

解説 (1) 20分$=\frac{20}{60}$時間$=\frac{1}{3}$時間
2周の距離から，時速12km，時速11km，時速10kmで$\frac{1}{3}$時間ずつ走った道のりを引いて
$2x-12\times\frac{1}{3}-11\times\frac{1}{3}-10\times\frac{1}{3}$
$=2x-(12+11+10)\times\frac{1}{3}$
$=(2x-11)$km

(2) A がかかった時間は

$$\frac{x}{12}+\frac{x}{10}=\frac{5}{60}x+\frac{6}{60}x=\frac{11}{60}x\ (時間)$$

B がかかった時間は

$$\frac{1}{3}\times3+\frac{2x-11}{9}=\frac{9+2x-11}{9}$$

$$=\frac{2x-2}{9}\ (時間)$$

(3) (2)より $\frac{11}{60}x=\frac{2x-2}{9}$

両辺を 180 倍して

$33x=20(2x-2)$

$33x=40x-40$

$7x=40 \qquad x=\frac{40}{7}$

(4) スタートしたときは，2 人とも時速 12km であるから，B は A を追い越せない。A は 2 周目になると時速 10km となり，B が時速 11km で走っている間だけ，追い越すことができる。

スタートから y 時間後に追い越すとすると，スタートからの 2 人の道のりが等しいことから

$$\frac{40}{7}+10\left(y-\frac{40}{7}\div12\right)=12\times\frac{1}{3}+11\left(y-\frac{1}{3}\right)$$

$$\frac{40}{7}+10y-\frac{100}{21}=4+11y-\frac{11}{3}$$

$$10y+\frac{120}{21}-\frac{100}{21}=11y+\frac{12}{3}-\frac{11}{3}$$

$$10y+\frac{20}{21}=11y+\frac{1}{3}$$

$$y=\frac{20}{21}-\frac{1}{3}=\frac{20}{21}-\frac{7}{21}=\frac{13}{21}$$

よって，$\frac{13}{21}$ 時間後である。

▸67 (1) $\frac{x}{50}$ g　(2) $\left(2+\frac{x}{100}\right)$%

(3) **160g，3.6%**

解説 (1) 2% の食塩水 x g に含まれる食塩の量は

$$\frac{2}{100}x=\frac{x}{50}\ (\mathrm{g})$$

(2) A から x g 取り出して B に入れ，C から x g 取り出して A に入れるから，A の食塩水の量は 200g である。

食塩の量は

$$\frac{2}{100}(200-x)+\frac{4}{100}x$$

$$=\frac{400-2x+4x}{100}=\frac{400+2x}{100}\ (\mathrm{g})$$

よって，食塩水の濃度は

$$\frac{400+2x}{100}\div200\times100$$

$$=\frac{400+2x}{200}=\left(2+\frac{x}{100}\right)\%$$

(3) C の食塩水に含まれる食塩の量は

$$\frac{4}{100}(400-x)+\frac{3}{100}x$$

$$=\frac{1600-4x+3x}{100}=\frac{1600-x}{100}\ (\mathrm{g})$$

よって，食塩水の濃度は

$$\frac{1600-x}{100}\div400\times100$$

$$=\frac{1600-x}{400}=\left(4-\frac{x}{400}\right)\%$$

これが A の食塩水の濃度と等しいから

$$2+\frac{x}{100}=4-\frac{x}{400}$$

$$\frac{4x}{400}+\frac{x}{400}=4-2$$

$$\frac{5x}{400}=2 \qquad \frac{x}{80}=2 \qquad x=160$$

このとき，A の食塩水の濃度は

$$2+\frac{160}{100}=2+1.6=3.6(\%)$$

▶**68** (1) **75g** (2) **8.9%**

解説 (1) Bからxg取り出したとする。

Aからの100gとまぜると，食塩水の量は$(100+x)$g，食塩の量は

$\frac{9.5}{100}\times100+\frac{6}{100}x=\left(9.5+\frac{6}{100}x\right)$g

この濃度が8%になるから

$\frac{8}{100}(100+x)=9.5+\frac{6}{100}x$

$8(100+x)=950+6x$

$800+8x=950+6x$　　$2x=150$　　$x=75$

(2) 残った食塩水から蒸発させた100gを引いた食塩水の量は

$(400-100)+(450-75)-100=575$(g)

この食塩水に含まれる食塩の量は

$\frac{9.5}{100}\times(400-100)+\frac{6}{100}\times(450-75)$

$=28.5+22.5=51$(g)

よって，濃度は　$\frac{51}{575}\times100=8.86\cdots$

小数第2位を四捨五入して，8.9%である。

▶**69** (1) $\frac{12}{100}(200-x)+\frac{9}{100}\times\frac{x}{2}$

$=\frac{10.5}{100}\times200$

(2) $x=40$

解説 (1) 食塩の量に着目して

$\frac{12}{100}(200-x)+\frac{9}{100}\times\frac{x}{2}=\frac{10.5}{100}\times200$

(2) (1)の方程式の両辺を200倍して

$24(200-x)+9x=21\times200$

$4800-24x+9x=4200$

$15x=600$　　$x=40$

▶**70** (1) $b=3a$ (2) $x=70$

解説 (1) a%の食塩水200gに含まれる食塩の量は　$\frac{a}{100}\times200=2a$(g)

同様に，b%の食塩水200gに含まれる食塩の量は　$\frac{b}{100}\times200=2b$(g)

AからBに200gの食塩水を移したとき，Bの食塩水$200+200=400$(g)に含まれる食塩の量は$(2a+2b)$gであるから，この食塩水の濃度は

$\frac{2a+2b}{400}\times100=\frac{a+b}{2}$(%)

この食塩水200gをAに戻したとき，Aの食塩水$(400-200)+200=400$(g)に含まれる食塩の量は

$\frac{a}{100}\times200+\frac{a+b}{100\times2}\times200=(3a+b)$g

よって，濃度は

$\frac{3a+b}{400}\times100=\frac{3a+b}{4}$(%)

A，Bの食塩水の濃度の比が3：4であるから　$\frac{3a+b}{4}:\frac{a+b}{2}=3:4$

$\frac{3(a+b)}{2}=3a+b$　　$3a+3b=6a+2b$

よって　$b=3a$

(2) (1)より，食塩水の濃度は，

Aは　$\frac{3a+b}{4}=\frac{3a+3a}{4}=\frac{3}{2}a$(%)

Bは　$\frac{a+b}{2}=\frac{a+3a}{2}=2a$(%)

さらに，AからBに150gの食塩水を移したとき，Bの食塩水$200+150=350$(g)に含まれる食塩の量は

$\frac{2a}{100}\times200+\frac{3a}{100\times2}\times150=4a+\frac{9}{4}a$

$=\frac{25}{4}a$(g)

よって，濃度は

$\frac{25a}{350\times4}\times100=\frac{25}{14}a(\%)$

この食塩水 x g を A に戻したとき，A に含まれる食塩の量は

$\frac{3a}{100\times2}\times(400-150)+\frac{25a}{100\times14}x$

$=\frac{3a}{200}\times250+\frac{a}{56}x=\frac{15}{4}a+\frac{a}{56}x$

B に含まれる食塩の量は

$\frac{25a}{100\times14}\times(350-x)=\frac{25}{4}a-\frac{a}{56}x$

これらが等しいから

$\frac{15}{4}a+\frac{a}{56}x=\frac{25}{4}a-\frac{a}{56}x$

$a\fallingdotseq0$ より，両辺を a で割って

$\frac{15}{4}+\frac{1}{56}x=\frac{25}{4}-\frac{1}{56}x$

$\frac{2}{56}x=\frac{25}{4}-\frac{15}{4}$

$\frac{1}{28}x=\frac{10}{4}$

よって　$x=70$

▶71 (1)　$y=\frac{1}{4}x$　　(2)　**6%**

(3)　**A の蛇口を 37.5% に絞る**

解説　(1)　満水時の食塩水の量に着目して

$30x=40\left(\frac{1}{2}x+y\right)$

$30x=20x+40y$

$40y=10x$

よって　$y=\frac{1}{4}x$

(2)　(1)より，A と B を 4：1 の割合でまぜるから，A を 4kg，B を 1kg とすると，食塩水の量は

$4+1=5$(kg)

この食塩水に含まれる食塩の量は

$\frac{5}{100}\times4+\frac{10}{100}\times1=\frac{30}{100}=0.3$(kg)

よって，この食塩水の濃度は

$\frac{0.3}{5}\times100=\frac{30}{5}=6(\%)$

満水時にも濃度は変わらないから，6% の食塩水ができる。

(3)　(2)より，A を全開にすると 6% になるから，7% にするには A の方を絞らなければならない。A の排出量が a % になるように絞るとすると，1 分間の排出量は

$\frac{a}{100}x$(kg)になるから

$\frac{5}{100}\times\frac{a}{100}x+\frac{10}{100}y=\frac{7}{100}\left(\frac{a}{100}x+y\right)$

両辺を 10000 倍して

$5ax+1000y=7ax+700y$

$2ax=300y$

$y=\frac{1}{4}x$ を代入して

$2ax=300\times\frac{1}{4}x$　　$2a=75$

よって　$a=37.5$

▶72 (1)　**A さんは 8，B さんは 5**

(2)　①　$5x-10=26-7x$

②　**6 回**

解説　(1)　A さんが負けたのは

$10-5-3=2$(回)

よって，A さんの位置は

$2\times5+0\times3+(-1)\times2=8$

B さんは，勝ちが 2 回，あいこが 3 回，負けが 5 回である。最初 6 の位置にいるから，B さんの位置は

$6+2\times2+0\times3+(-1)\times5=5$

(2) ① あいこは $2x$ 回で，A さんが負けたのは，$10-x-2x=(10-3x)$回である。

よって，A さんの位置は

$2x+0\times 2x+(-1)\times(10-3x)$

$=2x-10+3x=5x-10$

B さんの位置は

$6+2(10-3x)+0\times 2x+(-1)\times x$

$=6+20-6x-x=26-7x$

2 人は同じ位置になったから

$5x-10=26-7x$

② ①の方程式を解いて

$12x=36\qquad x=3$

あいこの回数はその 2 倍で，6 回である。

▶73 (1) **B には A の食塩水を入れるから濃度は 5% より大きく，10% 未満である。C には B の食塩水を入れるから，濃度は 10% より大きく，15% 未満である。よって B と C の食塩水の濃度は等しくなることがない。**

(2) **8%**

解説 (2) それぞれのビーカーから x g 取り出すとする。

A の食塩水の濃度は

$\left\{\frac{5}{100}(56-x)+\frac{15}{100}x\right\}\div 56\times 100$

$=\frac{1}{56}(5\times 56-5x+15x)=5+\frac{10}{56}x$

$=\left(5+\frac{5}{28}x\right)$%

C の食塩水の濃度は

$\left\{\frac{15}{100}(70-x)+\frac{10}{100}x\right\}\div 70\times 100$

$=\frac{1}{70}(15\times 70-15x+10x)$

$=15-\frac{5}{70}x=\left(15-\frac{1}{14}\right)x$ %

A と C の食塩水の濃度は等しいから

$5+\frac{5}{28}x=15-\frac{1}{14}x$

$\frac{5}{28}x+\frac{2}{28}x=10\qquad \frac{7}{28}x=10$

$\frac{1}{4}x=10$

よって　$x=40$

このとき，B の食塩水の濃度は

$\left\{\frac{10}{100}(100-40)+\frac{5}{100}\times 40\right\}\div 100\times 100$

$=6+2=8$(%)

▶74 (1) $\frac{9}{2}$**L**　(2) $\frac{3}{2}$**L**　(3) $\frac{9}{4}$**L**

解説 (1) 最後に A，B，C の容器に入っている水の量は　$9\div 3=3$(L)

操作Ⅱの直後で C の容器に残っている水の量を x L とすると

$x\times\left(1-\frac{1}{3}\right)=3\qquad \frac{2}{3}x=3$

よって　$x=\frac{9}{2}$

(2) $\frac{9}{2}\times\frac{1}{3}=\frac{3}{2}$(L)

(3) 操作Ⅰの直後の容器 A の水の量は

$3-\frac{3}{2}=\frac{3}{2}$(L)

初めに容器 A に入っていた水の量を y L とすると

$y\times\left(1-\frac{1}{3}\right)=\frac{3}{2}\qquad \frac{2}{3}y=\frac{3}{2}$

よって　$y=\frac{9}{4}$

▶75 (1) $\dfrac{3x+10}{4}$% (2) $\dfrac{9x+70}{16}$%

(3) $x=\dfrac{58}{9}$

解説 50g は 100g の半分で，10% の食塩水 50g に含まれる食塩の量は

$\dfrac{10}{100}\times50=5(\text{g})$

1 回の操作で，A の食塩水に含まれる食塩の半分が別の容器に移り，それに 5g を加えた分の半分が A に戻る。

(1) x% の食塩水 100g に含まれる食塩の量は

$\dfrac{x}{100}\times100=x(\text{g})$

1 回の操作後，A の食塩水に含まれる食塩の量は，A に残った分と別の容器から戻ってきた分を合わせて

$\dfrac{x}{2}+\dfrac{1}{2}\left(\dfrac{x}{2}+5\right)=\dfrac{2x}{4}+\dfrac{x+10}{4}=\dfrac{3x+10}{4}(\text{g})$

食塩水 100g 中に食塩が $\dfrac{3x+10}{4}$g 含まれているから，濃度は $\dfrac{3x+10}{4}$% である。

(2) 2 回の操作後，A の食塩水に含まれる食塩の量は

$\dfrac{1}{2}\times\dfrac{3x+10}{4}+\dfrac{1}{2}\left(\dfrac{1}{2}\times\dfrac{3x+10}{4}+5\right)$

$=\dfrac{3x+10}{8}+\dfrac{1}{2}\times\dfrac{3x+10+40}{8}$

$=\dfrac{6x+20}{16}+\dfrac{3x+50}{16}$

$=\dfrac{9x+70}{16}(\text{g})$

よって，濃度は $\dfrac{9x+70}{16}$% である。

(3) 3 回の操作後，A の食塩水に含まれる食塩の量は

$\dfrac{1}{2}\times\dfrac{9x+70}{16}+\dfrac{1}{2}\left(\dfrac{1}{2}\times\dfrac{9x+70}{16}+5\right)$

$=\dfrac{9x+70}{32}+\dfrac{1}{2}\times\dfrac{9x+70+160}{32}$

$=\dfrac{18x+140}{64}+\dfrac{9x+230}{64}$

$=\dfrac{27x+370}{64}(\text{g})$

よって，濃度は $\dfrac{27x+370}{64}$% で，これが 8.5% であるから

$\dfrac{27x+370}{64}=8.5$

$27x+370=544$

$27x=174 \qquad x=\dfrac{174}{27}=\dfrac{58}{9}$

トップコーチ

比例配分の考え方をマスターするとよい。例えば，ある食塩水 100g を 20g と 80g に分けたとき，それぞれの食塩水に含まれる食塩の量の比は 1：4，水の量の比も 1：4 となる。

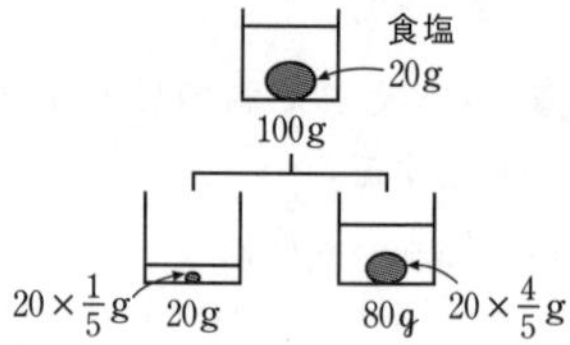

第3回 実力テスト

1 (1) $x=\frac{1}{2}$ (2) $x=-13$

(3) $x=\frac{1}{2}$ (4) $x=\frac{4}{3}$

解説 (1) $3x-4-(5x-6)=2(2-3x)$

$3x-4-5x+6=4-6x$

$4x=2 \quad x=\frac{1}{2}$

(2) $1.2(2x-3)=2.7x+0.3$

両辺を 10 倍して

$12(2x-3)=27x+3$

$24x-36=27x+3$

$-3x=39 \quad x=-13$

(3) $0.1x=0.3(x-2)+\frac{1}{2}$

両辺を 10 倍して $x=3(x-2)+5$

$x=3x-6+5$

$-2x=-1 \quad x=\frac{1}{2}$

(4) $\frac{2x+1}{5}-0.2(6x-5)=\frac{x-2}{2}-0.7(x-2)$

両辺を 10 倍して

$2(2x+1)-2(6x-5)=5(x-2)-7(x-2)$

$4x+2-12x+10=5x-10-7x+14$

$-8x+12=-2x+4$

$-6x=-8 \quad x=\frac{4}{3}$

2 (1) **A 君は 5 本，B 君は 10 本**

(2) {**A 君が鉛筆 7 本**, **B 君がサインペン 14 本**}

{**A 君がボールペン 35 本**, **B 君が鉛筆 70 本**}

{**A 君がボールペン 7 本**, **B 君がボールペン 14 本**}

解説 (1) A 君が鉛筆を x 本買ったとすると，B 君はボールペンを $2x$ 本買うから

$50\times2x-30x=350$

$70x=350 \quad x=5$

よって，A 君は 5 本，B 君は $5\times2=10$(本)となる。

(2) A 君が x 本買ったとする。

	鉛筆	サインペン	ボールペン
A 君の代金	$30x$	$40x$	$50x$
B 君の代金	$60x$	$80x$	$100x$

B 君の代金から A 君の代金を引くと 350 円となるから，2 人の差を整理したときの x の係数が 350 の約数のときに限り，x は整数となる。

A 君が鉛筆を買ったとき

$60x-30x=30x$，$80x-30x=50x$，

$100x-30x=70x$ より，B 君はサインペンかボールペンを買った。ボールペンは(1)の場合であるから除く。

$50x=350$ より $x=7$

よって，A 君が鉛筆 7 本，B 君がサインペン $7\times2=14$(本)となる。

A 君がサインペンを買ったとき

$60x-40x=20x$，$80x-40x=40x$，

$100x-40x=60x$ より，代金の差が 350 円になることはない。

A 君がボールペンを買ったとき

$60x-50x=10x$，$80x-50x=30x$，

$100x-50x=50x$ より，B 君は鉛筆かボールペンを買った。

$10x=350$ より $x=35$

よって，A 君がボールペン 35 本，B 君が鉛筆 $35\times2=70$(本)となる。

また，$50x=350$ より $x=7$

よって，A 君がボールペン 7 本，B 君がボールペン $7\times2=14$(本)となる。

3 **午前6時40分**

解説 いつも歩く一定の速さを分速 a m，この速さで家から駅までかかる時間を x 分とする。歩く速さを $\frac{1}{4}$ だけ増すとき，その速さは

$\left(1+\frac{1}{4}\right)a=\frac{5}{4}a$ より，分速 $\frac{5}{4}a$ m である。

このとき，駅までの時間はいつもより

$3+5=8$(分)だけ早いから

$ax=\frac{5}{4}a(x-8)$

$a \neq 0$ より，両辺を a で割り，4倍すると

$4x=5(x-8)$ $4x=5x-40$

$x=40$

求める時刻は，午前7時15分の5分後の40分前になるから，午前6時40分である。

4 (1) **40分後**

(2) **20分後に，点Bで出会う**

解説 (1) 正方形ABCDのまわりの長さは $40\times4=160$(m)

また $AB+BC=40+40=80$(m)

PがQを初めて追い越すまでの時間を x 分とすると

$10x=8x+80$ $2x=80$ $x=40$

このとき，Qは，$8\times40=320$(m)移動し，$320\div160=2$ より，点Cを出発してちょうど2周して点Cに戻っている。

よって，PとQがはじめて点Cを同時に通過するのは，40分後である。

(2) PとRは逆方向に移動するから，PとRが初めて出会うまでの時間を y 分とすると

$10y+6y=160$ $16y=160$ $y=10$

よって，PとRは10分ごとに出会う。

また，Pは，$40\div10=4$(分)ごとに頂点を通過する。10と4の最小公倍数は20であるから，PとRは20分後に頂点で出会う。

$10\times20=200$(m)より，その頂点はPがAから200m移動した点Bである。

5 (1) **5%** (2) **20g**

(3) **25g**

解説 (1) 水温が30℃のとき，

$20+x=30$ より $x=10$

$\frac{x}{2}=\frac{10}{2}=5$ であるから，物質Aは5%の濃度まで溶ける。

(2) 物質Aが y g残るとすると

$\frac{5}{100}(475+45-y)=45-y$

$520-y=900-20y$ $19y=380$

よって $y=20$

(3) 容器Ⅰの溶液200gに含まれる物質Aは

$\frac{5}{100}\times200=10$(g)

水温が60℃のとき，$20+x=60$ より

$x=40$

$\frac{x}{2}=\frac{40}{2}=20$ であるから，物質Aは20%の濃度まで溶ける。容器Ⅱで，物質Aが z g残るとすると

$\frac{20}{100}(600+150-z)=150-z$

$750-z=750-5z$ $z=0$

よって，物質Aは全部溶ける。

この溶液325gに含まれている物質Aは

$\frac{20}{100}\times325=65$(g)

容器Ⅲで，溶液の量は $200+325=525$(g)

物質Aの量は $10+65=75$(g)

水温が40℃のとき，$20+x=40$ より

$x=20$

$\frac{x}{2}=\frac{20}{2}=10$ であるから，物質Aは10%の濃度まで溶ける。

容器Ⅲで，物質Aが t g残るとすると

$\frac{10}{100}(525-t)=75-t$

$525-t=750-10t$　　$9t=225$

よって　$t=25$

4 比例と反比例

▸76 (1) $\boldsymbol{y=12}$　(2) $\boldsymbol{y=5}$

(3) $\boldsymbol{z=\frac{16}{5}}$　(4) $\boldsymbol{z=6}$　(5) $\boldsymbol{z=1}$

解説 (1) $y=a(x-2)$ とおく。

$x=3$ のとき $y=4$ であるから

$4=a(3-2)$　　$a=4$

よって　$y=4(x-2)$

$x=5$ のとき　$y=4(5-2)=4\times3=12$

(2) $y+1=\frac{a}{3-x}$ とおく。

$x=1$ のとき $y=3$ であるから

$3+1=\frac{a}{3-1}$　　$a=4\times2=8$

よって　$y+1=\frac{8}{3-x}$

$x=\frac{5}{3}$ のとき

$y+1=\frac{8}{3-\frac{5}{3}}=\frac{8\times3}{3\times3-5}=\frac{24}{4}=6$

よって　$y=5$

(3) $z=a(x+1)$，$y=\frac{b}{x}$ とおく。

$y=1$ のとき $x=3$ であるから

$1=\frac{b}{3}$　　$b=3$　　よって　$y=\frac{3}{x}$

$y=3$ のとき，$3=\frac{3}{x}$ より　$x=1$

このとき，$z=4$ であるから

$4=a(1+1)$　　$2a=4$　　$a=2$

よって　$z=2(x+1)$

$y=5$ のとき，$5=\frac{3}{x}$ より　$x=\frac{3}{5}$

$z=2\left(\frac{3}{5}+1\right)=2\times\frac{8}{5}=\frac{16}{5}$

(4) $z=axy$ とおく。

$x=2$，$y=3$ のとき $z=2$ であるから

$2=a\times2\times3$　　$6a=2$　　$a=\frac{1}{3}$

よって　$z=\frac{1}{3}xy$

$x=3$，$y=6$ のとき

$z=\frac{1}{3}\times3\times6=6$

(5) $x+1=a(y-2)$，$x+1=\frac{b}{z-3}$ とおく。

$x=6$ のとき $y=1$ であるから

$6+1=a(1-2)$　　$-a=7$　　$a=-7$

$x=6$ のとき $z=5$ であるから

$6+1=\frac{b}{5-3}$　　$\frac{b}{2}=7$　　$b=14$

よって　$x+1=-7(y-2)$，$x+1=\frac{14}{z-3}$

これより　$-7(y-2)=\frac{14}{z-3}$

$y-2=-\frac{2}{z-3}$

$y=3$ のとき　$3-2=-\frac{2}{z-3}$

$1=-\frac{2}{z-3}$　　$z-3=-2$

よって　$z=1$

▸77 (1) $a=\frac{1}{3}$, $b=2$

(2) $p=\frac{5}{4}$

(3) $a=4$, $b=4$

解説 (1) 右の図から，$x=a$ のとき $y=18$, $x=3$ のとき $y=b$ となる。

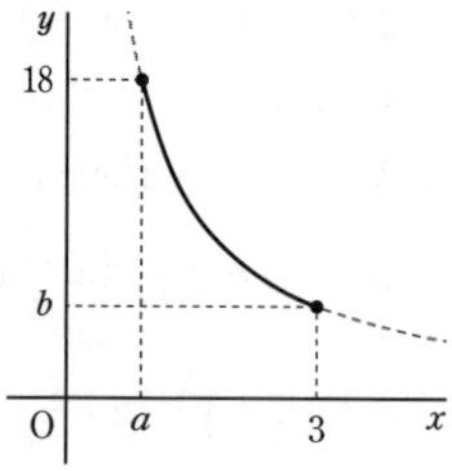

よって

$18=\frac{6}{a}$より　$a=\frac{6}{18}=\frac{1}{3}$

$b=\frac{6}{3}$より　$b=2$

(2) $x=2$ のとき $y=5$, $x=8$ のとき $y=p$ となる。よって

$5=\frac{a}{2}$より　$a=10$

$p=\frac{a}{8}$より　$p=\frac{10}{8}=\frac{5}{4}$

(3) $x=1$ のとき $y=b$, $x=8$ のとき $y=\frac{1}{2}$と なる。よって

$\frac{1}{2}=\frac{a}{8}$より　$a=4$

$b=\frac{a}{1}$より　$b=\frac{4}{1}=4$

トップコーチ

グラフの変域では，
　xの変域は，xのとり得る値の範囲
　yの変域は，yのとる値の範囲
を表している。xの変域を定義域，yの変域を値域ともいう。
変域の問題は，グラフの概形をかいて考えるとよい。

▸78 $a=20$

解説 $x=t$のとき　$y=\frac{3}{t}$

tが 25% 増加すると

$x=(1+0.25)t=1.25t=\frac{5}{4}t$

このとき　$y=\frac{3}{x}=3\div\frac{5t}{4}=\frac{12}{5t}$

減少したのは

$\frac{3}{t}-\frac{12}{5t}=\frac{15}{5t}-\frac{12}{5t}=\frac{3}{5t}$

$\frac{3}{5t}\div\frac{3}{t}\times100=\frac{3}{5t}\times\frac{t}{3}\times100=\frac{1}{5}\times100=20$

よって，xの値が 25% 増加すると，yの値は 20% 減少する。

▸79 (1) $a=-\frac{1}{4}$, $b=-\frac{1}{2}$

(2) $a=2$, $b=\frac{5}{4}$,

$\mathrm{A}\left(3,\ \frac{1}{4}\right)$, $\mathrm{B}\left(6,\ -\frac{15}{4}\right)$

解説 (1) 2 点 A, B が原点について対称になるとき，A の x 座標，y 座標をそれぞれ -1 倍すると B の x 座標，y 座標となるから

$3a=-(a+1)$ より

$4a=-1$　　$a=-\frac{1}{4}$

$-3b=-(b-1)$ より

$-2b=1$　　$b=-\frac{1}{2}$

(2) A の x 座標に 3 をたし，y 座標から 4 を引くと点 B の座標が得られるから

$3a=a+1+3$ より

$2a=4$　　$a=2$

$-3b=b-1-4$ より

$-4b=-5$　　$b=\frac{5}{4}$

このとき

$a+1=2+1=3$, $b-1=\frac{5}{4}-1=\frac{1}{4}$ より

$A\left(3,\ \frac{1}{4}\right)$

$3a=3\times2=6$, $-3b=-3\times\frac{5}{4}=-\frac{15}{4}$ より

$B\left(6,\ -\frac{15}{4}\right)$

トップコーチ

$(a,\ b)$ と対称な点の座標は,

x 軸に関して対称　…$(a,\ -b)$

y 軸に関して対称　…$(-a,\ b)$

原点に関して対称　…$(-a,\ -b)$

$y=x$ に関して対称　…$(b,\ a)$

と表される。

▶80 $a=7$

解説　$y=-\frac{5}{4}x$ に $x=2$ を代入して

$y=-\frac{5}{4}\times2=-\frac{5}{2}$

よって　$B\left(2,\ -\frac{5}{2}\right)$

AB=6 であるから,

$A\left(2,\ -\frac{5}{2}+6\right)$ より

$A\left(2,\ \frac{7}{2}\right)$

$y=\frac{a}{x}$ に $A\left(2,\ \frac{7}{2}\right)$ を代入して

$\frac{7}{2}=\frac{a}{2}$

よって　$a=7$

▶81 (1) $a=6$　(2) $\frac{9}{2}$

解説　(1)　$y=\frac{2}{3}x$ において, $y=2$ のとき,

$2=\frac{2}{3}x$ より　$x=3$

よって, 点 A の座標は (3, 2) で, 双曲線 $y=\frac{a}{x}$ も点 A を通るから

$2=\frac{a}{3}$　　$a=6$

(2)　$y=\frac{6}{x}$ において,

$x=6$ のとき

$y=\frac{6}{6}=1$

よって, 点 B の座標は (6, 1) である。

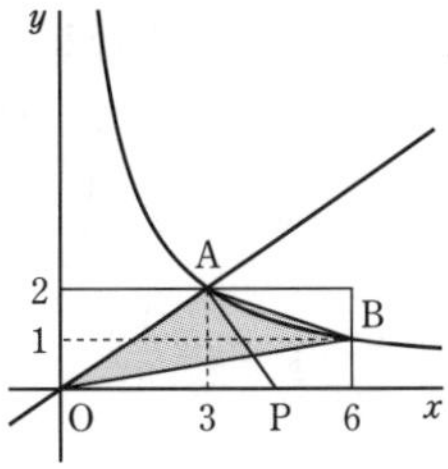

図のように長方形をつくると, △OAB の面積は, 長方形の面積から 3 つの直角三角形の面積を引いて求められるから

$\triangle OAB=2\times6-\frac{1}{2}\times6\times1-\frac{1}{2}\times3\times2$

$-\frac{1}{2}\times(6-3)\times(2-1)$

$=12-3-3-\frac{3}{2}=\frac{9}{2}$

点 P の x 座標を p とする。

△OAP=△OAB より

$\frac{1}{2}\times p\times2=\frac{9}{2}$　　$p=\frac{9}{2}$

よって, 点 P の x 座標は $\frac{9}{2}$ である。

▶82 (1) (−6, −2)　(2) $y=\frac{1}{3}x$

(3) $y=\frac{12}{x}$　(4) $S=\frac{1}{6}a^2$

(5) $\frac{3}{2}$

解説 (1) 反比例のグラフは原点について対称であり，点Qは原点について点Pと対称な点であるから，その座標は(−6, −2)となる。

(2) $y=mx$とおく。点P(6, 2)を通るから

$2=6m$　$m=\frac{1}{3}$

よって　$y=\frac{1}{3}x$

(3) $y=\frac{k}{x}$とおく。点P(6, 2)を通るから

$2=\frac{k}{6}$　$k=12$

よって　$y=\frac{12}{x}$

(4) 点Bの座標は$\left(a,\ \frac{1}{3}a\right)$であるから

$S=\frac{1}{2}\times a\times\frac{1}{3}a$　よって　$S=\frac{1}{6}a^2$

(5) 点Cの座標は$\left(a,\ \frac{12}{a}\right)$であるから

$\triangle OAC=\frac{1}{2}\times a\times\frac{12}{a}=6$

よって　$\triangle OAB=\frac{1}{4}\triangle OAC=\frac{1}{4}\times 6=\frac{3}{2}$

トップコーチ

右の図で，△OAHの面積は比例のグラフに関係なく，

$\frac{1}{2}b$

である。

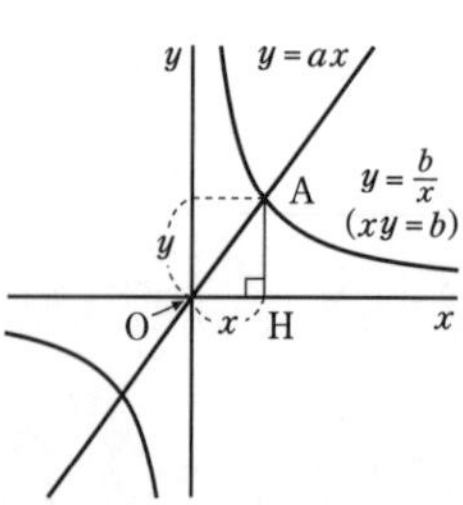

▶83 (1) (6, 2)

(2) (8, 8)

(3) 32

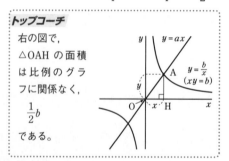

解説 (1) $xy=12$で，$x=2$のとき

$2y=12$より　$y=6$

よって，点Aの座標は(2, 6)である。

点Bは，$xy=12$のグラフ上にあって，OA＝OBを満たす点である。

点Aのx座標とy座標を入れかえた点の座標は(6, 2)で，この点は$xy=12$のグラフ上にあり，原点からの距離はOAに等しい。よって，この点が点Bとなる。

(2) Aは，Oからx軸方向に2，y軸方向に6移動した点である。

OA∥BC，OA＝BCより，Cは，Bからx軸方向に2，y軸方向に6移動した点である。

6＋2＝8，2＋6＝8より，点Cの座標は(8, 8)である。

(3) A，Bを結ぶ。このときx軸，y軸，点Aを通りx軸に平行な直線，点Bを通りy軸に平行な直線の4直線で囲まれた正方形の面積から3つの直角三角形の面積を引くと，△OABの面積が求められる。

$\triangle OAB=6\times 6-\frac{1}{2}\times 6\times 2-\frac{1}{2}\times 2\times 6$

$-\frac{1}{2}\times(6-2)\times(6-2)$

$=36-6-6-8$

$=16$

ひし形OBCAの面積は，△OABの面積の2倍であるから　16×2＝32

トップコーチ

平行四辺形の頂点の座標は，平行四辺形の対辺が平行で長さが等しいことを利用して求めるとよい。

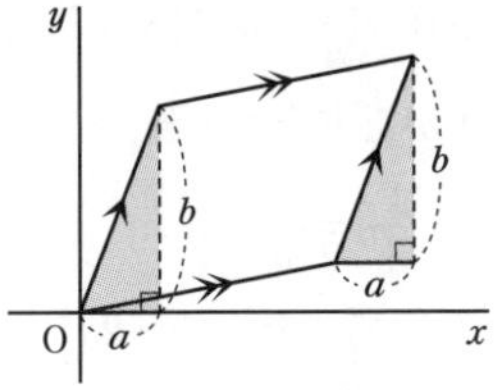

▸84 (1) 2　(2) $\frac{3}{10}$倍

解説 (1) $y=-\frac{4}{3}x$ において，$x=-3$ のとき

$y=-\frac{4}{3}\times(-3)=4$

よって，点Aの座標は $(-3,\ 4)$ である。

$y=\frac{a}{x}$のグラフが点A$(-3,\ 4)$ を通るから

$4=\frac{a}{-3}$　　$a=-12$

よって　$y=-\frac{12}{x}$

$y=-6$ のとき　$-6=-\frac{12}{x}$

$-6x=-12$　　$x=2$

よって，点Cの x 座標は2である。

(2) 点Cを通り y 軸に平行な直線と直線ABとの交点をEとする。Eの x 座標は2で，

$y=-\frac{4}{3}\times2=-\frac{8}{3}$より　$E\left(2,\ -\frac{8}{3}\right)$

$EC=-\frac{8}{3}-(-6)=-\frac{8}{3}+\frac{18}{3}=\frac{10}{3}$

$y=-\frac{12}{x}$ のグラフは原点について対称であるから，点Bは原点について点Aと対称な点で，その座標は $(3,\ -4)$ となる。

$\triangle ABC=\triangle AEC+\triangle BEC$

$=\frac{1}{2}\times\frac{10}{3}\times\{2-(-3)\}$

$+\frac{1}{2}\times\frac{10}{3}\times(3-2)$

$=\frac{25}{3}+\frac{5}{3}=\frac{30}{3}=10$

$\triangle OBC$ と $\triangle ABC$ で，OB，ABをそれぞれ底辺とすると，高さは等しい。

$OB=\frac{1}{2}AB$ であるから

$\triangle OBC=\frac{1}{2}\triangle ABC$

よって　$\triangle OBC=\frac{1}{2}\times10=5$

$\triangle ABC=\triangle AOD+\triangle COD+\triangle OBC$

$=\frac{1}{2}\times OD\times3+\frac{1}{2}\times OD\times2+5$

$=\frac{5}{2}OD+5$

これより　$\frac{5}{2}OD+5=10$

$5OD=10$　　$OD=2$

$\triangle AOD=\frac{1}{2}\times2\times3=3$

$\triangle AOD\div\triangle ABC=3\div10=\frac{3}{10}$

よって，$\triangle AOD$ の面積は $\triangle ABC$ の面積の$\frac{3}{10}$倍である。

(参考)　中学2年で学習する1次関数や，中学3年で学習する図形の相似を利用すれば，もう少し簡単にODを求めることができる。

▶85 (1) $\mathbf{P}\left(\boldsymbol{a},\ \frac{1}{2}\boldsymbol{a}\right)$, $\mathbf{Q}\left(\boldsymbol{a},\ \frac{4}{\boldsymbol{a}}\right)$

(2) $4-\frac{1}{2}\boldsymbol{a}^2$ (3) $\frac{8}{3}$

解説 (1) $y=\frac{1}{2}x$ で, $x=a$ のとき

$y=\frac{1}{2}a$

よって, 点 P の座標は $\left(a,\ \frac{1}{2}a\right)$

また, $y=\frac{4}{x}$ で, $x=a$ のとき $y=\frac{4}{a}$

よって, 点 Q の座標は $\left(a,\ \frac{4}{a}\right)$

(2) $\mathrm{PS}=a$, $\mathrm{PQ}=\frac{4}{a}-\frac{1}{2}a$ より, 長方形 PQRS の面積は

$\mathrm{PQ}\times\mathrm{PS}=\left(\frac{4}{a}-\frac{1}{2}a\right)a=4-\frac{1}{2}a^2$

(3) 長方形 PQRS が正方形のとき,

$\mathrm{PQ}=\mathrm{PS}$ より $\frac{4}{a}-\frac{1}{2}a=a$

両辺を $2a$ 倍して $8-a^2=2a^2$

$3a^2=8$ $a^2=\frac{8}{3}$

よって, 正方形 PQRS の面積は

$\mathrm{PS}^2=a^2=\frac{8}{3}$

▶86 (1) $\left(\frac{24}{\boldsymbol{a}},\ \frac{1}{2}\boldsymbol{a}\right)$ (2) 4

解説 (1) $y=\frac{1}{2}x$ で, $x=a$ のとき

$y=\frac{1}{2}a$

よって, 点 A の座標は $\left(a,\ \frac{1}{2}a\right)$

これより, 点 D の y 座標は $\frac{1}{2}a$ である。

$y=\frac{12}{x}$ で, $y=\frac{1}{2}a$ のとき $\frac{1}{2}a=\frac{12}{x}$

両辺に $2x$ をかけて $ax=24$ $x=\frac{24}{a}$

よって, 点 D の座標は $\left(\frac{24}{a},\ \frac{1}{2}a\right)$

(2) $\mathrm{AB}=\frac{1}{2}a$, $\mathrm{AD}=\frac{24}{a}-a$ である。

四角形 ABCD が正方形のとき,

$\mathrm{AB}=\mathrm{AD}$ より $\frac{1}{2}a=\frac{24}{a}-a$

両辺に $2a$ をかけて $a^2=48-2a^2$

$3a^2=48$ $a^2=16$

よって, 正方形 ABCD の面積は

$\mathrm{AB}^2=\left(\frac{1}{2}a\right)^2=\frac{1}{4}a^2=\frac{1}{4}\times16=4$

▶87 (1) (10, 6) (2) $\frac{1}{4}\leqq\boldsymbol{a}\leqq\frac{3}{2}$

(3) $\boldsymbol{a}=\frac{2}{3}$

解説 (1) 平行四辺形の対角線は, それぞれの中点で交わる。

線分 AC の中点の座標は

$\left(\frac{4+8}{2},\ \frac{6+2}{2}\right)$ より (6, 4)

点 D の座標を $(x,\ y)$ とすると, 線分 BD の中点の座標は

$\left(\frac{2+x}{2},\ \frac{2+y}{2}\right)$

$\frac{2+x}{2}=6$ より $2+x=12$ $x=10$

$\frac{2+y}{2}=4$ より $2+y=8$ $y=6$

よって, 点 D の座標は (10, 6)

(2) a は直線 $y=ax$ が点 C を通るとき最小で, 点 A を通るとき最大となる。

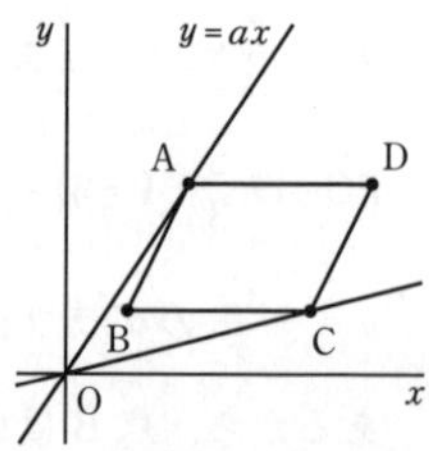

点Cを通るとき，

$2=8a$ より　$a=\frac{1}{4}$

点Aを通るとき，$6=4a$ より　$a=\frac{3}{2}$

よって，求める a の値の範囲は

$\frac{1}{4} \leqq a \leqq \frac{3}{2}$

(3)　平行四辺形の面積は，対角線の交点を通る直線によって2等分される。

$y=ax$ が対角線の交点 (6, 4) を通るとき

$4=6a$　　$a=\frac{2}{3}$

トップコーチ

(3)では，平行四辺形は点対称な図形（ある点を中心に180°回転させると，もとの図形にぴったりと重なる。）なので，対角線の交点を通る直線で2等分されることを利用する。

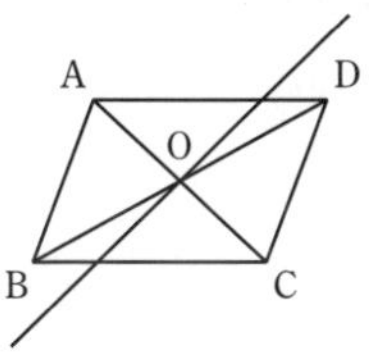

▶88

点Aの座標は $\left(a,\ \frac{1}{a}\right)$ であるから

$\mathrm{OB}=a$，$\mathrm{AB}=\frac{1}{a}$ である。できる立体は円柱で，展開図における側面は縦がAB，横が底面の円周と等しい長さの長方形である。よって，側面積は

$\mathrm{AB}\times 2\pi \times \mathrm{OB}=\frac{1}{a}\times 2\pi \times a=2\pi$

となる。

トップコーチ

円柱の側面積は，

（底面の円周の長さ）×（円柱の高さ）

で求めることができる。

▶89

(1)　3個　　(2)　29個

解説　(1)　下のグラフより，$y=-2$ のとき図形の周上および内部の格子点は●印で，その x 座標は

$x=-3,\ -2,\ -1$ の3通りある。

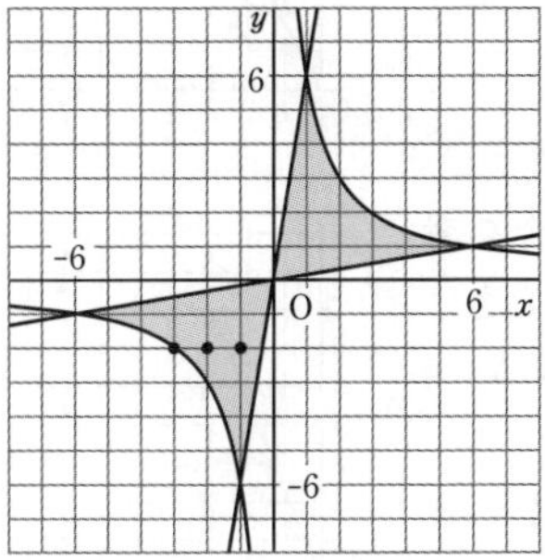

よって，格子点の個数は3個である。

(2)　$x>0$，$y>0$ の範囲の格子点を数える。

$x=1$ のとき　$y=1,\ 2,\ 3,\ 4,\ 5,\ 6$

$x=2$ のとき　$y=1,\ 2,\ 3$

$x=3$ のとき　$y=1,\ 2$

$x=4$ のとき　$y=1$

$x=5$ のとき　$y=1$

$x=6$ のとき　$y=1$

よって，格子点は

$6+3+2+1+1+1=14$(個)

グラフは原点について対称であるから，

$x<0$，$y<0$ の範囲にも14個ある。

原点 (0, 0) も含めて，格子点は全部で

$14\times 2+1=29$(個)

トップコーチ

座標平面上で，x 座標，y 座標ともに整数となる点のことを格子点という。

格子点の個数は，正確な図をかき，数え上げるとよい。

▶90 (1) **10** (2) **18** (3) **176**

解説 (1)右の図より $N=10$

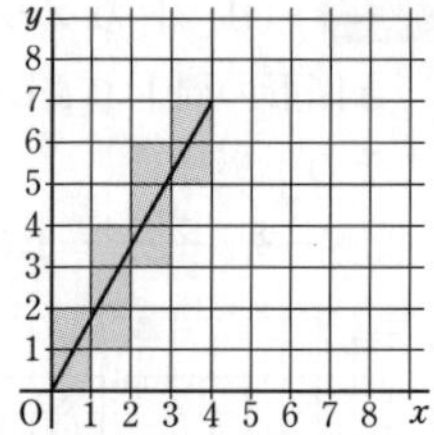

(2) 6 と 14 の最大公約数は 2 で,

$6\div2=3$

$14\div2=7$

より, $m=3$, $n=7$ の場合を考える。このとき, 右の図より $N=9$ である。

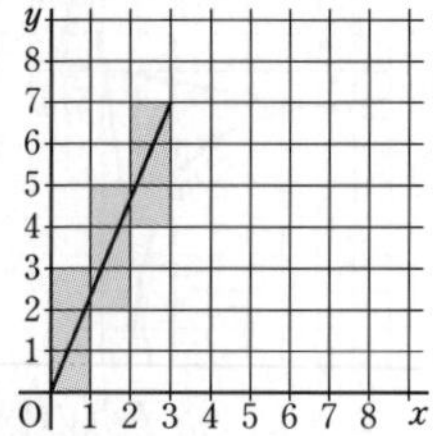

点 (3, 7) から点 (6, 14) を結ぶ線分が通過するマス目の数も 9 である。

よって, $m=6$, $n=14$ のとき

$N=9\times2=18$

(3) 80 と 112 の最大公約数は 16 で,

$80\div16=5$

$112\div16=7$

より, $m=5$, $n=7$ の場合を考える。

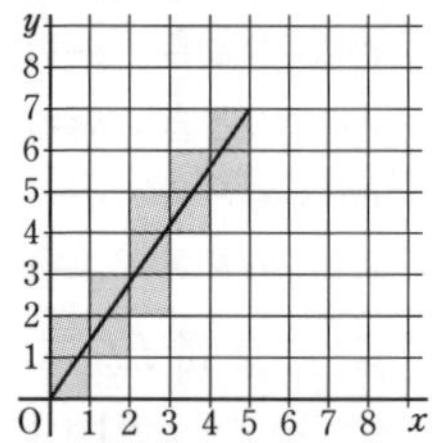

このとき, 右の図より $N=11$ である。

$m=80$, $n=112$ のときは, $m=5$, $n=7$ の場合が 16 回くり返される。

よって $N=11\times16=176$

▶91 **18 個**

解説 右の図より, x 座標, y 座標がともに整数である点は

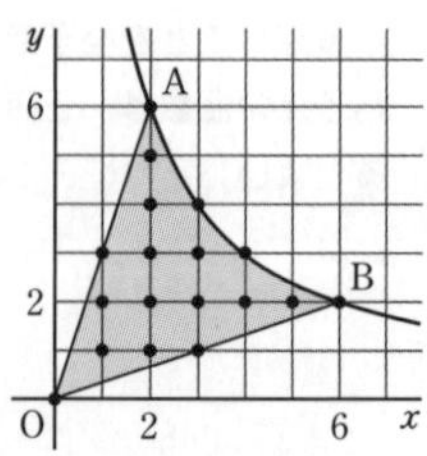

$x=0$ のとき $y=0$

$x=1$ のとき

$y=1$, 2, 3

$x=2$ のとき

$y=1$, 2, 3, 4, 5, 6

$x=3$ のとき $y=1$, 2, 3, 4

$x=4$ のとき $y=2$, 3

$x=5$ のとき $y=2$

$x=6$ のとき $y=2$

よって, 全部で

$1+3+6+4+2+1+1=18$(個)

▶92 (1) **8** (2) **15**

(3) **8** (4) $\mathbf{\dfrac{81}{4}}$

解説 (1) 点 Q の x 座標も 4 であるから, y 座標は $y=2\times4=8$

(2) 点 Q の y 座標は $y=2\times10=20$

点 P の y 座標は $y=\dfrac{1}{2}\times10=5$

よって $PQ=20-5=15$

(3) $x>0$ であるから

$PQ=2x-\dfrac{1}{2}x=\dfrac{3}{2}x$

$PQ=12$ より $\dfrac{3}{2}x=12$ $x=8$

(4) 点 P の x 座標が 6 のとき, y 座標は

$y=\dfrac{1}{2}\times6=3$

点 Q の y 座標は $y=2\times6=12$

よって $PQ=12-3=9$

また, 点 R の y 座標は 3 であるから, x 座標は, $2x=3$ より $x=\dfrac{3}{2}$

よって $PR=6-\dfrac{3}{2}=\dfrac{9}{2}$

$\triangle QRP=\dfrac{1}{2}\times\dfrac{9}{2}\times9=\dfrac{81}{4}$

▶**93** **(3, 6), (6, 3), (9, 2), (18, 1)**

解説 x 座標が正の整数である点 P の座標は (1, 18), (2, 9), (3, 6), (6, 3), (9, 2), (18, 1)
x 座標が負の整数である点 Q の座標は
(−1, 12), (−2, 6), (−3, 4), (−4, 3), (−6, 2), (−12, 1)
このうち，点 Q と y 座標が等しい点 P の座標は (3, 6), (6, 3), (9, 2), (18, 1)

▶**94** (1) **ア 18　イ 7**
(2) **ウ $\frac{11}{7}$**　(3) **エ 2**

解説 (1) 点 A(6, 3) は $y=\frac{a}{x}$ 上の点であるから　$3=\frac{a}{6}$　$a=18$　…ア
点 B の x 座標を t とすると，y 座標は $\frac{b}{t}$ で，長方形 OHBK の面積は 7 であるから
$t\times\frac{b}{t}=7$　$b=7$　…イ
(2) 点 D の y 座標は　$y=\frac{7}{1}=7$
よって，点 E の y 座標は 7 であり，x 座標は，$7=\frac{18}{x}$ より　$x=\frac{18}{7}$
$\mathrm{DE}=\frac{18}{7}-1=\frac{11}{7}$　…ウ
(3) 点 C の y 座標は　$y=\frac{18}{1}=18$
よって　CD＝18−7＝11
CD を底辺としたとき，△CDP の高さは x 座標の差で，$p-1$ となる。このとき
$\triangle\mathrm{CDP}=\frac{1}{2}\times11\times(p-1)=\frac{11(p-1)}{2}$
これが正の整数となるのは，$p-1$ が偶数，つまり，p が 1 より大きい奇数の場合である。$x>1$ のとき，①上の点で x 座標が 1 より大きい奇数，y 座標が整数となるのは (3, 6), (9, 2) の 2 個である。　…エ

▶**95** (1) **(7, 5)**　(2) **$y=\frac{5}{7}x$**

解説 (1) 直線 OB の式は $y=5x$ であり，$x=2$ のとき，$y=5\times2=10$ であるから，点 B の座標は (2, 10) となる。
△OAC の面積は，△OAB の面積の $\frac{1}{2}$ であるから，辺 OA を共通の底辺とすると，高さは $\frac{1}{2}$ となる。
点 B の y 座標は 10 であるから，
10÷2＝5 より，点 C の y 座標は 5 である。
このとき，$-k+12=5$ より　$k=7$
ゆえに，点 C の座標は　(7, 5)
(2) 直線 OC の式を $y=ax$ とおくと，点 (7, 5) を通るから
$5=7a$　すなわち　$a=\frac{5}{7}$
よって，直線 OC の式は　$y=\frac{5}{7}x$

▶**96** (1) **L(1, 7), M(−1, −10), N(8, 4)**
(2) **P(−2, 2), Q(−4, −15), R(5, −1)**
(3) **$\frac{125}{2}$**　(4) **D(3, −13)**
(5) **125**　(6) **125**

解説 (1) A(−2, 7), B(−4, −10), C(5, 4) の x 座標に 3 をたして
L(1, 7), M(−1, −10), N(8, 4)
(2) A, B, C の y 座標から 5 をひいて
P(−2, 2), Q(−4, −15), R(5, −1)

(3) 右の図のように点をとる。このとき

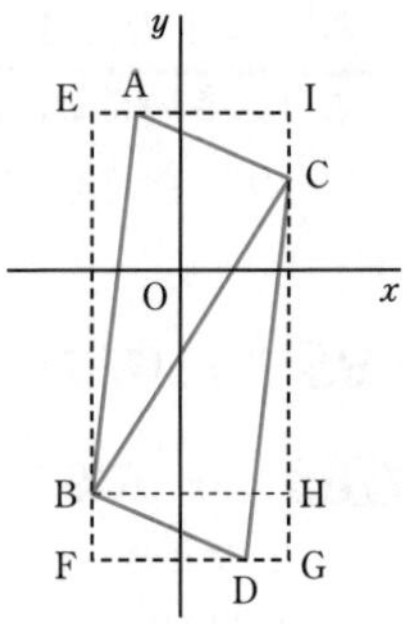

EB$=7-(-10)$

$=17$

EI$=5-(-4)$

$=9$

EA$=-2-(-4)$

$=2$

HC$=4-(-10)=14$

CI$=7-4=3$

AI$=5-(-2)=7$

となる。よって

△ABC＝長方形 EBHI－△AEB

－△BHC－△CIA

$=17\times9-\frac{1}{2}\times2\times17$

$-\frac{1}{2}\times9\times14-\frac{1}{2}\times7\times3$

$=153-17-63-\frac{21}{2}$

$=\frac{125}{2}$

(4) AI＝7，CI＝3 より，点 C は点 A を x 軸方向に 7，y 軸方向に -3 だけ平行移動した点である。点 B を同じように平行移動した点が点 D であるから

$-4+7=3$，$-10-3=-13$ より，点 D の座標は　$(3,\ -13)$

(5) EF$=7-(-13)=20$,

BF$=-10-(-13)=3$，FD$=3-(-4)=7$,

DG$=5-3=2$，GC$=4-(-13)=17$ であるから，(3)と同様に考えて

平行四辺形 ABDC

＝長方形 EFGI－△AEB－△BFD

－△DGC－△CIA

$=20\times9-\frac{1}{2}\times2\times17-\frac{1}{2}\times7\times3$

$-\frac{1}{2}\times2\times17-\frac{1}{2}\times7\times3$

$=180-17-\frac{21}{2}-17-\frac{21}{2}$

$=125$

(6) 平行四辺形 ABDC は，△ABC を 2 つ合わせてできる図形だから

平行四辺形 ABDC

$=\triangle ABC\times2=\frac{125}{2}\times2=125$

▶97 分速 $\frac{1200}{11}$ m

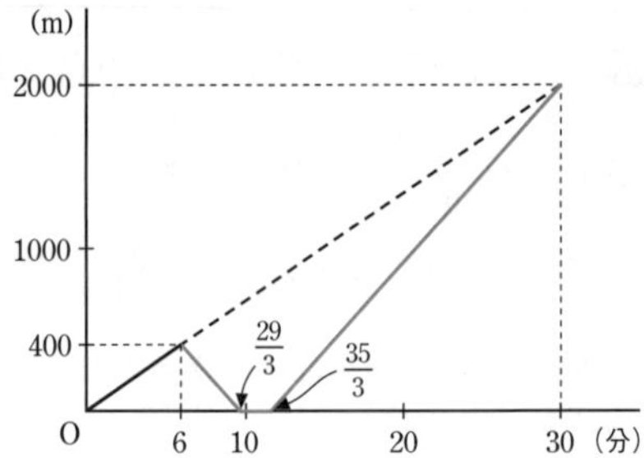

解説　はじめの速さは，$\frac{400}{6}=\frac{200}{3}$ より，分速 $\frac{200}{3}$ m であり，この速さで学校まで歩くのにかかる時間は

$2000\div\frac{200}{3}=2000\times\frac{3}{200}=30$(分)

忘れ物に気がついた地点から家に戻り，再び学校まで歩くときの道のりは

$400+2000=2400$(m)

時間は　$30-6-2=22$(分)

よって，2400m を 22 分で歩かなければならないから，$\frac{2400}{22}=\frac{1200}{11}$ より，求める速さは毎分 $\frac{1200}{11}$ m である。

$400\div\frac{1200}{11}+6=\frac{11}{3}+6=\frac{29}{3}$より，家に戻ったのは$\frac{29}{3}$分後，$\frac{29}{3}+2=\frac{35}{3}$より，再び家を出たのは$\frac{35}{3}$分後である。これと，30分後に学校に着くことから，グラフは前ページのようになる。

▶98 (1) $\boldsymbol{a=3}$　(2) $\boldsymbol{k=8,\ \ell=16}$
(3) ① $\boldsymbol{S=2t^2}$　② $\boldsymbol{S=8}$

解説 (1) 直線$y=4x$が点$(a,\ 12)$を通るから$12=4a$　よって$a=3$

(2) $y=\frac{16}{x}$において，xが増加するとyは減少する。xの変域が$1\leqq x\leqq k$のとき，yは$x=k$のとき最小，$x=1$のとき最大となるから，2点$(k,\ 2)$，$(1,\ \ell)$を通る。

よって　$2=\frac{16}{k}$より　$2k=16$　$k=8$

$\ell=\frac{16}{1}$より　$\ell=16$

(3) ① $0\leqq t\leqq 2$のとき，点Lの座標は，$(t,\ 4t)$であるから

$S=\frac{1}{2}\times \mathrm{OT}\times\mathrm{TL}=\frac{1}{2}\times t\times 4t=2t^2$

② $t>2$のとき，点Lの座標は$\left(t,\ \frac{16}{t}\right)$であるから

$S=\frac{1}{2}\times \mathrm{OT}\times\mathrm{TL}=\frac{1}{2}\times t\times\frac{16}{t}=8$

▶99 (1) $\boldsymbol{a=2}$　(2) $\mathbf{C(4,\ 2)}$
(3) $\mathbf{B(5,\ 3)}$　(4) $\mathbf{D(2,\ 2)}$
(5) $\mathbf{A}\left(\frac{5}{3},\ \frac{10}{3}\right)$

解説 (1) 直線$y=\frac{1}{a}x$が，点E(6, 3)を通るから　$3=\frac{1}{a}\times 6$　$3a=6$　$a=2$

(2) (1)より，直線ℓは$y=2x$，直線mは$y=\frac{1}{2}x$である。

頂点Aのy座標が6のとき，$6=2x$より，$x=3$であるから，A(3, 6)，D(4, 6)となり，点Cのx座標は4となる。

$y=\frac{1}{2}\times 4=2$より　C(4, 2)

(3) 頂点Dのy座標が10のとき，Aのy座標も10である。$10=2x$より，$x=5$であるから，A(5, 10)，
D(6, 10)となり，点Cのx座標は6で，

$y=\frac{1}{2}\times 6=3$より　C(6, 3)

点Bは，点Cをx軸方向に-1だけ平行移動した点であるから　B(5, 3)

(4) 点Aの座標を$(t,\ 2t)$とする。正方形ABCDの1辺の長さは1であるから
$\mathrm{B}(t,\ 2t-1)$，$\mathrm{C}(t+1,\ 2t-1)$，
$\mathrm{D}(t+1,\ 2t)$となる。
点Cは直線m上の点であるから

$2t-1=\frac{1}{2}(t+1)$　$4t-2=t+1$

$3t=3$　よって　$t=1$
ゆえに，D(2, 2)となる。

(5) AB：AD＝2：1で，AD＝1であるから
AB＝2
点Aの座標を$(k,\ 2k)$とすると，
$\mathrm{B}(k,\ 2k-2)$，$\mathrm{C}(k+1,\ 2k-2)$となる。
点Cは直線m上の点であるから

$2k-2=\frac{1}{2}(k+1)$　$4k-4=k+1$　$3k=5$

よって　$k=\frac{5}{3}$

ゆえに，$\mathrm{A}\left(\frac{5}{3},\ \frac{10}{3}\right)$となる。

第4回 実力テスト

1 (1) $\boldsymbol{x=-\frac{5}{11}}$　(2) $\boldsymbol{y=\frac{4}{3}x+\frac{5}{3}}$

(3) $\boldsymbol{y=18}$　(4) $\boldsymbol{z=\frac{9}{7}}$

解説 (1) $y+1=a(x+3)$ とおく。

$x=\frac{1}{2}$のとき $y=10$ であるから

$10+1=a\left(\frac{1}{2}+3\right)$　$11=\frac{7}{2}a$

$a=\frac{22}{7}$

よって　$y+1=\frac{22}{7}(x+3)$

$y=7$ のとき　$7+1=\frac{22}{7}(x+3)$

両辺を 7 倍して　$56=22x+66$

$22x=-10$　$x=-\frac{5}{11}$

(2) $y-1=a(2x+1)$ とおく。

$x=1$ のとき $y=3$ であるから

$3-1=a(2+1)$　$2=3a$　$a=\frac{2}{3}$

よって　$y-1=\frac{2}{3}(2x+1)$

$y=\frac{4}{3}x+\frac{2}{3}+1$　$y=\frac{4}{3}x+\frac{5}{3}$

(3) $y-2=\frac{a}{x+1}$とおく。

$x=3$ のとき $y=-2$ であるから

$-2-2=\frac{a}{3+1}$　$-4=\frac{a}{4}$　$a=-16$

よって　$y-2=-\frac{16}{x+1}$

$x=-2$ のとき　$y-2=-\frac{16}{-2+1}$

$y-2=16$　$y=18$

(4) $y-1=a(x+1)$ とおく。

$x=1$ のとき $y=5$ であるから

$5-1=a(1+1)$　$4=2a$　$a=2$

よって　$y-1=2(x+1)$

$z=\frac{b}{y-2}$とおく。

$y=-1$ のとき $z=-3$ であるから

$-3=\frac{b}{-1-2}$　$-3=-\frac{b}{3}$　$b=9$

よって　$z=\frac{9}{y-2}$

$x=3$ のとき　$y-1=2(3+1)$

$y=8+1=9$

$z=\frac{9}{9-2}=\frac{9}{7}$

2 (1) $\boldsymbol{y=\frac{19}{3}x}$　(2) **6 人，9 人**

解説 (1) 当番ののべ人数を 2 通りの方法で計算して

$x(240-12)=y\times 36$

$228x=36y$

よって　$y=\frac{19}{3}x$

(2) y は整数であるから，(1)より x は 5 以上 10 以下の 3 の倍数である。

よって　$x=6$，9

3 (1) $\boldsymbol{a=6}$　(2) **P (2，3)**

(3) $\boldsymbol{\frac{2}{3}\leqq b\leqq\frac{3}{2}}$

解説 (1) 点 P の y 座標は$\frac{a}{2}$，点 Q の y 座標は$\frac{a}{3}$で，差が 1 であるから

$\frac{a}{2}-\frac{a}{3}=1$　$3a-2a=6$　$a=6$

(2) $x=2$ のとき，$y=\frac{6}{2}=3$ より，点Pの座標は (2, 3)

(3) $x=3$ のとき，$y=\frac{6}{3}=2$ より，点Qの座標は (3, 2)

$y=bx$ が線分PQと交わるとき，b が最小となるのは点Qを通るときで

$2=3b$ より　$b=\frac{2}{3}$

b が最大となるのは点Pを通るときで

$3=2b$ より　$b=\frac{3}{2}$

よって　$\frac{2}{3} \leqq b \leqq \frac{3}{2}$

4　(1) $\boldsymbol{a=12}$　(2) **6個**
(3) **イ**

解説　(1) $y=\frac{a}{x}$ のグラフが $A\left(24,\ \frac{1}{2}\right)$ を通るから　$\frac{1}{2}=\frac{a}{24}$　$a=12$

(2) $y=\frac{12}{x}$ のグラフ上の点で，y 座標が正の整数となるのは，x が12の正の約数のときである。そのような点は
(1, 12)，(2, 6)，(3, 4)，(4, 3)，
(6, 2)，(12, 1)
の6個である。

(3) 点Pの座標は $\left(t,\ \frac{12}{t}\right)$ であるから

$PR=t$，$PQ=\frac{12}{t}$

よって　$S=\frac{1}{2}\times t\times\frac{12}{t}=6$

t の値に関係なく，$S=6$ となるから，グラフはイである。

5 平面図形

▸100　(1) **線分が3本，半直線が2本**
(2) (ア) **中点**　(イ) $\frac{1}{2}$　(ウ) **2**

解説　(1) 図のように，線分が3本，半直線が2本できる。

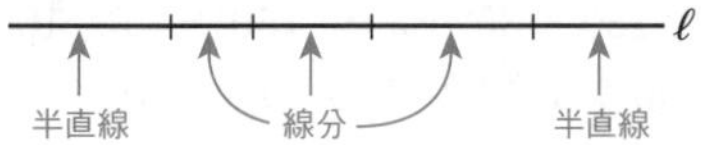

(2) (ア) 線分ABの長さを2等分する点を，線分ABの中点という。

(イ) 線分AMと線分BMの長さは，どちらも線分ABの長さの $\frac{1}{2}$ である。

(ウ) $AM=\frac{1}{2}AB$ より　$AB=2AM$

▸101　(1) ① **直線**　② **線分**
(2) ① **角**
② **∠BAC**
(または ∠A，∠CAB)

解説　(1) ① 1点を通る直線は無数にあるが，2点を通る直線はただ1本である。

② 2点A，Bを結ぶ曲線は無数にある。その中で，長さが最も短いものが線分ABである。

(2) 点Aを端とする2本の半直線AB，ACがつくる図形を記号で∠BAC，∠CABと書く。または，単に∠Aと書くこともある。

▶102 (1) ① **45°**　② **105°**
③ **30°**　④ **105°**
(2) ① **1，平行，∥**
② **垂直，⊥，垂線**　③ **距離**

解説 (1) ① 対頂角は等しいから
$\angle a=45°$
② $\angle a+\angle b+30°=180°$ より
$\angle b=180°-30°-\angle a=150°-45°=105°$
③ 対頂角は等しいから　$\angle c=30°$
④ $\angle d=\angle b=105°$
(2) ① ℓ と交わる直線は無数にあるが，交わらない直線 m は，ℓ と平行なものだけである。
② ∠Q が直角のとき，ℓ と m は垂直であるといい，$\ell\perp m$ と書く。また，m を ℓ の垂線という。
③ P が ℓ 上にない点，Q が ℓ 上の点で，$PQ\perp\ell$ のとき，線分 PQ の長さを，点 P と直線 ℓ の距離という。

▶103 (1)，(2)，(4)，(5)，(6)

解説 (1) 3 辺の長さは決まっている。また，(最大辺の長さ)＜(他の 2 辺の長さの和)を満たしていることも条件である。
(2) 2 辺の長さとその間の角の大きさが決まっている。
(3) 2 辺の長さは決まっているが，∠C はその 2 辺の間の角ではない。
(4) 1 辺の長さとその両端の角の大きさが決まっている。
(5) $\angle C=180°-\angle A-\angle B=180°-70°-30°$
$=80°$
と決まるので，1 辺の長さ CA とその両端の角 ∠C，∠A の大きさが決まっている。
(6) $\angle B=\angle C=(180°-\angle A)\div 2$
$=(180°-30°)\div 2=75°$
と決まるので，1 辺の長さ BC とその両端の角 ∠B，∠C の大きさが決まっている。

▶104 (1) **A′B′**　(2) **AC，A′C′**
(3) **∠A′B′C′**

解説 (1) 辺 AB を平行移動したものが辺 A′B′であるから　AB∥A′B′
(2) $\angle B'A'C'=90°$ であるから　$A'B'\perp A'C'$
また，AC∥A′C′ であるから　$A'B'\perp AC$
(3) △ABC と △A′B′C′ は合同であるから，対応する角は等しい。
よって　$\angle ABC=\angle A'B'C'$

▶105 **線分 CF，40°**

解説 点 O を中心として，点 A を 40° 回転移動すると点 C に，点 B を 40° 回転移動すると点 F に重なる。よって，線分 AB を 40° 回転移動すると線分 CF に重なる。

▶106 (1) **直線 ℓ は対称の軸であるから，線分 AA′ の垂直二等分線になっている。よって，直線 ℓ 上の点 P に対して，PA＝PA′ となる。**
(2) (ア)，(イ)，(エ)

解説 (1) 線分 AA′ の垂直二等分線とは，2 点 A，A′ から等距離にある点の集まりのことであるから，PA＝PA′ となる。
(2) 正三角形は，頂点とその対辺の中点を通る直線を対称の軸とする線対称な図形である。
長方形は，向かい合う 2 辺の中点を通る直線を対称の軸とする線対称な図形である(対称の軸は 2 本ある)。
平行四辺形は，点対称な図形であるが，線対称ではない。
円は，直径を対称の軸とする線対称な図形である(対称の軸は無数にある)。

▶107 (1) **AB, CD (CD, AB でもよい),**
AB, CD (CD, AB でもよい),
中心角, 等しい

(2) **AB, BC, CD, DE (順不同),**
2, 3, 4, 比例

(3) **いえない (理由は解説参照)**

解説 (1) 半径と中心角が等しい2つのおうぎ形において，弧の長さは等しく，弦の長さも等しい。

(2) 1つの円で，弧の長さは，中心角の大きさに比例する。

(3) 1つの円で，弦の長さは，中心角の大きさに比例しない。

(理由) (2)の図で　$\angle AOC = 2\angle AOB$

一方，三角形の2辺の長さの和は，他の1辺の長さより大きいから

$AB + BC > AC$

$AB = BC$より　$2AB > AC$

ゆえに，中心角が2倍になっても，弦の長さは2倍より小さいから，比例するとはいえない。

▶108 **線分 AB の垂直二等分線**

解説 $OA = OB$が成り立つから，点Oは2点A，Bから等距離にある点の集まりである垂直二等分線上にある。

▶109

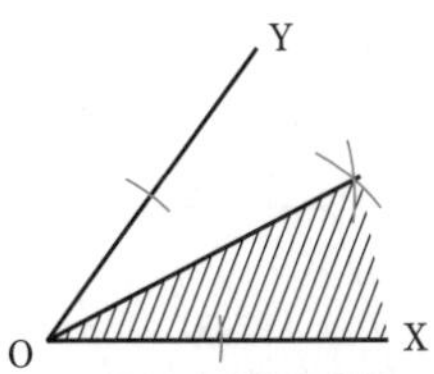

ただし，直線 OX 上と，∠XOY の二等分線上は含まない。

解説 PからOXまでの距離と，PからOYまでの距離が等しい点の集まりは，∠XOYの二等分線である。この問題では，点PはOYよりOXに近いから，∠XOYの二等分線とOXのつくる角の内部に点Pはある。

※以下，作図の問題の解答の図で，①，②，③，…は作図の順序を表している。同じ番号の場合は，同じ円周上の弧である。入試の際には，特に指示がある場合を除いて，番号は書かなくてよい。

▶110 (1)

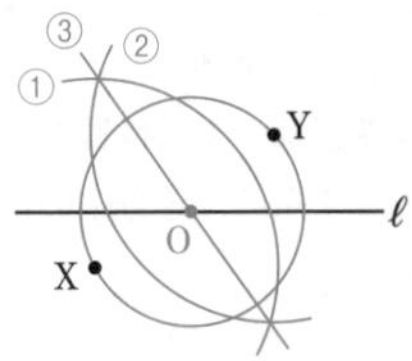

(2)

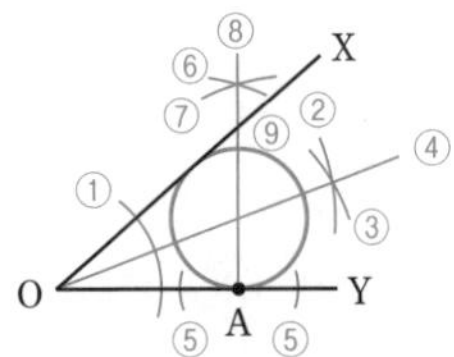

(3)

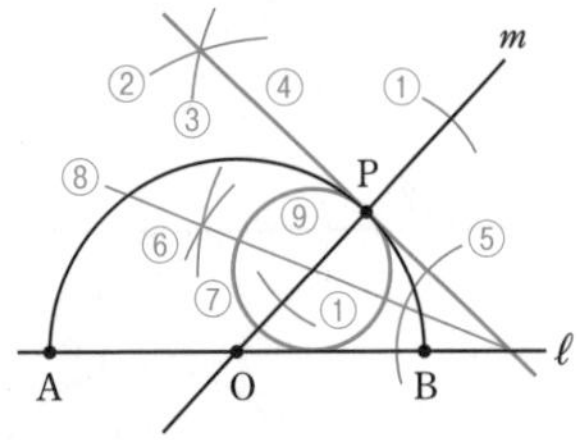

解説 (1) 線分XYの垂直二等分線とℓとの交点が点Oである。

(2) ①～④で∠XOYの二等分線をかく。
⑤～⑧で点Aにおける直線OYの垂線をかく。④と⑧の交点を中心として，点Aを通る円⑨をかく。これが求める円である。

(3) ①～④で点 P における直線 m の垂線をかく。⑤～⑧でこの垂線と直線 ℓ のなす鋭角の二等分線をかく。m と⑧の交点を中心として点 P を通る円⑨をかく。
④が点 P における半円 O の接線，⑨が線分 OP 上に中心があり，半円 O と線分 OB に接する円である。

トップコーチ

作図には，円をかいたり，長さをはかりとるためのコンパスと，直線を引くための定規を用いる。(他の器具は使えない。)

- 垂直二等分線は，2 点から等距離にある点の集まりである。
- 角の二等分線は，2 辺から等距離にある点の集まりである。

作図の応用問題は，上の性質などを利用して，垂直二等分線や角の二等分線の作図をうまく使って解く。

▶111

(1)

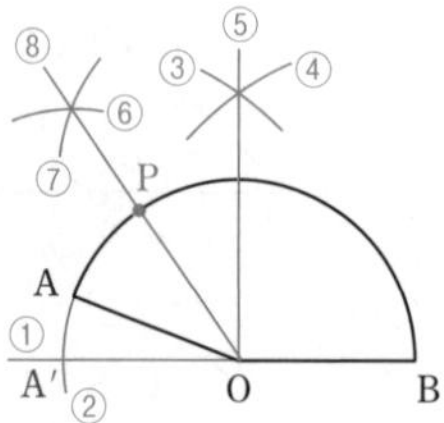

(2)

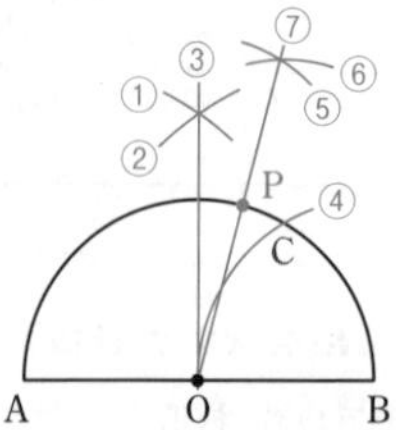

解説 (1) 線分 OB を O の側に延長し，円の弧を延長する。①と②の交点を A′ とすると，線分 A′B は直径となる。③～⑤で点 O を通り直径 A′B に垂直な直線をかく。⑥～⑧で OA と⑤のなす鋭角の二等分線をかき，おうぎ形との交点を P とすると
$\angle AOP = (160^\circ - 90^\circ) \div 2 = 70^\circ \div 2 = 35^\circ$
となる。

(2) ①～③で点 O を通り直径 AB に垂直な直線をかく。④で点 B を中心とする半径 OB の円をかき，半円の弧との交点を C とすると，OC＝OB＝BC であるから，
△OBC は正三角形となり，$\angle BOC = 60^\circ$ となる。⑤～⑦で，③と半径 OC のなす鋭角の二等分線をかき，半円の弧との交点を P とすると
$\angle AOP = 90^\circ + (90^\circ - 60^\circ) \div 2$
$= 90^\circ + 15^\circ = 105^\circ$
となる。

▶112

(1)

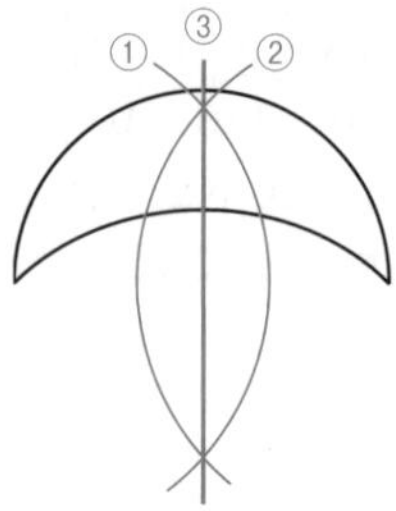

(2)

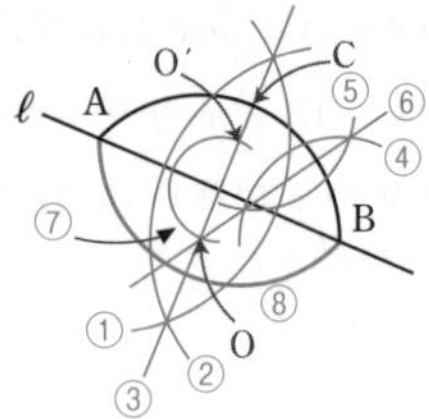

(3)

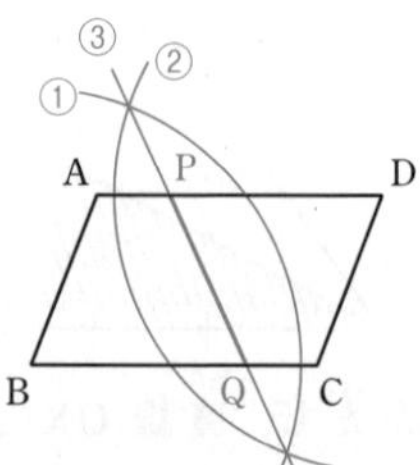

解説 (1) 2つの弧の2交点を結ぶ線分の垂直二等分線が対称の軸である。

(2) ①～③で線分ABの垂直二等分線をかく。③と$\overset{\frown}{AB}$との交点をCとし，④～⑥で線分BCの垂直二等分線を作図する。③と⑥の交点をOとする。点Oは$\overset{\frown}{AB}$を含む円の中心である。⑦で③上に点Oと直線ℓについて対称な点O′をとる。⑧で点O′を中心として点Aから点Bまで円の弧をかく。この弧が求めるものである。

(3) 線分BDの垂直二等分線と辺AD，BCとの交点をそれぞれP，Qとする。

トップコーチ

線対称な図形では，対応する2点を結ぶ線分の垂直二等分線が対称の軸となる。

▶113

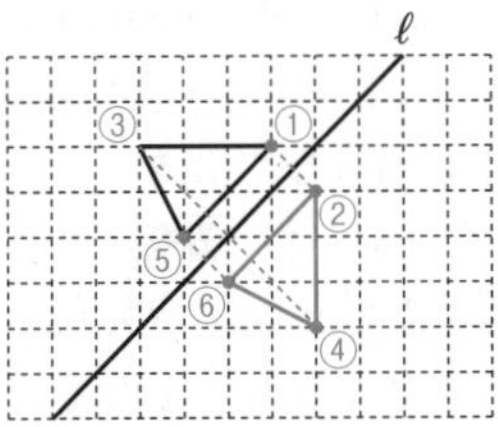

解説 対称の軸に対して等しい距離となるように3つの頂点①，③，⑤をそれぞれ②，④，⑥に移して，頂点どうしを結ぶ。

▶114

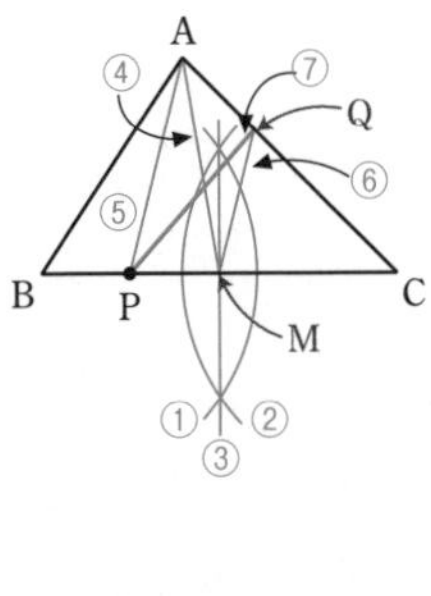

解説 ①～③で線分BCの垂直二等分線を引き，線分BCの中点をMとする。④で線分AM，⑤で線分APを引く。⑥で点Mを通りAPに平行な直線を引き，辺ACとの交点をQとする。⑦で直線PQを引く。

これが求める直線である。

Mは辺BCの中点であるから

$\triangle ACM=\dfrac{1}{2}\triangle ABC$

△AQMと△PQMは，QMを底辺とすると，AP∥QMより，高さは等しいから

$\triangle AQM=\triangle PQM$

よって　$\triangle CPQ=\triangle CMQ+\triangle PQM$

$=\triangle CMQ+\triangle AQM$

$=\triangle ACM$

$=\dfrac{1}{2}\triangle ABC$

したがって，直線PQは△ABCの面積を2等分する。

トップコーチ

面積を変えずに形を変えることを等積変形という。

・平行線での等積変形

①

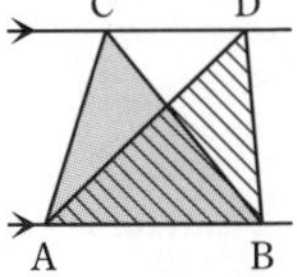

△ABC＝△ABD

②

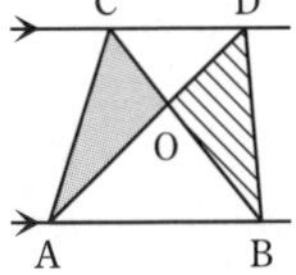

△AOC＝△BOD

等積変形は図形の問題ばかりではなく，関数と図形との融合問題でもよく使うテクニックなのでしっかり理解しておきたい。

115 (1)

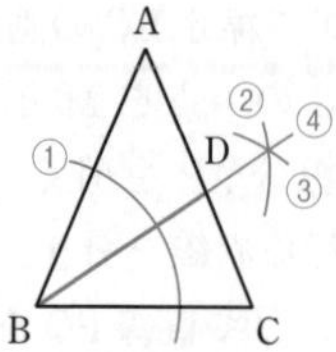

(2) **$(2a-b)$cm**

解説 (1) ∠B の二等分線と辺 AC との交点を D とする。

(2) AD＋DE＝AC＝a(cm)

AE＝AB－BE＝AB－BC＝$a-b$(cm)

よって，△AED の 3 辺の長さの和は

AD＋DE＋AE＝$a+(a-b)=2a-b$(cm)

116 (1)

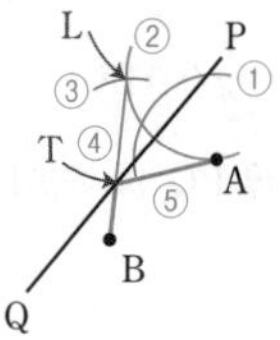

(2)

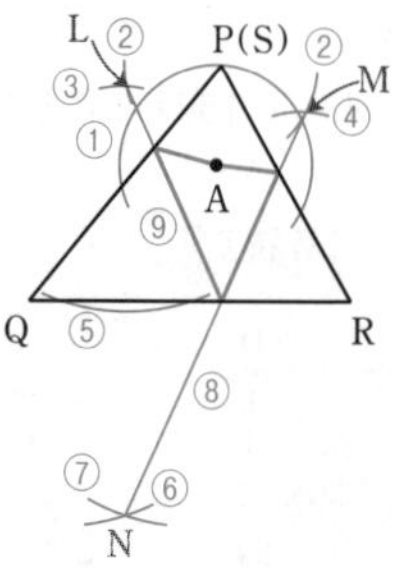

(3)

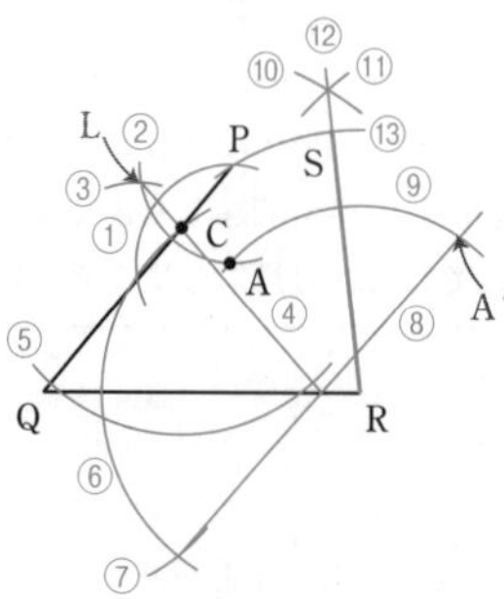

解説 (1) ①～③で円の半径を等しくすると，②と③の交点は，A から直線 PQ に下ろした垂線上の点であり，直線 PQ について点 A と対称な点となる。この点を L とし，④で線分 LB をかく。線分 LB と直線 PQ との交点を T とすると，

∠ATP＝∠LTP＝∠BTQ

であるから，A，T，B を順に結んでできる折れ線⑤が，球が点 A から点 B まで転がったあとである。

(2) (1)と同様にして，①～③で直線 PQ について点 A と対称な点 L をとる。また，①，②，④で直線 PR について点 A と対称な点 M をとる。⑤～⑦で直線 QR について点 L と対称な点 N をとる。直線 MN(⑧)と直線 QR の交点と点 L を通る直線⑨を引く。最後に，点 A，⑨と PQ の交点，⑧と QR の交点，⑧と PR の交点，点 A を順に結んでできる折れ線が求めるものである。

(3) (1)と同様にして，①～③で直線 PQ について点 A と対称な点 L をとり，④で直線 LC を引く。⑤～⑦で直線 QR について点 C と対称な点をとり，この点と，④と QR との交点を通る直線⑧を引く。点 R を中心として半径 RA の円⑨をかき，⑧との交点を A′ とする。⑩～⑫で ∠ARA′ の二等分線を引く。点 R を中心として半径 PR の円⑬をかく。⑫と⑬の交点が点 S となる。

▶117

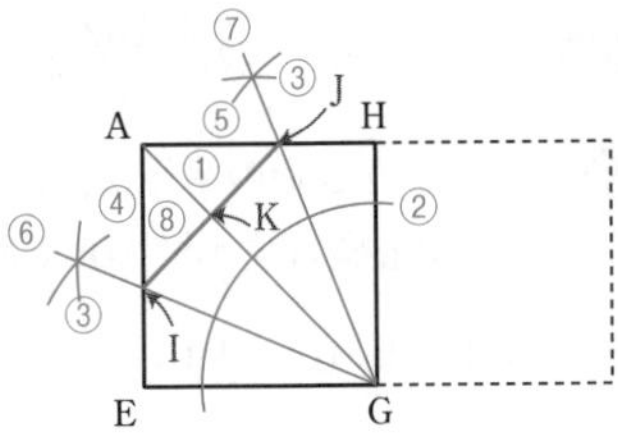

解説 ①で対角線 AG を引く。②，③，④，⑥で ∠AGE の二等分線を引く。②，③，⑤，⑦で ∠AGH の二等分線を引く。⑥と辺 AE の交点を I，⑦と辺 AH の交点を J とし，I と J を結ぶ線分⑧をかく。①と⑧の交点を K とすると，IE＝IK＝JH＝JK より，IJ＝2IE となる。2IE が八角形の 1 辺の長さで，
IJ＝2IE であるから，正八角形ができる。
よって，⑧が求める切り取り線である。

▶118

(1) **60π cm²**　(2) **10π**
(3) **$\frac{16}{3}\pi$ cm²**　(4) π

解説 (1) $\overset{\frown}{AB}$ の長い方の長さは
$2\pi\times10-8\pi=20\pi-8\pi=12\pi$(cm)
この弧に対する中心角は
$\frac{12\pi}{20\pi}\times360^\circ=\frac{3}{5}\times360^\circ=216^\circ$
よって，求める面積は
$\pi\times10^2\times\frac{216}{360}=100\pi\times\frac{3}{5}=60\pi(\text{cm}^2)$
(別解) 弧の長さから面積を求める公式
おうぎ形の面積＝$\frac{1}{2}$×弧の長さ×半径
を使うと $\frac{1}{2}\times12\pi\times10=60\pi(\text{cm}^2)$ となる。
(2) おうぎ形の中心角は
$\frac{6\pi}{2\pi\times10}\times360^\circ=\frac{3}{10}\times360^\circ=108^\circ$
$\text{OD}=\frac{2}{3}\text{OA}=\frac{20}{3}$，$\text{OC}=\frac{1}{3}\text{OA}=\frac{10}{3}$
であるから，求める面積は
$\left\{\pi\times\left(\frac{20}{3}\right)^2-\pi\times\left(\frac{10}{3}\right)^2\right\}\times\frac{108}{360}$
$=\left(\frac{400}{9}-\frac{100}{9}\right)\pi\times\frac{3}{10}$
$=\frac{300}{9}\pi\times\frac{3}{10}=10\pi$
(3) かげの部分の面積は

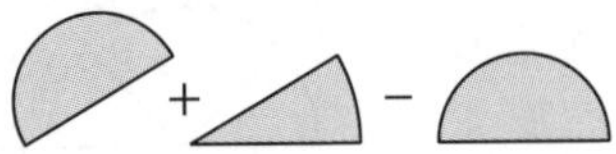

半円＋中心角 30° のおうぎ形－半円
で求められるから，中心角 30° のおうぎ形の面積に等しい。よって
$\pi\times8^2\times\frac{30}{360}=64\pi\times\frac{1}{12}=\frac{16}{3}\pi(\text{cm}^2)$
(4) △ABM 内のかげの部分を点 A を中心として 120° 回転させると，右の図のようになる。

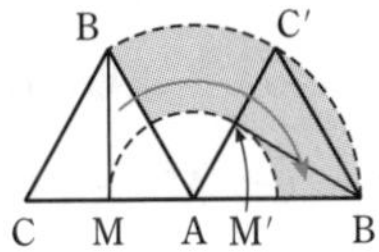

よって，求める面積は
$(\pi\times2^2-\pi\times1^2)\times\frac{120}{360}=3\pi\times\frac{1}{3}=\pi$

トップコーチ
半径 r，中心角 a° のおうぎ形の面積を S とすると
$S=\underbrace{\pi r^2}_{\text{円の面積}}\times\frac{a}{360}$
また，半径 r，弧の長さ ℓ のおうぎ形の面積を S とすると
$S=\frac{1}{2}\ell r$
となる。このとき，中心角は
$360^\circ\times\frac{\ell}{2\pi r}$

▶119 (1) 9π cm　(2) $\frac{3}{2}\pi$ cm^2

(3) ① 12π m　② 42π m^2

解説 (1) $\angle AOB=\frac{2\pi}{2\pi\times8}\times360°=45°$

$\angle COD=180°-\angle AOB=180°-45°=135°$

よって，$\overset{\frown}{CD}$ の長さは

$2\pi\times12\times\frac{135}{360}=24\pi\times\frac{3}{8}=9\pi$(cm)

(2) △ABC 内のかげの部分を点 C を中心として 135° 回転させると，右の図のようになる。

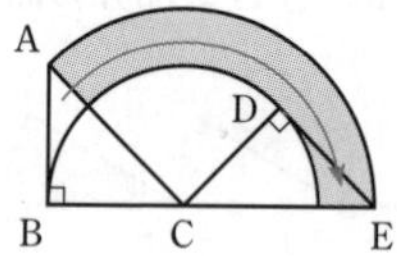

AC を対角線とする正方形の面積に着目して

$\frac{1}{2}AC^2=AB^2=4$　　$AC^2=8$

よって，求める面積は

$(\pi\times AC^2-\pi\times CD^2)\times\frac{135}{360}$

$=(8\pi-4\pi)\times\frac{3}{8}=\frac{3}{2}\pi$(cm^2)

(3) ① AB=3m，CP=6m，AQ=9m で，$\angle ABP=\angle PCQ=\angle QAR=120°$ であるから，求める長さは

$(2\pi\times3+2\pi\times6+2\pi\times9)\times\frac{120}{360}$

$=36\pi\times\frac{1}{3}=12\pi$(m)

② 求める面積は

$(\pi\times3^2+\pi\times6^2+\pi\times9^2)\times\frac{120}{360}$

$=126\pi\times\frac{1}{3}=42\pi$(m^2)

▶120 (1) 14π　(2) $\frac{182}{3}\pi$

解説 (1) おうぎ形の半径は，2，4，6，8，10，12 で中心角はすべて 60° であるから

$\ell=2\pi\times(2+4+6+8+10+12)\times\frac{60}{360}$

$=2\pi\times42\times\frac{1}{6}=14\pi$

(2) $S=\pi(2^2+4^2+6^2+8^2+10^2+12^2)\times\frac{60}{360}$

$=\pi\times364\times\frac{1}{6}=\frac{182}{3}\pi$

▶121 75°

解説 AC=CO=OD=DB=a とする。

点 A を含む図形の面積は

$\pi\times(2a)^2\times\frac{180-x}{360}+\pi\times a^2\times\frac{x}{360}$

$=\frac{\pi a^2}{360}\{4(180-x)+x\}$

$=\frac{\pi a^2}{360}(720-3x)$

$=\frac{\pi a^2}{120}(240-x)$

点 B を含む図形の面積は

$\pi\times(2a)^2\times\frac{x}{360}+\pi\times a^2\times\frac{180-x}{360}$

$=\frac{\pi a^2}{360}\{4x+(180-x)\}=\frac{\pi a^2}{360}(180+3x)$

$=\frac{\pi a^2}{120}(60+x)$

面積の比が 11：9 であるから

$\frac{\pi a^2}{120}(240-x):\frac{\pi a^2}{120}(60+x)=11:9$

$(240-x):(60+x)=11:9$

$11(60+x)=9(240-x)$

$660+11x=2160-9x$　　$20x=1500$

$x=75$

▶**122** (1) **16 cm^2** (2) **$(36\pi-72)$ cm^2**

(3) **20 cm^2(考え方は，解説参照)**

(4) ① **△ABM と △AEM において**

AB＝AE＝2cm

BM＝EM＝1cm

AM＝AM

3 組の辺の長さがそれぞれ等しいから，△ABM と △AEM は合同である。

これより

∠EAM＝∠BAM＝a°

また

∠AMB＝180°－90°－a°

＝90°－a°

よって，S は，半径 2cm，中心角 a° のおうぎ形の面積と，半径 1cm，中心角 90°－a° のおうぎ形の面積の和から，△ABM の面積を引いたものを 2 倍すれば求められる。

② $S=\dfrac{a+30}{60}\pi-2$

解説 (1) 右の図のように，半円を 2cm 右に移動した図形の面積から，円の面積を引くと，求める面積となる。つまり，縦 8cm，横 2cm の長方形の面積となるから

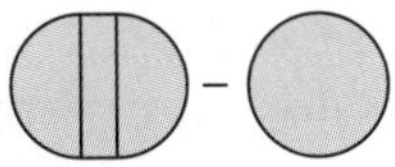

$8\times2=16(\text{cm}^2)$

(2) かげのついていない部分をウとする。

ア＋ウ＝おうぎ形の面積

$=\pi\times12^2\times\dfrac{90}{360}=144\pi\times\dfrac{1}{4}$

$=36\pi(\text{cm}^2)$

イ＋ウ＝長方形の面積

$=6\times12=72(\text{cm}^2)$

おうぎ形の面積から長方形の面積を引くと

(ア＋ウ)－(イ＋ウ)＝ア－イ

となるから，求める面積の差は

$(36\pi-72)\text{cm}^2$

(3) 右の図のように記号をつける。ただし，BI∥EG とする。F は EG の中点であるから

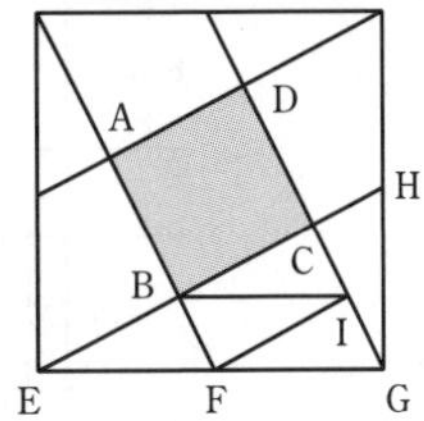

△BEF＝△IFG …①

また，BF∥CG より

△BFI＝△BFG＝△IFG …②

四角形 BFIC は長方形となるから

△BCI＝△BFI …③

さらに △CGH＝△BEF …④

①～④より △HEG＝5△CGH

これより，EC：CH＝4：1 であるから

$\triangle\text{CEG}=\dfrac{4}{5}\triangle\text{HEG}$

$=\dfrac{4}{5}\times\dfrac{1}{2}\times10\times5$

$=20(\text{cm}^2)$

よって，四角形 ABCD の面積は

$10\times10-20\times4=100-80=20(\text{cm}^2)$

(4) ② $S=2\left(\pi\times2^2\times\dfrac{a}{360}+\pi\times1^2\times\dfrac{90-a}{360}-\dfrac{1}{2}\times2\times1\right)$

$=2\left(\dfrac{4a}{360}\pi+\dfrac{90-a}{360}\pi-1\right)$

$=2\left(\dfrac{3a+90}{360}\pi-1\right)$

$=2\left(\dfrac{a+30}{120}\pi-1\right)=\dfrac{a+30}{60}\pi-2$

トップコーチ

⑴のかげの部分の図形は下の図形を 2cm 平行移動したときにできる図形と同じであるから，図の㋐の部分と㋑の部分の面積が等しくなっていることに着目すると求めやすい。

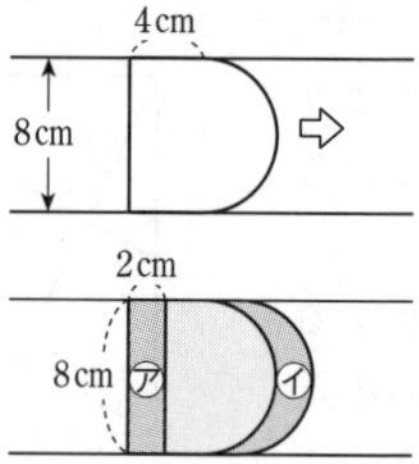

▶123　$\frac{25}{8}\pi$ cm²

解説　右の図のように，図形 AGD を対角線 BD について対称に移動し，線分 BH と $\overset{\frown}{BH}$ で囲まれた図形を点 B が点 H の位置にくるように，対角線 BD 上を移動する。

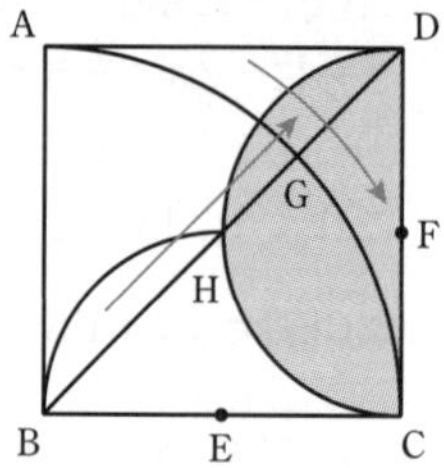

求める面積は，半径 $\frac{5}{2}$cm の半円の面積となるから

$\frac{1}{2}\times\pi\times\left(\frac{5}{2}\right)^2=\frac{25}{8}\pi(\text{cm}^2)$

▶124　⑴　$\frac{56}{3}\pi$ cm²

⑵　$4\pi+24$

⑶　$\frac{4}{3}\pi$ cm

解説　⑴　ひもが通った部分は，右の図のように，半径が 6cm，4cm，2cm で中心角がすべて 120° のおうぎ形となる。

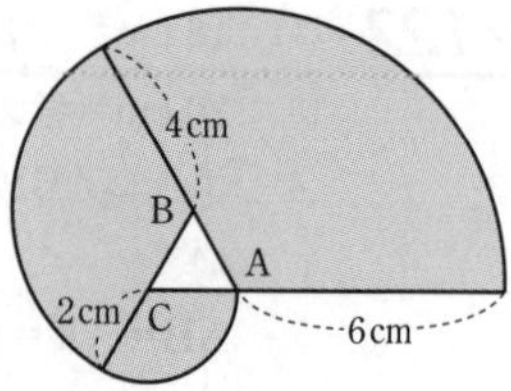

よって，求める面積は

$(\pi\times6^2+\pi\times4^2+\pi\times2^2)\times\frac{120}{360}$

$=56\pi\times\frac{1}{3}=\frac{56}{3}\pi(\text{cm}^2)$

⑵　右の図のようにおうぎ形と長方形に分けて考える。

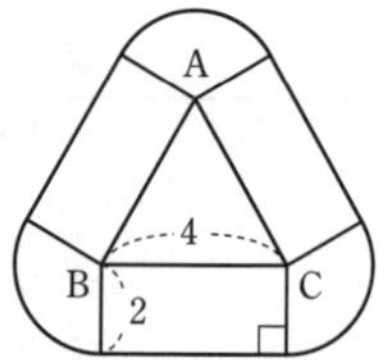

3 つのおうぎ形を合わせると，半径 2 の円となる。

よって，求める面積は

$\pi\times2^2+(2\times4)\times3=4\pi+24$

⑶　点 P は，点 A を中心として 60° 回転し，点 B に着く。その後，点 C を中心として 60° 回転し，もとの位置に戻る。

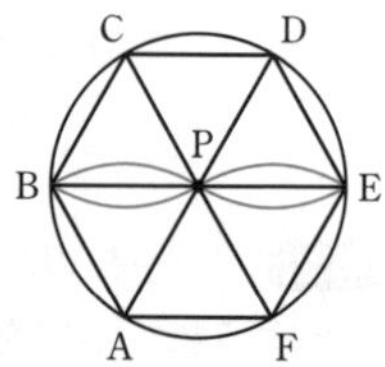

さらに，点 D を中心として 60° 回転して点 E に移動し，点 F を中心として 60° 回転してもとの位置に戻る。このとき，正三角形ももとの位置に戻っている。

よって，点 P が動いた長さは

$\left(2\pi\times1\times\frac{60}{360}\right)\times4=2\pi\times\frac{1}{6}\times4=\frac{4}{3}\pi(\text{cm})$

▶125 (1) **25π cm^2**　(2) **30 秒後**
(3) **18 秒後**

解説 (1) 1 秒間に回転する角度は，
点 P は　$360°\div30=12°$
点 Q は　$360°\div60=6°$
である。5 秒間で黒色から白色に変わることはない。半径は 10cm であるから，求める面積は

$$\pi\times10^2\times\frac{12\times5}{360}+\pi\times10^2\times\frac{6\times5}{360}$$

$$=100\pi\times\left(\frac{1}{6}+\frac{1}{12}\right)=100\pi\times\frac{3}{12}$$

$$=25\pi(\text{cm}^2)$$

(2) x 秒後に初めて点 P は点 Q に追いつくとすると，点 P は点 Q より 180° 多く回転するから
$12x=6x+180$　　$6x=180$　　$x=30$
よって，30 秒後である。

(3) 15 秒後から 30 秒後までの間に，点 P は点 B から点 A まで移動する。(2)より，点 P が最初に点 Q に追いつくのは 30 秒後であるから，黒色となる部分は上半分の半円とおうぎ形 OPQ の部分である。
y 秒後に黒色の部分の面積が 70π cm^2 となるとすると

$$\pi\times10^2\times\frac{6\times y}{360}-\pi\times10^2\times\frac{12\times(y-15)}{360}$$
$$+\pi\times10^2\times\frac{1}{2}=70\pi$$

$$\frac{5}{3}\pi y-\frac{10}{3}\pi(y-15)+50\pi=70\pi$$

両辺に $\dfrac{3}{\pi}$ をかけて
$5y-10(y-15)+150=210$
$5y-10y+150+150=210$
$-5y=-90$　　$y=18$
よって，18 秒後である。

▶126 (1) **$\dfrac{1}{6}\pi r$**　(2) **$\dfrac{1}{6}\pi r^2$**
(3) **$\dfrac{1}{12}\pi r^2$**　(4) **$\dfrac{1}{4}r^2$**

解説 (1) 中心角が 60° であるから
$A'B'=OA'=r$

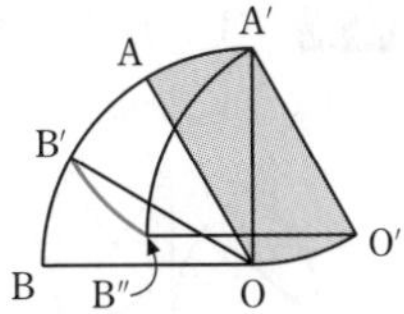

$\overset{\frown}{B'B''}$ は，半径 r，
中心角 30° のおうぎ形の弧であるから

$$2\pi r\times\frac{30}{360}=2\pi r\times\frac{1}{12}=\frac{1}{6}\pi r$$

(2) (1)の図で，かげの部分の面積は半径 r，中心角 30° のおうぎ形の面積の 2 倍であるから　$\pi r^2\times\dfrac{30}{360}\times2=\pi r^2\times\dfrac{1}{12}\times2=\dfrac{1}{6}\pi r^2$

(3) $\overset{\frown}{A'B'}$ と弦 $A'B'$ で囲まれる部分を，点 A' を中心として図のように 30° 回転させることで，求める面積は半径 r，中心角 30° のおうぎ形の面積に等しいことがわかる。

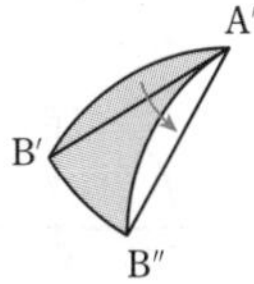

よって　$\pi r^2\times\dfrac{30}{360}=\dfrac{1}{12}\pi r^2$

(4) 右の図のように，
$\triangle OA'B'$ は正三角形で，
$\angle B'A'B''=30°$ であるから，OB' と $A'B''$ の交点を H とすると

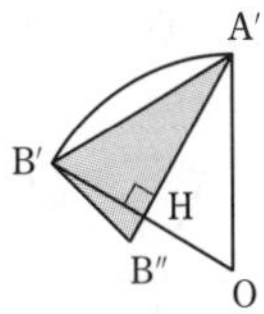

$\angle A'HB'=180°-\angle A'B'O-\angle B'A'B''$
$=180°-60°-30°$
$=90°$

また，$B'H=\dfrac{1}{2}B'O=\dfrac{1}{2}r$ であるから

$$\triangle A'B'B''=\frac{1}{2}\times A'B''\times B'H$$
$$=\frac{1}{2}\times r\times\frac{1}{2}r=\frac{1}{4}r^2$$

▶127 (1) $\frac{5}{2}\pi$　(2) 6π cm

(3) ① 5π cm　② $\frac{21}{2}\pi$ cm^2

解説 (1) 点Aの移動したあとは，次の図のようになる。

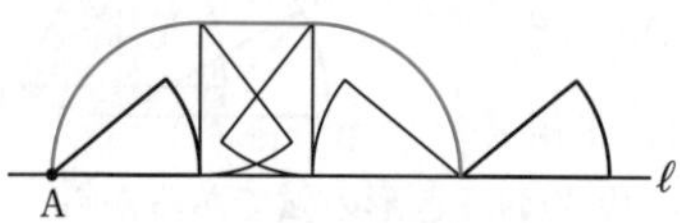

よって，求める長さは

$2\pi\times2\times\frac{1}{4}\times2+2\pi\times2\times\frac{45}{360}$

$=2\pi+4\pi\times\frac{1}{8}=2\pi+\frac{1}{2}\pi=\frac{5}{2}\pi$

(2) 点Oの移動したあとは，次の図のようになる。

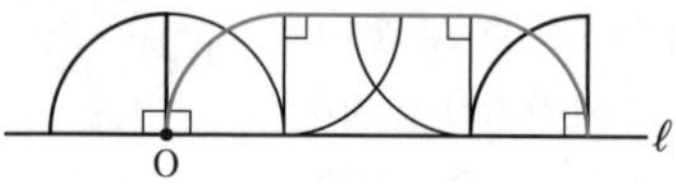

よって，求める長さは

$2\pi\times4\times\frac{1}{4}\times2+2\pi\times4\times\frac{1}{4}$

$=4\pi+2\pi=6\pi$(cm)

(3) 点Oが描く線は，次の図のようになる。

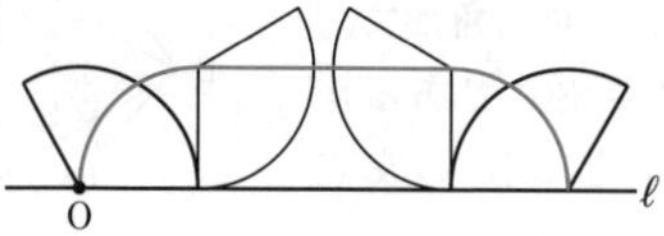

① 求める線の長さは

$2\pi\times3\times\frac{1}{4}\times2+2\pi\times3\times\frac{120}{360}$

$=3\pi+6\pi\times\frac{1}{3}=3\pi+2\pi=5\pi$(cm)

② 求める面積は

$\pi\times3^2\times\frac{1}{4}\times2+3\times\left(2\pi\times3\times\frac{120}{360}\right)$

$=\frac{9}{2}\pi+6\pi=\frac{21}{2}\pi$(cm^2)

▶128 (1) 6

(2) 14π

(3) 28π

解説 (1) △ABCのまわりの長さは

$4\pi+3\pi+5\pi=12\pi$

円Oのまわりの長さは　$2\pi\times1=2\pi$

$12\pi\div2\pi=6$ より，円Oは6回転する。

よって，点Pが△ABCの辺に接するのは6回である。

(2) 円Oの中心が動いた長さは，右の図の青い線の長さである。3つのおうぎ形の弧の長さの和は，半径1の円の円周の長さに等しいから，求める長さは

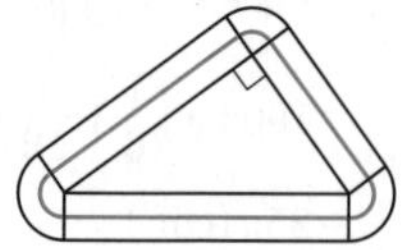

$2\pi\times1+12\pi=14\pi$

(3) 円Oが通過した部分にできる3つのおうぎ形を合わせると，半径2の円となるから，求める面積は

$\pi\times2^2+4\pi\times2+3\pi\times2+5\pi\times2$

$=4\pi+8\pi+6\pi+10\pi$

$=28\pi$

トップコーチ

円が図形のまわりを1周したときに円が通過した部分の面積は

円の中心が動いた長さ×直径

で求めることができる。

このことを利用すると，さらに求めやすくなる。

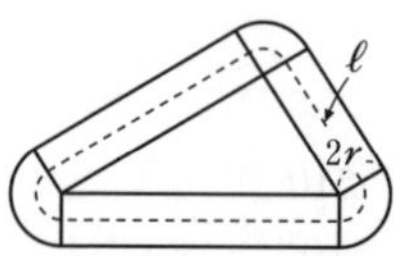

求める面積を S とすると

$S=\ell\times2r$

▶129 ア

解説　大円の円周の長さは

$2\pi \times 3 = 6\pi$

小円の円周の長さは　$2\pi \times 1 = 2\pi$

$6\pi \div 2\pi = 3$ より，小円は大円に 3 回接する。

よって，点 P の描く図形はアである。

第5回 実力テスト

1　**31 cm²**

解説　1 枚の面積は　$2 \times 2 = 4(\text{cm}^2)$

1 枚重ねるごとに 3cm^2 ずつ増える。最初の 1 枚に 9 枚重ねると 10 枚になるから

$4 + 3 \times 9 = 4 + 27 = 31(\text{cm}^2)$

2　**(直線の引き方は解説参照)**

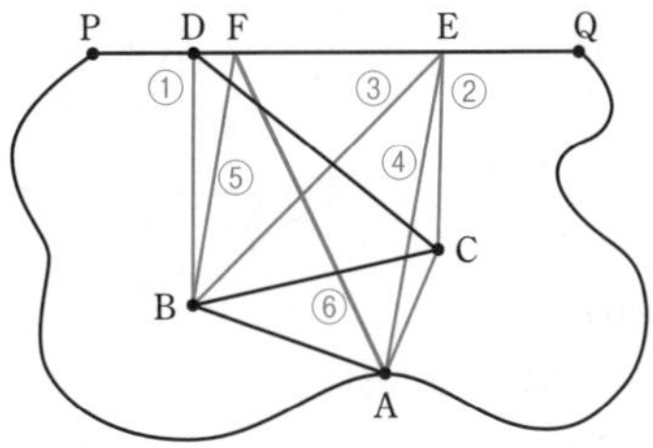

解説　①～②で点 C を通り直線 BD に平行な直線を引き，PQ との交点を E とする。③で線分 EB をかく。△BCD と △BED は BD を底辺とすると高さが等しいから，

△BCD＝△BDE となる。このとき，折れ線 A－B－E はこの土地の面積を 2 等分する。

同様に，④～⑥で点 B を通り AE に平行な直線を引き，PQ との交点を F とすると，直線 AF はこの土地の面積を 2 等分する。

3　(1)　**67.5°**　　(2)　**28π cm²**

解説　(1)　正八角形の 1 つの内角の大きさは　$180° \times (8-2) \div 8 = 1080° \div 8 = 135°$

よって　$\angle PQR = 135° \div 2 = 67.5°$

(2)　正八角形の 1 辺の長さは　$16 \div 4 = 4(\text{cm})$

$180° - 135° = 45°$ であるから，求める面積は，半径が 4cm，8cm，12cm で中心角が

すべて45°である3つのおうぎ形の面積の和である。よって

$(\pi\times4^2+\pi\times8^2+\pi\times12^2)\times\frac{45}{360}$

$=(16\pi+64\pi+144\pi)\times\frac{1}{8}$

$=224\pi\times\frac{1}{8}=28\pi(\text{cm}^2)$

4 $\frac{8}{3}$

解説 右の図で，
OA=2,
OB=OD=1 であるから
AD=OA−OD=1
よって，AD=OD となるから

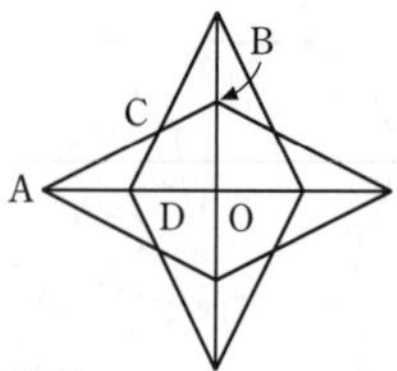

△CAD=△CDO …①
また，△CDO と △CBO は合同な三角形であるから
△CDO=△CBO …②

①，②より　$\triangle CBO=\frac{1}{3}\triangle OAB$

$\triangle OAB=\frac{1}{2}\times2\times1=1$ より

$\triangle CBO=\frac{1}{3}$

求める面積は，この8倍であるから

$\frac{1}{3}\times8=\frac{8}{3}$

トップコーチ

この問題は，図形の対称性に着目して解くことができる。

右の図の㋐と㋑の三角形は，底辺と高さが等しいので面積が等しくなる。したがって，ひし形の対称性から考えると，右の図の•の部分の面積はすべて等しいことがわかり，求める面積がひし形の面積の$\frac{2}{3}$になる。

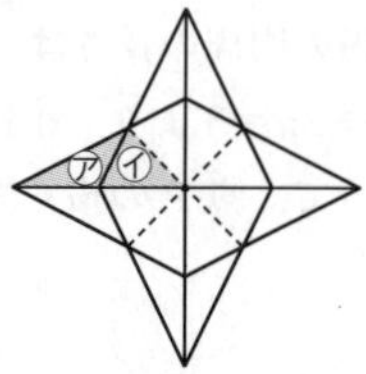

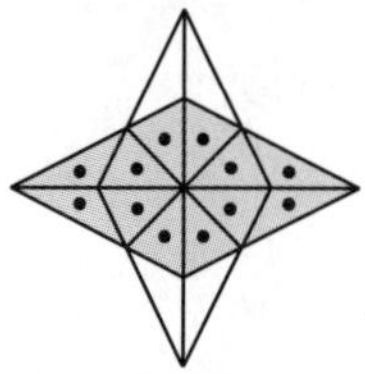

このように，図形の問題を解くときに対称性に着目して解く方法があることを覚えておくとよい。

5 (1) **100°**　(2) **120°**
(3) **6秒後**　(4) **12秒後**

解説 (1) 360°÷18=20° より，点 P は1秒間に20°ずつ回転するから，5秒後の∠AOP の大きさは　20°×5=100°

(2) 360°÷36=10° より，点 Q は1秒間に10°ずつ回転する。
8秒後の ∠AOP の大きさは
20°×8=160°
∠AO′Q の大きさは　10°×8=80°

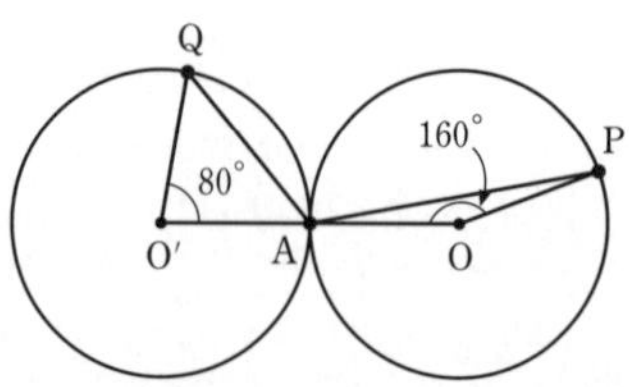

∠OAP=(180°−160°)÷2=10°

$\angle O'AQ=(180°-80°)\div2=50°$

よって

$\angle PAQ=180°-\angle OAP-\angle O'AQ$

$=180°-10°-50°$

$=120°$

(3) x 秒後に初めて $\angle PAQ=90°$ になるとする。(2)と同様にして

$\angle OAP=(180°-\angle AOP)\div2$

$=(180°-20°\times x)\div2$

$=90°-10°\times x$

$\angle O'AQ=(180°-\angle AO'Q)\div2$

$=(180°-10°\times x)\div2$

$=90°-5°\times x$

よって

$\angle PAQ=180°-(90°-10°\times x)$

$-(90°-5°\times x)$

$=10°\times x+5°\times x=15°\times x$

$\angle PAQ=90°$ より　$15°\times x=90°$　　$x=6$

よって，6 秒後である。

(4) y 秒後に初めて $\angle PAQ=180°$ になるとする。このときの P，Q の位置は図のようになり，$\angle OAP=\angle O'AQ$ である。

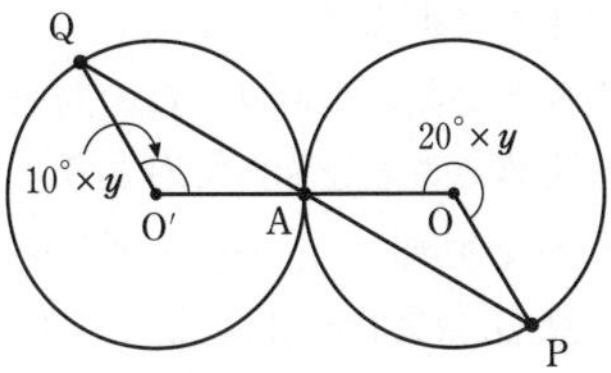

$\angle OAP=(180°-\angle AOP)\div2$

$=\{180°-(360°-20°\times y)\}\div2$

$=(20°\times y-180°)\div2$

$=10°\times y-90°$

$\angle O'AQ=(180°-\angle AO'Q)\div2$

$=(180°-10°\times y)\div2$

$=90°-5°\times y$

$\angle OAP=\angle O'AQ$ であるから

$10°\times y-90°=90°-5°\times y$

$15°\times y=180°$　　$y=12$

よって，12 秒後である。

6 オ

解説 一方の円を右下に固定して考えると，他方の円の中心は，右の図のかげの部分を動く。4 つのすみで考えると，2 つの円の中心点が通過する範囲はオとなる。

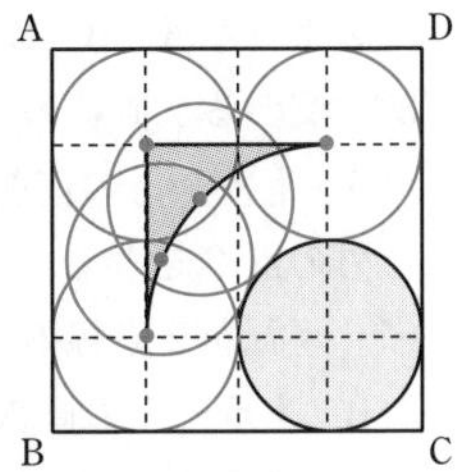

6 空間図形

▶130 (1) (ア), (イ), (ウ), (エ)　(2) 4つ

解説 (1) 着眼にもあるように，直線AB外の1点Cを通る平面はただ1つである。そのようなA，B，Cのとり方を考える。

(ア) 交わる2直線の，一方の直線上にA，B，もう一方の直線上に2直線の交点以外の点Cをとる。

(イ) 平行な2直線の，一方の直線上にA，B，もう一方の直線上に点Cをとる。

(ウ) 1直線上にA，Bをとり，その上にない1点をCとする。

(エ) 3点をA，B，Cとすると，点Cは直線AB上にはない。

(オ) 1直線上にない3点で平面が1つ決まるが，残り1点がこの平面上にある場合は平面が決まるが，ない場合は平面は存在しない。

(2) 4点のうち，どの3点も1直線上にないから，3点A，B，Cを通る平面，3点A，B，Dを通る平面，3点A，C，Dを通る平面，3点B，C，Dを通る平面の4つの平面が決まる。

▶131 (1) ① **BE，CF**
② **AB，AC，DE，DF**
③ **BC，EF**
(2) (ア)

解説 (1) 三角柱の側面は長方形である。

① 長方形の対辺は平行であるから，BEとCFである。

② 長方形の隣り合う辺は垂直に交わるからAB，AC，DE，DFである。

③ 平行でなく，どこまで延長しても交わらない辺であるから，BCとEFである。

(2) (ア)は成り立つ。

(イ)，(ウ)は，右の図で，ACを直線ℓ，AEを直線m，EFを直線nとすると，

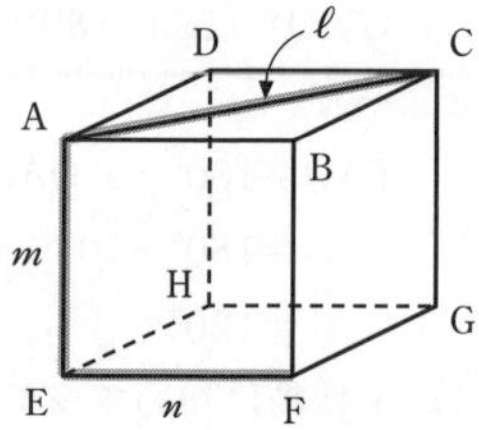

$\ell \perp m$，$m \perp n$であるが，ℓとnは垂直でも平行でもない。

▶132 (1) ① **面ABCD，面ABFE**
② **面AEHD，面BFGC**
③ **面DHGC，面EFGH**
④ **辺AE，辺BF，辺CG，辺DH**
⑤ **辺EF，辺FG，辺GH，辺HE**
(2) ① **垂直，⊥，垂線**
② **平面，垂直，⊥**
③ **短い**

解説 (1) ⑤ 面ABCDと平行である面EFGH内にあるすべての直線は，面ABCDと平行である。

(2) ① 直線と平面の垂直は，この問題文のように決めることを知っておこう。

② 交わる2直線で1つの平面が決まるから，点Oで交わる2直線a，bに対して，$a \perp \ell$，$b \perp \ell$ならば，$\ell \perp P$となる。

▶133 **直線，垂直，⊥**

解説 2平面が交わるとき，その交わりは直線であり，交線という。それぞれの平面上に，交線に垂直な直線を引き，その2直線のなす鋭角を2平面のなす角という。

▶134 (イ), (オ)

解説 右の図の立方体で考える。

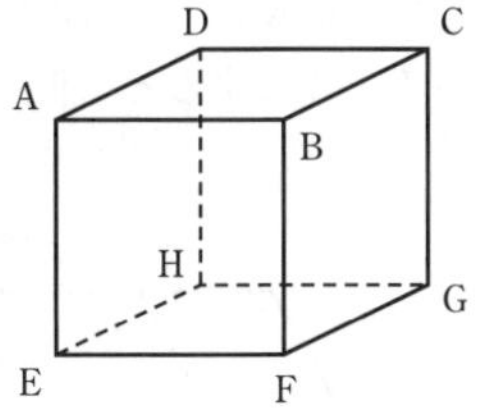

(ア) 直線 AE と平行な 2 つの面 BFGC, 面 CGHD は平行ではない。

(イ) 成り立つ。

(ウ) 直線 AE に垂直な 2 直線 AB, AD は垂直であり，平行ではない。

(エ) 面 AEFB に垂直な 2 つの面 BFGC, 面 ABCD は垂直であり，平行ではない。

(オ) 成り立つ。

(カ) 面 ABCD 上にある直線 AB と，面 EFGH 上にある直線 EH について，2 つの面は平行であるが，2 直線はねじれの位置にあり，平行ではない。

▶135 (ア)

解説 対角線 AB を含む面が下になるように直方体を組み立てると，点 C は点 A の真上，点 D は点 B の真上にくるので，AB と CD は平行になる。

▶136 (1) 三角柱 (2) 円柱 (3) 三角錐(すい)(四面体)

解説 (1) 側面図が三角形，立面図，平面図が長方形であるから，三角柱である。

(2) 側面図が円，立面図，平面図が長方形であるから，円柱である。

(3) 平面図から立体の底面が三角形とわかる。また，平面図，立面図から，立体の側面は三角形とわかる。よって，三角錐である。

▶137

	面の数	1 つの頂点に集まる面の数	面の数
正四面体	正三角形	3	4
正六面体	正方形	3	6
正八面体	正三角形	4	8
正十二面体	正五角形	3	12
正二十面体	正三角形	5	20

	辺の数	頂点の数	各面の中心を結んでできる立体
正四面体	6	4	正四面体
正六面体	12	8	正八面体
正八面体	12	6	正六面体
正十二面体	30	20	正二十面体
正二十面体	30	12	正十二面体

解説 各面の辺の数を a, 1 つの頂点に集まる面の数を b, 立体の面の数を c とすると辺の数 $=ac\div2$, 頂点の数 $=ac\div b$ で求められる。(単に ac としては，同じ辺を 2 回，同じ頂点を b 回数えてしまう。)

正四面体… 辺の数 $=3\times4\div2=6$
頂点の数 $=3\times4\div3=4$

正六面体… 辺の数 $=4\times6\div2=12$
頂点の数 $=4\times6\div3=8$

正八面体… 辺の数 $=3\times8\div2=12$
頂点の数 $=3\times8\div4=6$

正十二面体… 辺の数 $=5\times12\div2=30$
頂点の数 $=5\times12\div3=20$

正二十面体… 辺の数 $=3\times20\div2=30$
頂点の数 $=3\times20\div5=12$

各面の中心を結んでできる立体は，面が頂点に変わると考えて，面の数と頂点の数に着目する。

もとの正多面体	できる正多面体の頂点の数	できる正多面体
正四面体	4	正四面体
正六面体	6	正八面体
正八面体	8	正六面体
正十二面体	12	正二十面体
正二十面体	20	正十二面体

138 ①

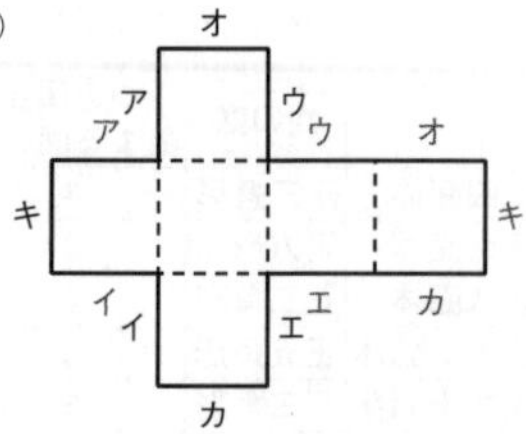

②

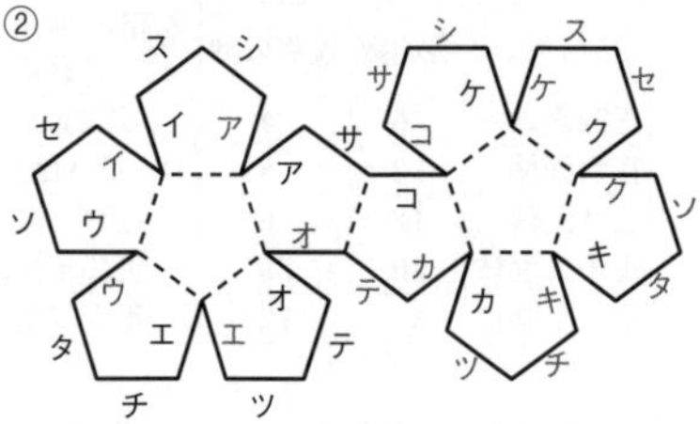

③

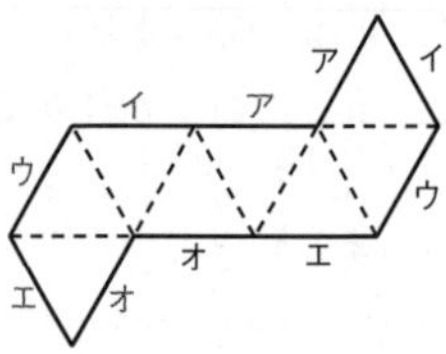

④

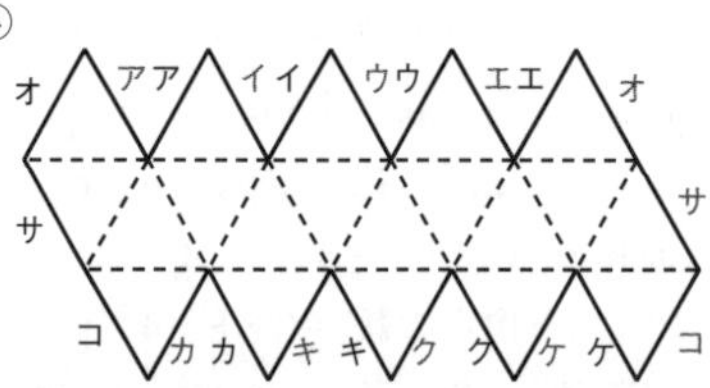

解説 ② まず，隣りどうしの 10 組の辺を ⟷ 印のようにつなぎ，次に ⇔ 印のところからつなぎ始めて ⟷ 印のところでつなぎ終わるようにすると，正十二面体ができる。

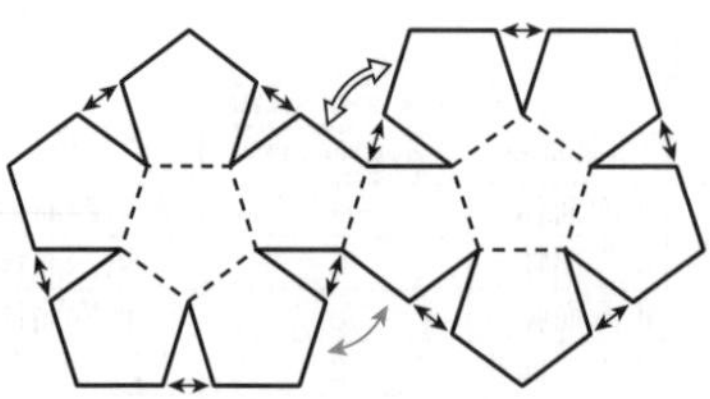

③ 最初に ⟷ 印のところからつなぎ始めて，最後に ⟷ 印のところでつなぎ終わるようにすると，正八面体ができる。

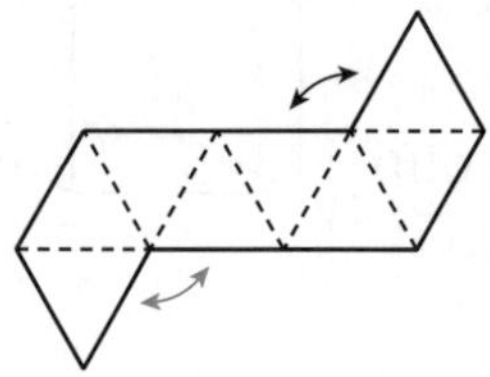

④ 隣りどうしの 8 組の辺を ⟷ 印のようにつなぎ，次に残りの 3 組の辺をつなぎ合わせる。

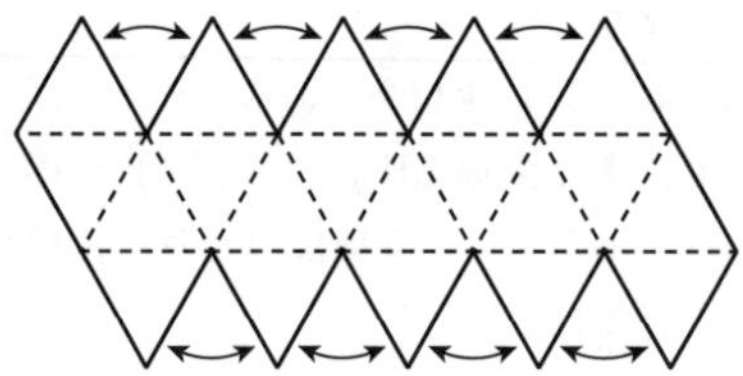

139 15 cm

解説 母線の長さを x cm とする。底面の円周の長さは，$2\pi\times7=14\pi$(cm)で，これは展開図における側面のおうぎ形の弧の長さに等しい。

おうぎ形の面積$=\dfrac{1}{2}\times$弧の長さ$\times$半径

で求められるから，円錐(すい)の表面積に着目して

$\dfrac{1}{2}\times14\pi\times x+\pi\times7^2=154\pi$

$7\pi x+49\pi=154\pi$

$7\pi x=105\pi$　　$x=15$

(別解) 円錐の側面積は

$\pi\times$母線の長さ$\times$底面の半径

で求められるから，

$\pi\times x\times7+\pi\times7^2=154\pi$

として，方程式をつくってもよい。

140 (1) **18 個**

(2) ① **ねじれの位置**

② **点 C を通り，△AFH に平行な平面をつくる。**

解説 (1) 樹形図をかいて数えあげる。

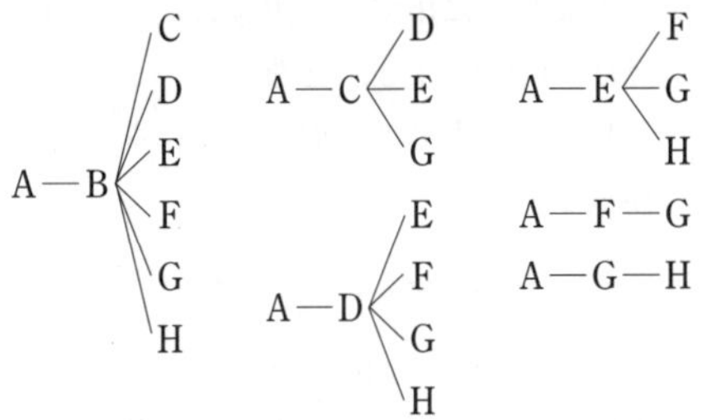

以上，18 通りである。

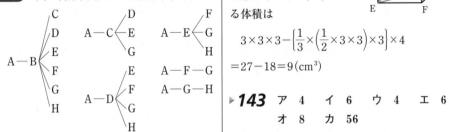

(2) ① 直線 AF と直線 BD は交わらないし，平行でもないから，ねじれの位置にある。

② BD∥FH であるから，△AFH を含む平面と BD は平行である。また，直線 AF は △AFH を含む平面に含まれるから，点 C を通り △AFH に平行な平面は直線 BD，AF の両方に平行である。

141 (1) $h=6$ (2) **16 倍**

解説 (1) 側面積＝高さ×底面の円周

で，これが底面積に等しいことから

$h\times(2\pi\times12)=\pi\times12^2$

$24\pi h=144\pi$ $h=6$

(2) 円柱 Q の底面の円周は

$2\pi\times12\div4=6\pi$(cm)

底面の半径を $r$cm とすると

$2\pi r=6\pi$ $r=3$

円柱 P の体積を円柱 Q の体積で割ると

$$\frac{\pi\times12^2\times h}{\pi\times3^2\times h}=\frac{144}{9}=16$$

よって，16 倍である。

142 **9 cm³**

解説 右の図のように，立方体から 4 つの三角錐(すい)を切り落とした形になるから，求める体積は

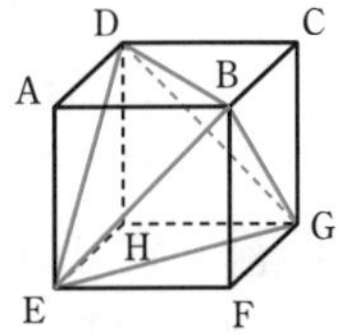

$$3\times3\times3-\left\{\frac{1}{3}\times\left(\frac{1}{2}\times3\times3\right)\times3\right\}\times4$$

$=27-18=9$(cm^3)

143 ア 4 イ 6 ウ 4 エ 6 オ 8 カ 56

解説 正方形 ABCD の 4 つの頂点から 3 つの頂点を選んでできる三角形は，△ABC，△ABD，△ACD，△BCD の 4 個 …ア

正方形 ABCD と合同な正方形は立方体の 6 面であるから，6 個 …イ

長方形 BFHD の 4 つの頂点から 3 つの頂点を選んでできる三角形は，△BFH，△BFD，△BHD，△FHD の 4 個 …ウ

各面の正方形の対角線に着目して，長方形 BFHD と合同な長方形は，長方形 BFHD，ACGE，BGHA，CFED，AFGD，BEHC の 6 個 …エ

正三角形になるものを樹形図をかいて数えあげる。

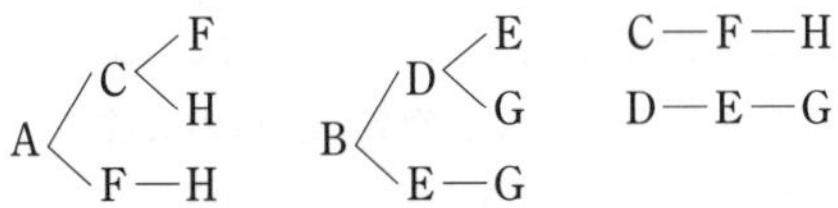

よって，8 個 …オ

三角形の総数は

$4\times6+4\times6+8=56$(個) …カ

(参考) アとイで立方体と 2 辺を共有する三角形，ウとエで立方体と 1 辺だけを共有する三角形，オで立方体と辺を共有しない三角形を数えている。

▶144 (1) **$n=3,\ 4,\ 5,\ 6$**
(2) **3 秒後**
(3) **15 秒後**
(4) **等脚台形**

解説 (1) 点 P が辺 FB 上にあるときは二等辺三角形，点 P が点 B を除く辺 BC 上にあるときは等脚台形，点 P が点 C，D を除く辺 CD 上にあるときは六角形，点 P が辺 DH 上にあるときは五角形となる。
よって　$n=3,\ 4,\ 5,\ 6$

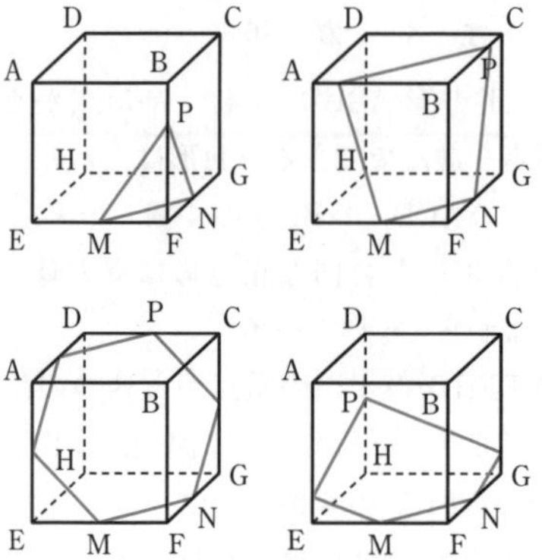

(2) △PMN が正三角形となるのは，点 P が辺 BF の中点のときである。このとき，
BF＝6cm より　FP＝3cm
点 P は毎秒 1cm の速さで進むから，3 秒後である。

(3) 切り口が正六角形となるのは，点 P が辺 CD の中点のときである。このとき，
FB＋BC＋CP＝6＋6＋3＝15(cm)
よって，15 秒後である。

(4) 11 秒後には，点 P は辺 BC 上の BP＝5cm のところにあるから，切り口の形は等脚台形である。

▶145 (1) **90π**　(2) **$\frac{5}{2}$**

解説 (1) 水面より上に出ている円錐の高さは　12−6＝6(cm)
これは，円錐全体の高さの半分であるから，水面より上に出ている円錐の底面の円の半径は，6÷2＝3(cm)となる。
これより，円錐の水面より下にある部分の体積は

$$\frac{1}{3}\times(\pi\times6^2)\times12-\frac{1}{3}\times(\pi\times3^2)\times6$$

$=144\pi-18\pi=126\pi(\text{cm}^3)$
円柱の水面より下にある部分の体積は
$(\pi\times6^2)\times6=216\pi(\text{cm}^3)$
よって，入れた水の量は
$216\pi-126\pi=90\pi(\text{cm}^3)$

(2) 水面の高さを x cm とすると
$(\pi\times6^2)\times x=90\pi$
$36\pi x=90\pi$　　$x=\frac{90}{36}=\frac{5}{2}$

トップコーチ

2 つの図形があって，一方が他方を一定の割合で拡大または縮小したものと合同であるとき，これらの 2 つの図形は相似であるという。
相似な図形では，対応する辺の長さの比はすべて等しく，その比を相似比という。
相似な立体では，次のことがいえるので覚えておくとよい。
・相似な立体の表面積の比は，
　　相似比の 2 乗に等しい。
・相似な立体の体積の比は，
　　相似比の 3 乗に等しい。

▸146 (1) **18 cm** (2) **22.5 cm**

解説 (1) 水そうが満水の状態になるまでに入る水の量は

$30\times50\times(27-24)=1500\times3=4500(\mathrm{cm}^3)$

角材を沈めたとき，角材の水面より下にある部分の体積が $4500\mathrm{cm}^3$ をこえると水はこぼれる。$x$cm 沈めたとき，水がこぼれ始めるとすると

$25\times10\times x=4500$ $x=18$

(2) 角材が底に着いたとき，水そうの中の水の量は

$30\times50\times27-25\times10\times27$

$=40500-6750=33750(\mathrm{cm}^3)$

これを水そうの底面積で割ると水の深さになるから

$33750\div(30\times50)=33750\div1500$

$=22.5(\mathrm{cm})$

▸147 (1) 72π **cm³** (2) $\frac{99}{2}\pi$ **cm³**

解説 (1) 底面の半径は $6\div2=3(\mathrm{cm})$

よって，求める水の体積は

$\pi\times3^2\times8=72\pi(\mathrm{cm}^3)$

(2) ℓ より上の部分の水の体積が $\frac{1}{2}$ になる。

よって，求める水の体積は

$\pi\times3^2\times3+\pi\times3^2\times(8-3)\times\frac{1}{2}$

$=27\pi+\frac{45}{2}\pi=\frac{99}{2}\pi(\mathrm{cm}^3)$

▸148 (1) **25：8** (2) **100** π

解説 (1) A の容積は

$\pi\times10^2\times25=2500\pi(\mathrm{cm}^3)$

B の容積は

$\frac{1}{3}\times(\pi\times10^2)\times24=800\pi(\mathrm{cm}^3)$

よって，求める比は

$2500\pi：800\pi=25：8$

(2) $25\div8=3$ 余り 1 より，3 杯入って，残りは

$2500\pi-800\pi\times3=100\pi(\mathrm{cm}^3)$

▸149 (1) $\frac{1}{3}$ **cm**

(2) **体積は** 30π**cm³，表面積は** 33π**cm²**

解説 (1) 水面の高さが x cm 上昇したとする。沈めた鉄のおもりの体積と水面が上昇した分の水の体積は等しいから

$\pi\times6^2\times x=\frac{1}{3}\times(\pi\times3^2)\times4$

$36\pi x=12\pi$ $x=\frac{1}{3}$

(2) 体積は

$\frac{1}{3}\times\pi\times3^2\times4+\frac{4}{3}\pi\times3^3\div2$

$=12\pi+18\pi=30\pi(\mathrm{cm}^3)$

表面積は，円錐(すい)の側面積と，球の表面積の半分を合わせて

$\frac{1}{2}\times(2\pi\times3)\times5+4\pi\times3^2\div2$

$=15\pi+18\pi=33\pi(\mathrm{cm}^2)$

▸150 (1) **辺 BF，辺 CG，辺 EF，辺 HG**

(2) **7** π **cm²**

解説 (1) 辺 AD と平行でなく，交わらない辺が，ねじれの位置にある辺である。

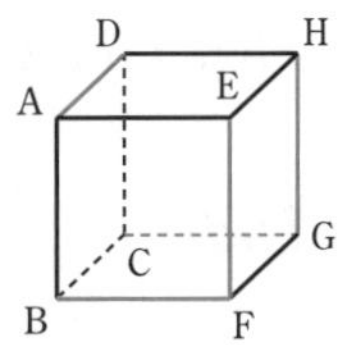

(2) 底面の円の半径を $r$cm とすると

$2\pi r=2\pi$ より $r=1$

底面積は $\pi\times1^2=\pi(\mathrm{cm}^2)$

側面積は $\frac{1}{2}\times2\pi\times6=6\pi(\mathrm{cm}^2)$

よって，表面積は $\pi+6\pi=7\pi(\mathrm{cm}^2)$

トップコーチ

おうぎ形の半径を r，弧の長さを ℓ とすると，おうぎ形の面積は，

$$\frac{1}{2}\ell r$$

と表されることを知っておくとよい。

▶151

(1) ア　72
(2) イ　54　　ウ　4

解説 (1) $\frac{1}{3}\times\left(\frac{1}{2}\times6\times6\right)\times12=72$　…ア

(2) 正方形の面積から，△ABC のまわりにある 3 つの直角三角形の面積を引いて

$12\times12-\frac{1}{2}\times6\times6-\left(\frac{1}{2}\times6\times12\right)\times2$

$=144-18-72=54$　…イ

高さを h cm とすると

$\frac{1}{3}\times54\times h=72$　　$h=\frac{72\times3}{54}=4$　…ウ

▶152

(1) 点 F　(2) 辺 AB

解説 (1) 辺 BC を共有するのは △ABC と △BCF だけであるから，点 P に対応するのは点 F である。

(2) 点 Q に対応するのは点 D であるから，辺 PQ に対応するのは辺 FD である。辺 FD に平行な辺は，辺 AB である。

▶153

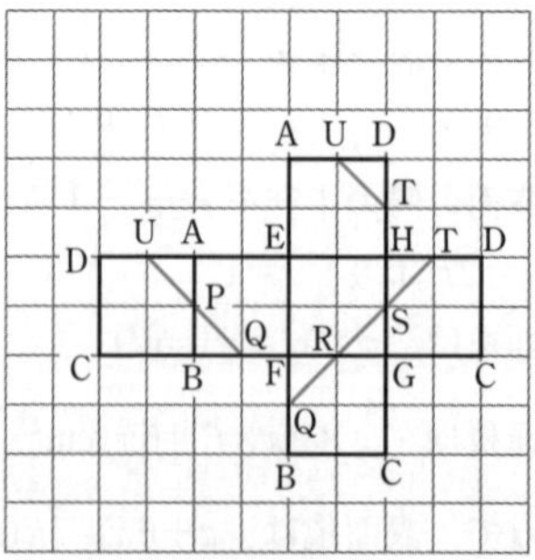

解説 まず，立方体の頂点 A～H を展開図にかき入れ，次に中点 P～U を書き入れる。

▶154

(1) π cm
(2) $x=36$
(3) $\frac{5}{2}\pi$ cm^2

解説 (1) BO=3cm であるから，$\overset{\frown}{BC}$ の長さは

$2\pi\times3\times\frac{60}{360}=6\pi\times\frac{1}{6}=\pi$(cm)

(2) AB=5cm であるから，$\overset{\frown}{BC}$ の長さに着目して

$2\pi\times5\times\frac{x}{360}=\pi$　　$x=36$

(3) $\frac{1}{2}\times\pi\times5=\frac{5}{2}\pi$(cm^2)

▶155

$\frac{25}{4}\pi$ cm^2

解説 側面の展開図は，次のようになる。

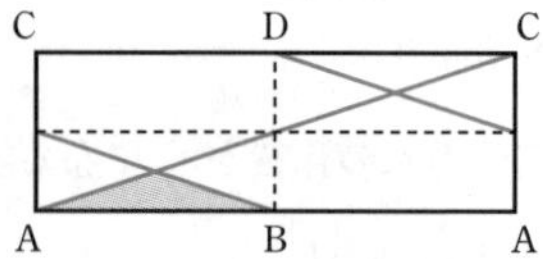

AB$=10\pi\div2=5\pi$(cm)

求める面積は，長方形 CABD の面積の $\frac{1}{2}$ の $\frac{1}{4}$ であるから

$10\times5\pi\times\frac{1}{2}\times\frac{1}{4}=\frac{25}{4}\pi$(cm^2)

▶156

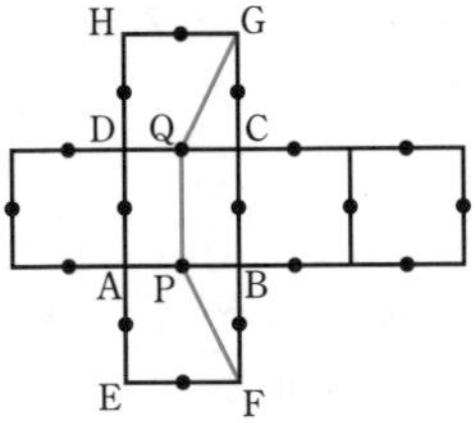

解説　点P，Qは毎秒1cmの速さで動くから，3秒後には3cm動いている。つまり，点Pは辺ABの中点，点Qは辺DCの中点である。

▶157　(1) **正八面体**　(2) ㊍
(3) ㋐，㋑，㋕，㋗
(4) **点Eと点G**　(5) **辺CI**
(6) **90°**

解説　この展開図を組み立てる。まず，点Bと点Dを重ね，点Eと点Gを重ねる。次に，点Hと点Jを重ねると，点Aと点E(G)も重なり，立体が完成する。

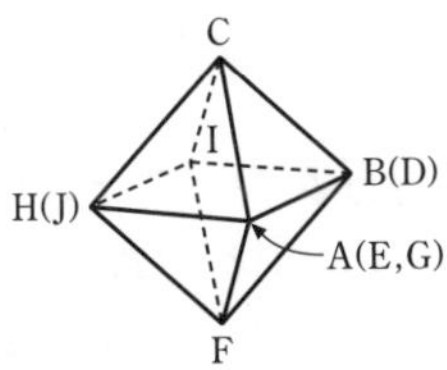

(1) 正三角形8個からできている立体であるから，正八面体である。
(2) △ABC（㋐）と平行な面は△FIHであるから，㊍である。
(3) △ABC，△ACJ，△DEF，△FHGの4つである。
よって，㋐，㋑，㋕，㋗である。
(4) 組み立てた立体から，点Aと重なるのは点Eと点Gである。
(5) 辺ABとねじれの位置にある辺は，辺CI，辺CJ，辺FI，辺FHの4つで，そのうち，辺FHとねじれの位置にあるのは，辺CIだけである。
(6) 四角形ABIHは正方形であるから
∠DAH＝∠BAH＝90°

▶158　**体積 32π cm³，表面積 60π cm²**

解説　底面の円の半径が4cm，高さが3cmの円柱の体積から，底面の円の半径が4cm，高さが3cmの円錐(すい)の体積を引く。

$$\pi\times4^2\times3-\frac{1}{3}\times\pi\times4^2\times3$$
$$=48\pi-16\pi=32\pi(\text{cm}^3)$$

底面の円の面積と円柱の側面積と円錐の側面積を合わせて，求める表面積は

$$\pi\times4^2+3\times(2\pi\times4)+\frac{1}{2}\times(2\pi\times4)\times5$$
$$=16\pi+24\pi+20\pi=60\pi(\text{cm}^2)$$

▶159　**体積 84π cm³，表面積 102π cm²**

解説　点B，Cは線分AO，DOのそれぞれの中点であるから，BO＝3cm，CO＝4cm，BC＝5cmとなる。
大きい円錐の体積から小さい円錐の体積を引いて，求める体積は

$$\frac{1}{3}\times\pi\times6^2\times8-\frac{1}{3}\times\pi\times3^2\times4$$
$$=96\pi-12\pi=84\pi(\text{cm}^3)$$

2つの円錐の側面積の和と，2つの底面の円の面積の差を合わせて，求める表面積は

$$\frac{1}{2}\times(2\pi\times6)\times10+\frac{1}{2}\times(2\pi\times3)\times5$$
$$+\pi\times6^2-\pi\times3^2$$
$$=60\pi+15\pi+36\pi-9\pi=102\pi(\text{cm}^2)$$

トップコーチ
△AODと△BOCの相似比は2：1なので，大きい円錐から小さい円錐を除いた立体の体積は，大きい円錐の体積の

$$\frac{2^3-1}{2^3}=\frac{7}{8}$$

となる。よって，求める体積は，

$$\left(\frac{1}{3}\times\pi\times6^2\times8\right)\times\frac{7}{8}=84\pi(\text{cm}^3)$$

と求めてもよい。

▸160 $\frac{71}{4}\pi$

解説 回転させる図形を y 軸について対称に移すと，右の図のようになる。

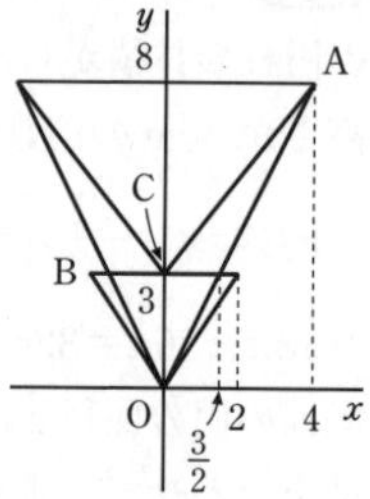

直線 OA は比例のグラフで，点 A(4, 8) を通るから，その式は $y=2x$ である。

$y=3$ のとき，$3=2x$ より　$x=\frac{3}{2}$

$0\leqq y\leqq 3$ に対応する部分を 1 回転させてできる円錐（すい）の体積は

$\frac{1}{3}\times\pi\times2^2\times3=4\pi$

$3\leqq y\leqq 8$ に対応する部分を 1 回転させてできる立体の体積は

$\frac{1}{3}\times\pi\times4^2\times8-\frac{1}{3}\times\pi\times\left(\frac{3}{2}\right)^2\times3$

$-\frac{1}{3}\times\pi\times4^2\times(8-3)$

$=\frac{128}{3}\pi-\frac{9}{4}\pi-\frac{80}{3}\pi$

$=16\pi-\frac{9}{4}\pi=\frac{64}{4}\pi-\frac{9}{4}\pi=\frac{55}{4}\pi$

よって，求める体積は

$4\pi+\frac{55}{4}\pi=\frac{16}{4}\pi+\frac{55}{4}\pi=\frac{71}{4}\pi$

▸161 イ，エ

解説 BC$=r$，DC$=h$ とすると

$P=\pi r^2\times\frac{h}{2}=\frac{1}{2}\pi r^2h$　　$Q=\frac{1}{3}\pi r^2h$

$R=\pi r^2h-\frac{1}{3}\pi r^2h=\frac{2}{3}\pi r^2h$

$S=\pi\left(\frac{r}{2}\right)^2h=\frac{1}{4}\pi r^2h$

よって，$S<Q<P<R$ となるから，正しいのはイとエである。

▸162 96π

解説 OB＝BC であるから，直線 AC と y 軸との交点の y 座標は，$8\times2=16$ となる。

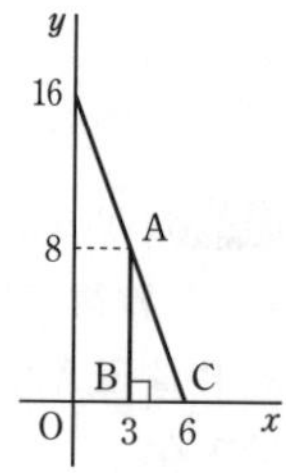

よって，求める体積は

$\frac{1}{3}\times\pi\times6^2\times16$

$-\frac{1}{3}\times\pi\times3^2\times(16-8)-\pi\times3^2\times8$

$=192\pi-24\pi-72\pi=96\pi$

▸163 3

解説 母線の長さを x とすると，半径 x の円の円周の長さが，底面の円の円周の長さの 3 倍となるから

$2\pi x=2\pi\times1\times3$　　$2\pi x=6\pi$

よって　$x=3$

▸164 (1) 72π cm³

(2) $(72\pi+480)$ cm³

(3) $(12\pi+432)$ cm³

解説 (1) 底面の半径 6cm，高さ 8cm の円錐から，底面の半径 3cm，高さ 4cm の円錐を 2 つ除いた立体となるから

$\frac{1}{3}\times\pi\times6^2\times8-\left(\frac{1}{3}\times\pi\times3^2\times4\right)\times2$

$=96\pi-24\pi=72\pi(\text{cm}^3)$

(2) 底面が底辺 6cm，高さ 4cm の三角形で，高さが 10cm の三角柱 4 つの体積と(1)の立体の体積を合わせる。

$\left(\frac{1}{2}\times6\times4\times10\right)\times4+72\pi$

$=72\pi+480(\text{cm}^3)$

(3) 真上から見ると，右の図のようになる。Aの部分を4つ合わせると，もとの円錐となり，その体積は

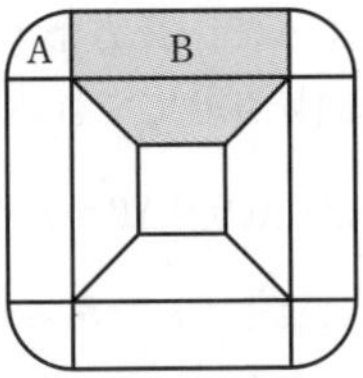

$\frac{1}{3}\times(\pi\times3^2)\times4=12\pi(\text{cm}^3)$

Bの部分は，(2)の三角柱から右の図の三角錐2つ分を除いたものであるから，その体積は

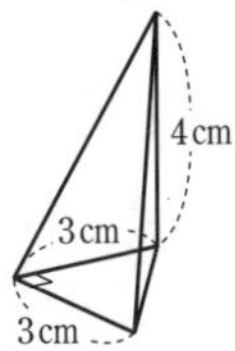

$\frac{1}{2}\times6\times4\times10-\left\{\frac{1}{3}\times\left(\frac{1}{2}\times3\times3\right)\times4\right\}\times2$

$=120-12=108(\text{cm}^3)$

よって，求める体積は

$12\pi+108\times4=12\pi+432(\text{cm}^3)$

▸165 $\frac{\pi+16}{3}$ cm³

解説 90° 回転する部分は円錐（すい）の一部。それ以外の2つの部分を合わせると三角錐となる。よって，求める体積は

$\frac{1}{3}\times\pi\times2^2\times1\times\frac{90}{360}+\frac{1}{3}\times\left(\frac{1}{2}\times4\times4\right)\times2$

$=\frac{\pi}{3}+\frac{16}{3}=\frac{\pi+16}{3}(\text{cm}^3)$

▸166 ウ

解説 $a=0$ のとき，体積 $\frac{1}{3}b^2h$ の四角錐になるから，イとオは正しくない。

$a=b$ のとき，四角柱になり，その体積は a^2h となる。このとき，アとエは0となり，a^2h とならないことから，正しくない。

ウは a と b を入れかえても変わらない。

よって，求める角錐台の体積はウの式である。

▸167 体積 20 cm³，表面積 72 cm²

解説 大きい立方体から，小さい立方体を7個取り除いた立体であるから，体積は

$3\times3\times3-1\times1\times1\times7=27-7=20(\text{cm}^3)$

穴のあいた正方形6個の面積の和は

$(3\times3-1\times1)\times6=8\times6=48(\text{cm}^2)$

穴の部分6個の面積の和は

$(1\times1\times4)\times6=24(\text{cm}^2)$

よって，表面積は　$48+24=72(\text{cm}^2)$

▸168 (1) 208面　(2) 60面

解説 (1) 分解した後の面の数は

$(4\times4\times3)\times6=288$(面)

このうち，赤く塗られている面は

$(4\times4+4\times3+4\times3)\times2=80$(面)

よって，白色の面の数は

$288-80=208$(面)

(2) 分解した後の面の数は

$(10+6+3+1)\times6=120$(面)

図2の立体を正面から見ると，右の図のように見える。このとき，赤く塗られている面は

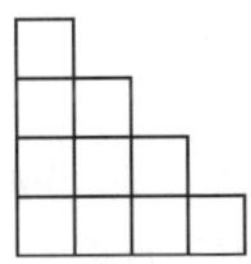

$1+2+3+4=10$(面)

6つのどの方向から見ても，同じように10面ずつ赤く塗られているから，全部で

$10\times6=60$(面)

よって，白色の面の数は

$120-60=60$(面)

第6回 実力テスト

1 (1) ㋒　(2) ㋑　(3) ㋐

解説 (1) 長方形の対角線の長さは等しいから，AF＝5cm である。よって，切り口の四角形 AFGD は正方形である。

(2) AE＝CE であるから，切り口の △AEC は二等辺三角形である。

(3) AC，CF，FA は，同じ大きさの正方形の対角線であるから

AC＝CF＝FA

よって，切り口の △ACF は正三角形である。

2 12 cm

解説 展開図における側面のおうぎ形の中心角を $x°$ とすると

$2\pi\times12\times\frac{x}{360}=2\pi\times2$

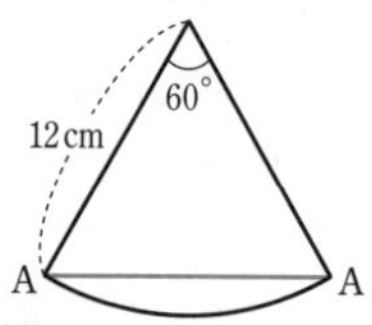

$\frac{\pi}{15}x=4\pi$

$x=60$

よって，中心角は 60° である。右の図のように，母線とひもで正三角形ができるから，求めるひもの長さは 12cm である。

トップコーチ

立体の表面上での最短距離は，展開図上で 2 点間を結ぶ線分の長さとなる。

3 $\left(2,\ \frac{1}{2}\right)$，$\left(-2,\ -\frac{1}{2}\right)$

解説 AC＝a とする。

このとき，AB＝$\frac{1}{a}$ である。

よって，長方形 OBAC を y 軸を軸として 1 回転させてできる立体の体積は

$\pi\times AC^2\times AB=\pi\times a^2\times\frac{1}{a}=\pi a$

これが 2π であるから

$\pi a=2\pi$　　$a=2$

$y=\frac{1}{x}$ のグラフ上の点で，AC＝2 となる点は，

$\left(2,\ \frac{1}{2}\right)$，$\left(-2,\ -\frac{1}{2}\right)$ である。

4 (1) 1　(2) 2

解説 (1) △ABC を底面とすると，高さは BF となるから，求める体積は

$\frac{1}{3}\times\left(\frac{1}{2}\times1\times2\right)\times3=1$

(2)

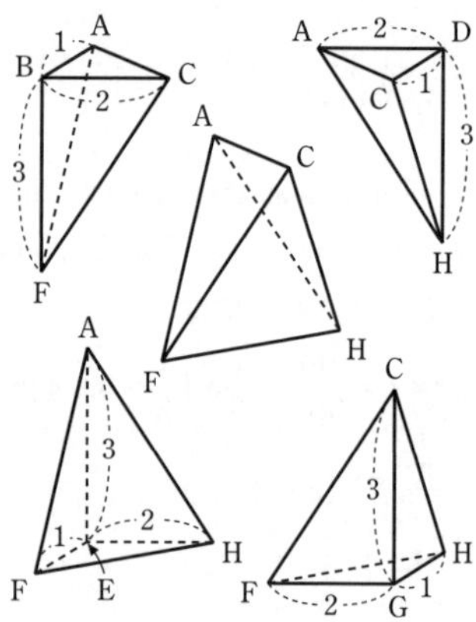

三角錐（すい） A-CFH の体積は，直方体の体積から(1)で求めた三角錐 4 個分の体積を引いたものになるから

$1\times2\times3-1\times4=6-4=2$

5 (1) **80π cm^3** (2) **84π cm^2**

解説 (1) 底面の円の半径が 4cm，高さが 6cm の円柱の体積から，底面の円の半径が 4cm，高さが 6−3=3(cm)の円錐(すい)の体積を引く。

$$\pi\times4^2\times6-\frac{1}{3}\times\pi\times4^2\times3$$

$$=96\pi-16\pi=80\pi(\text{cm}^3)$$

(2) 底面の円の面積，円柱の側面積，円錐の側面積の和が求める表面積である。

$$\pi\times4^2+6\times(2\pi\times4)+\frac{1}{2}\times(2\pi\times4)\times5$$

$$=16\pi+48\pi+20\pi=84\pi(\text{cm}^2)$$

6 (1) 例

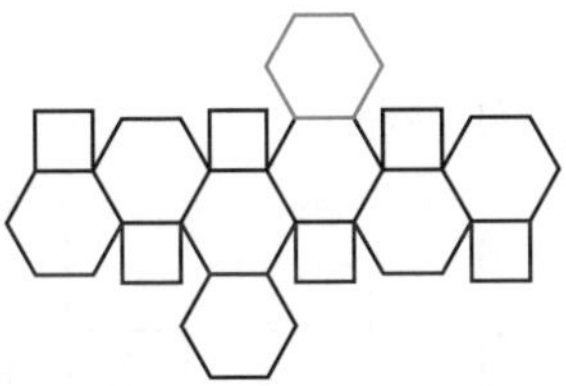

(2) **辺の数 36，頂点の数 24**

(3) **23 個**

解説 (1) 図の上の部分にある 3 個の正方形と 3 個の正六角形の上の辺につながる面が足りないから，その部分に正六角形をかき加える。

(2) 正方形が 6 個，正六角形が 8 個あり，組み立てたとき，2 本の辺が重なるから，辺の数は

$(4\times6+6\times8)\div2=72\div2=36$

組み立てたとき，3 個の頂点が 1 点に集まるから，頂点の数は

$(4\times6+6\times8)\div3=72\div3=24$

(3) 辺の数から，最初からつながっているところを除く。解答の図より，13 か所がつながっているから，のりしろの数は

36−13=23(個)

7 資料の整理

▶169 (1) **7つ**　(2) **5cm**

(3) **135cm 以上 140cm 未満 …137.5cm**
140cm 以上 145cm 未満 …142.5cm
145cm 以上 150cm 未満 …147.5cm
150cm 以上 155cm 未満 …152.5cm
155cm 以上 160cm 未満 …157.5cm
160cm 以上 165cm 未満 …162.5cm
165cm 以上 170cm 未満 …167.5cm

(4)

①

身長(cm)	人数(人)
以上　未満	
134～138	1
138～142	5
142～146	11
146～150	10
150～154	9
154～158	4
158～162	1
162～166	3
166～170	1
計	45

②

身長(cm)	人数(人)
以上　未満	
136～140	3
140～144	8
144～148	11
148～152	11
152～156	3
156～160	5
160～164	2
164～168	1
168～172	1
計	45

解説 (2) 140－135＝5(cm)

(3) 135cm 以上 140cm 未満の階級の階級値は

$\frac{135+140}{2}=\frac{275}{2}=137.5(\text{cm})$

(別解) $135+\frac{5}{2}=135+2.5=137.5(\text{cm})$

▶170 (1) **38.5kg**

(2) **55kg 以上 60kg 未満の階級**

(3) **右の表**

(4) **いちばん多い階級は 40kg 以上 45kg 未満の階級，いちばん少ない階級は 60kg 以上 65kg 未満と 65kg 以上 70kg 未満の階級**

体重(kg)	人数(人)
以上　未満	
30～35	4
35～40	7
40～45	26
45～50	19
50～55	6
55～60	10
60～65	2
65～70	2
計	76

(5) **4人**

(6) **48.7%**

解説 (1) 最大値は 69.2kg，最小値は 30.7kg であるから，範囲は
69.2－30.7＝38.5(kg)

(5) 60kg 以上 65kg 未満の人が 2 人，65kg 以上 70kg 未満の人が 2 人であるから，
60kg 以上は　2＋2＝4(人)

(6) 45kg 未満の人は　4＋7＋26＝37(人)
その割合は　37÷76＝0.4868…
よって，48.7% である。

▶171

(1)

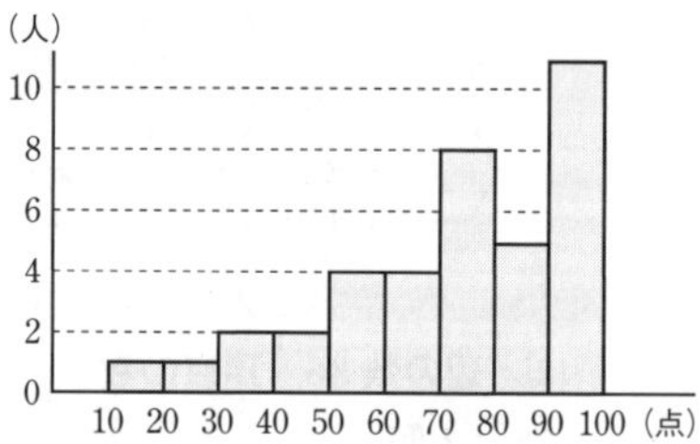

(2) **4人**　(3) **約 10.5%**

解説 (1) 度数分布表は右のようになる。

成績(点)	人数(人)
以上　未満	
10～ 20	1
20～ 30	1
30～ 40	2
40～ 50	2
50～ 60	4
60～ 70	4
70～ 80	8
80～ 90	5
90～100	11
計	38

(2) 表より 50 点以上 60 点未満の人は 4 人。

(3) 60 点以上 70 点未満の人は 4 人で，その割合は
4÷38＝0.1052…
よって，10.5% である。

▶172 (1), (2)

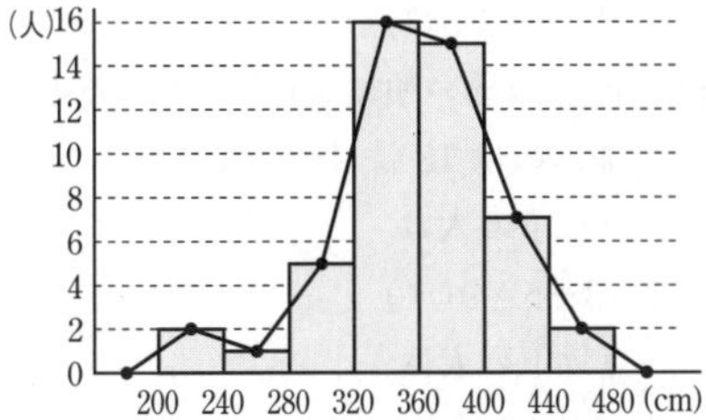

解説 度数分布表は，右のようになる。

記録(cm)	人数(人)
以上 未満	
200～240	2
240～280	1
280～320	5
320～360	16
360～400	15
400～440	7
440～480	2
計	48

▶173

階級(cm)	度数(人)	累積度数(人)	相対度数	累積相対度数
以上 未満				
135～140	3	3	0.07	0.07
140～145	10	13	0.22	0.29
145～150	14	27	0.31	0.60
150～155	9	36	0.20	0.80
155～160	5	41	0.11	0.91
160～165	3	44	0.07	0.98
165～170	1	45	0.02	1.00
計	45		1.00	

(1) **36 人**　(2) **7%**　(3) **60%**

解説 (1) 150cm 以上 155cm 未満の階級の累積度数より，36 人である。

(2) 160cm 以上 165cm 未満の階級の相対度数は 0.07 であるから，7% である。

(3) 145cm 以上 150cm 未満の階級の累積相対度数は 0.60 であるから，60% である。

▶174 $x=7.3$

解説 日曜日から水曜日までの 4 日間の最低気温の平均値は

$(6.0+3.9+4.1+4.8)\div4$

$=18.8\div4=4.7$

よって

$(7.4+6.6+x)\div3=4.7+2.4$

$(14+x)\div3=7.1$

$14+x=21.3$

$x=7.3$

▶175 (1) **0.25**

(2) **76kg**

解説 (1) $5\div20=0.25$

(2) それぞれの階級の(階級値)×(度数)を求め，それらの和を総度数で割る。

$(50\times2+60\times3+70\times3+80\times6$
$+90\times5+100\times1)\div20$

$=1520\div20=76$(kg)

▶176 (1)

階級 (kg)	度数(人)	累積度数(人)
以上 未満		
30～35	1	1
35～40	3	4
40～45	11	15
45～50	18	33
50～55	8	41
55～60	7	48
60～65	2	50
計	50	

(2) **もとの表から求めた方が 0.1kg 少ない。**

(3) **48kg**

(4) **47.5kg**

解説 (2) もとの表で，体重の合計を計算すると，2410kg になるから，平均は
$2410 \div 50 = 48.2$(kg) …①
度数分布表から平均を求めると
$(32.5\times1+37.5\times3+42.5\times11+47.5\times18+52.5\times8+57.5\times7+62.5\times2)\div50$
$=2415\div50=48.3$(kg) …②
①，②より，もとの表から求めた平均の方が 0.1kg 少ない。
(3) 体重の軽い順に 50 人を並べると，中央に並ぶのは 25 番目と 26 番目の人である。
45kg 未満の人は　$1+3+11=15$(人)
50kg 未満の人は　$15+18=33$(人)
よって，その 2 人は 45kg 以上 50kg 未満である。
45kg の人は 1 人，46kg の人は 3 人，
47kg の人は 3 人，48kg の人は 7 人であり，
47kg 以下の人は　$15+1+3+3=22$(人)
48kg 以下の人は　$22+7=29$(人)
よって，中央値(メジアン)は 48kg である。
(4) 最も度数が多い階級は
45kg 以上 50kg 未満であるから，
最頻値(モード)はその階級値 47.5(kg)である。

177 (1) 右の表
(2) 2.84 点
(3) 3 点
(4) 4 点

得点(点)	人数(人)
0	1
1	3
2	5
3	7
4	8
5	1
計	25

解説 (2) 得点の合計は
$0\times1+1\times3+2\times5+3\times7+4\times8+5\times1$
$=71$(点)
よって，平均は
$71\div25=2.84$(点)
(3) 得点の低い順に 25 人を並べると，中央に並ぶのは 13 番目の人である。
2 点以下の人は
$1+3+5=9$(人)
3 点以下の人は
$9+7=16$(人)
よって，13 番目の人の得点は 3 点であるから，中央値(メジアン)は 3 点である。
(4) 最も度数が多いのは 4 点であるから最頻値(モード)は 4 点である。

178 えりかさんの記録 174cm は中央値の 170cm より大きいから，女子 20 人中で上位 10 人に入っているとわかる。

179 (1)

階級 (cm)	度数(人)
以上　未満	
150～155	2
155～160	3
160～165	7
165～170	5
170～175	3
計	20

(2) 35%

解説 (2) $7\div20=0.35$ より，35% である。

180 (1) (ア) 152.5　(イ) 6
(2) 15 人
(3) 160.5cm

解説 (1) (ア) $(150+155)\div2=152.5$
(イ) $20-(1+4+4+3+2)=6$
(2) $4+6+3+2=15$(人)
(3) $3210\div20=160.5$(cm)

181 (1)

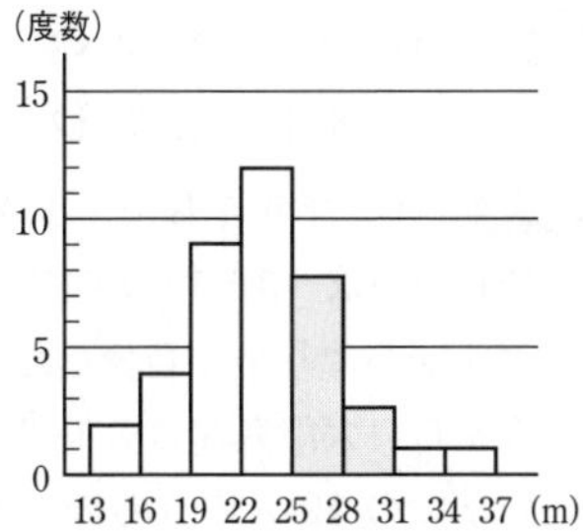

(2) **0.075**

解説 (1) 16～19 の階級の度数は 4 で，25～28 の階級の度数との比は 1：2 であるから，25～28 の階級の度数は

$4\times2=8$

28～31 の階級の度数は

$40-(2+4+9+12+8+1+1)$

$=40-37=3$

よって，ヒストグラムは上の図のようになる。

(2) $3\div40=0.075$

182 (1) **2**

(2) **55%**

(3) **156.5cm**

解説 (1) 167.5×(ア)＝335.0 より

(ア)＝335.0÷167.5＝2

(2) 155cm 以上の人数は，全体から 155cm 未満の人数をひいて

$20-(1+3+5)=20-9=11$(人)

よって，割合は　$11\div20=0.55$

ゆえに，55% である。

(3) $(3115.0-147.5+162.5)\div20$

$=3130\div20=156.5$(cm)

183 3 組

解説 中央値が 2 点であるから，これは，9 番目の人が 2 点であることを意味している。得点が 0 点と 1 点の人が合計で 7 人いることから，得点の低い順で少なくとも 8 番目と 9 番目の人の得点は 2 点である。

また，アとイの人数の合計は

$17-(3+4+4+2)=4$

よって，考えられるのは

(ア，イ)＝(2，2)，(3，1)，(4，0) の 3 組

第7回 実力テスト

1 (1) **0.25** (2) **3.5点** (3) **8人**

解説 (1) 得点が5点以上である人数は
$1+2=3$(人)
よって，相対度数は $3\div12=0.25$

(2) $(0\times0+1\times1+2\times2+3\times4+4\times2+5\times1+6\times2)\div12$
$=42\div12=3.5$(点)

(3) 3点以外について考える。

得点	輪の色	赤	青
6点	赤，青，白	2人	2人
5点	赤，青	1人	1人
4点	赤，白	2人	0人
2点	青	0人	2人
1点	白	0人	0人
0点	なし	0人	0人
計		5人	5人

3点は，赤だけの場合と，青と白の場合がある。赤の輪をかけた人は6人であるから，3点の4人のうち，
$6-(2+1+2)=1$(人)が赤,
残り $4-1=3$(人)が青と白である。
3点以外の5人と合わせて，青の輪をかけたのは $5+3=8$(人)

2 (1) (ア) **2** (イ) **3**
(2) **0.25** (3) **3人**

解説 (1) (ア) $295.0\div147.5=2$
(イ) $20-(2+4+5+3+2+1)=3$

(2) $5\div20=0.25$

(3) 新入部員の人数をx人とする。
20人の平均は $3220\div20=161$(cm)
身長の増加分に着目して
$(172.5-161)x=1.5(20+x)$
$11.5x=30+1.5x$ $10x=30$
よって $x=3$

3 (1) **ウ** (2) **0.85**
(3) **8時18分30秒**

解説 (1) 学年全体で，8時5分までに登校したのは $3+5+9=17$(人)
太郎さんより早く登校したのは19人であるから，太郎さんは8時5分から8時10分までの12人のうちの3番目である。8時5分から8時10分の間に，太郎さんより先に登校した生徒が太郎さんの学級の生徒であるのは，0人，1人，2人の場合が考えられるから，8時5分までに登校した4人と合わせると，4人，5人，6人と考えられる。

(2) 予鈴が鳴ってから登校したのは，太郎さんの学級では6人であるから，求める相対度数は
$(40-6)\div40=34\div40=0.85$

(3) $162\div2=81$
$81-16-53=12$ より，直線ℓは，8時15分から8時20分までの40人を
$(40-12):12=28:12=7:3$
に分けることがわかる。
よって，Aにあたる時刻は
$$8時15分+5分\times\frac{7}{7+3}$$
$=8$時15分$+3.5$分
$=8$時18分30秒

総合問題

▸184 (1) $\frac{201}{8}$　(2) $\frac{2}{7}$

(3) $4x-4y$　(4) $x=\frac{8}{5}$

(5) $x=-\frac{5}{9}$

解説 (1) $\left(-\frac{1}{8}\right)^3\div(-0.25)^3+1.25^2\div0.5^4$

$=-\frac{1}{8^3}\div\left(-\frac{1}{4}\right)^3+\left(\frac{5}{4}\right)^2\div\left(\frac{1}{2}\right)^4$

$=-\frac{1}{8^3}\times(-4)^3+\frac{25}{16}\times2^4$

$=\frac{4^3}{8^3}+\frac{25}{16}\times16$

$=\frac{1}{2^3}+25$

$=\frac{1}{8}+\frac{200}{8}$

$=\frac{201}{8}$

(2) $(-2)\times\left(\frac{1}{4}\right)^2\div\left\{\left(-\frac{1}{2}\right)^3-\frac{1}{5}\times\left(-\frac{5}{4}\right)^2\right\}$

$=(-2)\times\frac{1}{16}\div\left(-\frac{1}{8}-\frac{1}{5}\times\frac{25}{16}\right)$

$=-\frac{1}{8}\div\left(-\frac{1}{8}-\frac{5}{16}\right)$

$=-\frac{1}{8}\div\left(-\frac{7}{16}\right)$

$=\frac{1}{8}\times\frac{16}{7}=\frac{2}{7}$

(3) $x-3y-\{x+4y-(4x+3y)\}$

$=x-3y-(x+4y-4x-3y)$

$=x-3y-(-3x+y)$

$=x-3y+3x-y$

$=4x-4y$

(4) $2-\frac{5x+1}{6}=\frac{1}{2}$

両辺を 6 倍して

$12-(5x+1)=3$

$12-5x-1=3$

$-5x=-8$

$x=\frac{8}{5}$

(5) $2x-1=\frac{5x-3}{4}-\frac{2}{3}$

両辺を 12 倍して

$12(2x-1)=3(5x-3)-8$

$24x-12=15x-9-8$

$9x=-5$

$x=-\frac{5}{9}$

▸185 ③，⑤，⑨

解説 $a=2$，$b=-3$ のとき

$a+b=-1<0$ より，①は成り立たない。

$a-b=5>0$ より，④は成り立たない。

$a^2-b^2=-5<0$ より，⑥は成り立たない。

$a^3+b^3=-19<0$ より，⑧は成り立たない。

$a^3-b^3=35>0$ より，⑩は成り立たない。

$a=3$，$b=-2$ のとき

$a+b=1>0$ より，②は成り立たない。

$a^2-b^2=5>0$ より，⑦は成り立たない。

$-b>0$ より　$a-b=a+(-b)>0$

よって，③は成り立つ。

$a^2>0$，$b^2>0$ より　$a^2+b^2>0$

よって，⑤は成り立つ。

$-b>0$ より　$-b^3=(-b)^3>0$

$a^3-b^3=a^3+(-b)^3>0$

よって，⑨は成り立つ。

186 (1) **62**

(2) $N(x,\ 1)=2x$

$N(x,\ 2)=2x+14$

$N(x,\ y)=2x+14y-14$

(3) $x=3,\ y=304$

解説 (1) $N(3,\ 1)=6$ で，14 をたすと 1 列右の数になる。よって

$N(3,\ 5)=N(3,\ 1)+14\times4=6+56=62$

(2) $N(x,\ 1)$ は 1 列目の数で，x 行目の数は x 番目の偶数であるから

$N(x,\ 1)=2x$

これに 14 をたすと 2 列目の数になるから

$N(x,\ 2)=N(x,\ 1)+14=2x+14$

$N(x,\ y)$ は，$N(x,\ 1)$ に 14 を $(y-1)$ 回たしたものであるから

$N(x,\ y)=N(x,\ 1)+14(y-1)$

$=2x+14y-14$

(3) $4248\div2=2124$ より，4248 は 2124 番目の偶数である。

$2124\div7=303$ 余り 3

より，7 個ずつ 303 列偶数を並べ，304 列目の上から 3 番目の数が 4248 である。

よって，$N(3,\ 304)=4248$ であるから

$x=3,\ y=304$

187 (1) **午前 8 時 18 分**

(2) $\frac{56}{5}$ **km**　　(3) **60 分**

解説 (1) K 駅から動物園までのバスの所要時間は

$(44-4)\div2=20$(分)

$16\div20=\frac{16}{20}=\frac{4}{5}$ より，バスの速さは分速 $\frac{4}{5}$ km である。

$\frac{16}{60}=\frac{4}{15}$ より，明君の速さは分速 $\frac{4}{15}$ km である。

午前 8 時にバスが K 駅に到着したから，明君がはじめて出会うバスは，動物園を 8 時 4 分に出発する。

8 時 x 分に出会うとすると

$\frac{4}{5}(x-4)+\frac{4}{15}x=16$

両辺に $\frac{15}{4}$ をかけて　$3(x-4)+x=60$

$3x-12+x=60$　　$4x=72$

$x=18$

よって，午前 8 時 18 分である。

(2) はじめて追い越される動物園行きのバスは，8 時 4 分発である。2 台目のバスは，8 時 24 分に K 駅に着き，8 時 28 分に出発する。

8 時 y 分に追い越されるとすると

$\frac{4}{5}(y-28)=\frac{4}{15}y$

両辺に $\frac{15}{4}$ をかけて　$3(y-28)=y$

$3y-84=y$　　$2y=84$　　$y=42$

よって，8 時 42 分で，K 駅から

$\frac{4}{15}\times42=\frac{56}{5}$(km)

の地点である。

(3) 歩いた時間を t 分とする。午前 10 時に動物園に着く場合を考えると，自転車で走った時間は，修理した 15 分を除いて

$60\times(10-8)-15-t=105-t$(分)

よって

$\frac{4}{60}t+\frac{4}{15}(105-t)=16$

両辺を 15 倍して

$t+4(105-t)=240$

$t+420-4t=240$

$-3t=-180$　　$t=60$

よって，最大で 60 分である。

188 (1) $a=16$　(2) $b=4$
(3) 5個

解説 (1) 点Aの x 座標を t とすると，y 座標は $\frac{a}{t}$ であり，

$\triangle OAB=\frac{1}{2}\times OB\times AB=\frac{1}{2}\times t\times\frac{a}{t}=\frac{a}{2}$

$\triangle OAB=8$ より　$\frac{a}{2}=8$　　$a=16$

(2) (1)より，双曲線の式は　$y=\frac{16}{x}$

$x=2$ のとき　$y=\frac{16}{2}=8$

$y=bx$ は点 A(2, 8) を通るから

$8=2b$　　よって　$b=4$

(3) $y=\frac{16}{x}(x>0)$ で，y が整数となるのは，x が16の約数のときである。

x	1	2	4	8	16
y	16	8	4	2	1

よって，x 座標，y 座標がともに整数である点は5個である。

189 (1) $m=4$　(2) 2

解説 (1) ①で，$x=2$ のとき　$y=2$

よって，②は点 (2, 2) を通るから

$2=\frac{m}{2}$　　ゆえに　$m=4$

(2) 2つの正方形の面積が等しくなるのは，1辺の長さが等しいときであるから，OE＝BC が成り立つ。

点Bの座標を $(t,\ t)$ とおくと，点Cの座標は $(2t,\ t)$ となる。

点Cは②のグラフ上にあるから

$t=\frac{4}{2t}$　　$2t^2=4$　　よって　$t^2=2$

求める面積は　$OE^2=t^2=2$

190 (1) $2a+2b$　(2) $\frac{S}{3}$
(3) $S-2T$

解説 (1) 線分QRより下の部分の面積は $2a+b$ であるから，かげをつけた部分の面積は　$2a+b+b=2a+2b$

(2) 図1のかげをつけた部分の面積の3倍と $3a$ をたすと円Oの面積となるから

$S=3(2a+2b)+3a=9a+6b$

$=3(3a+2b)$　…①

図2のかげをつけた部分の面積は，

$3a+2b$ であるから，①より

$3a+2b=\frac{S}{3}$

(3) $T=3a+3b$　…②

円Oの面積から，図1のかげをつけた部分の面積の3倍を引くと，図3のかげをつけた部分の面積となる。②を利用して

$S-3(2a+2b)=S-6(a+b)$

$=S-2(3a+3b)=S-2T$

191 $81\pi\ cm^2$

解説 もとの円錐（すい）を考えると右の図のようになる。

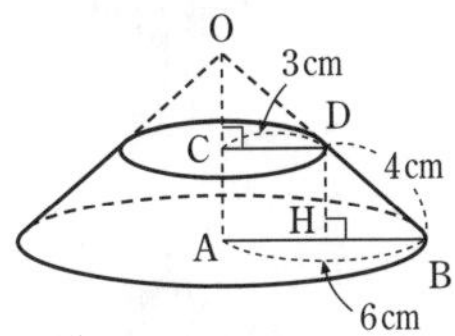

右の図の点Dから AB に垂線 DH を引くと，△OCD と △DHB は合同な三角形になるので

OD＝DB＝4cm

もとの円錐の側面積と切り取った円錐の側面積の差と，2つの底面の円の面積を合わせて，求める表面積は，

$\frac{1}{2}\times(2\pi\times6)\times(4+4)-\frac{1}{2}\times(2\pi\times3)\times4$

$+\pi\times6^2+\pi\times3^2$

$=48\pi-12\pi+36\pi+9\pi=81\pi(cm^2)$

▶192 ④

解説 中点Mが円周上にくるのは，点Aと点Bが重なるときである。円の中心をOとすると，最初は∠AOB＝180°で，はじめてAとBが重なるのは，180°÷3＝60°より，Bが60°，Aが120°回転したときである。360°÷3＝120°より，Bが120°，Aが240°回転するごとに2点は重なる。
よって，点Mが円周上にくるのは，最初のBの位置から，60°，180°，300°回転した点の3点だけである。その位置で円周上に点Mがある図は④だけである。

▶193 線対称…イ，ウ，オ 点対称…イ，カ

解説 線対称な図形の対称の軸，点対称な図形の対称の中心は，次のようになる。

イ

線対称

点対称

ウ

線対称

オ

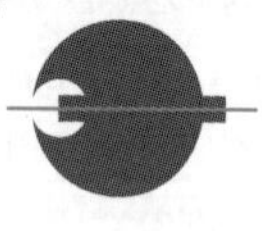

線対称

カ

点対称

▶194

(1) **頂点の数20個，辺の数30本**
(2) **100本**
(3) **正五角形12面，正六角形20面**

解説 (1) 正五角形12面でできる正十二面体である。1つの頂点に集まる面は3面であるから
頂点の数 $=5\times12\div3=20$(個)
辺の数 $=5\times12\div2=30$(本)

(2) 1個の頂点から残り19個の頂点に引いた19本の線分のうち，正十二面体の辺になるものが3本，正五角形の対角線になるものが1つの面に2本，3面で6本あるから立体Aの内部を通るものは
$19-3-6=10$(本)
これを20倍すると，同じ線分を2回ずつ数えることになるから，求める総数は
$10\times20\div2=100$(本)
(別解) 2つの頂点を結ぶ線分は，1つの頂点から19本引けて，それを20倍すると，同じ線分を2回ずつ数えることになるから，線分の総数は
$19\times20\div2=19$(本)
そのうち，正十二面体の辺となるものが30本，正五角形の対角線となるものが1面につき5本ずつあるから，求める総数は
$190-30-5\times12=100$(本)

(3) 立体Bの面の数は全部で32であるから，正五角形の面の数をxとすると，正六角形の面の数は$32-x$となる。
正五角形のどの辺にも正六角形の辺が重なるから，どの頂点にも正五角形1個と正六角形2個が集まっている。よって，正五角形x個の頂点の総数と正六角形$32-x$

個の頂点の総数の比は 1：2 であるから

$5x : 6(32-x)=1 : 2$

$10x=192-6x$　　$16x=192$

よって　$x=12$　　$32-12=20$

ゆえに，正五角形が 12 面，正六角形が 20 面である。

立体 B は右のような立体で，切頂（せっちょう）20 面体ともいう。

サッカーボールの形である。知っておくとよい。

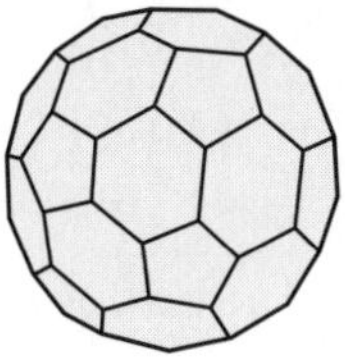

(別解)　辺の数に着目する。

正六角形の 6 辺のうち，正五角形の辺と重なるのは半分の 3 辺だけである。よって，正五角形 x 個の辺の総数と，正六角形 $32-x$ 個の辺の総数の半分が等しいから　$5x=\dfrac{6(32-x)}{2}$

以下，方程式を解いて，$x=12$ を得る。